中央宣传部　新闻出版总署　农业部

推荐“三农”优秀图书

无公害农产品高效生产技术丛书

淡 水 鱼

高　明　张耀红　主编

中国农业大学出版社

主　编　高　明　张耀红

副主编　李小平　李双安　齐遵利　侯建华

编著者　（以姓氏笔画为序）

马肖辉　齐遵利　李小平　李双安

李少华　李　伟　何军良　张玉玺

张秀文　张晓伟　张　雁　张耀红

沈鹏飞　赵国先　胡超安　侯建华

高玉红　高　明　贾建茹　徐彩丽

致读者

尊敬的读者朋友：

您好！您面前的这本书是我们精心为您准备的，是我社出版的“无公害农产品高效生产技术丛书”中的一种。这套丛书是我社成立20年来在农业科技实用图书领域出版成果的一个缩影。丛书体现了我们对广大读者的真情实感，是我们为“三农”服务的又一具体行动。

本套丛书以无公害品质和高效生产技术为切入点，将市场需求、政府倡导与农业生产者的切身利益高度结合，将无公害农产品生产技术有关的理论贯穿于实际操作技术之中，以达学以致用之根本目的，尤其在体例上集各家所长，创立了比较适合读者阅读的全新体例。归纳起来主要有3个特点：

1. 创立全新体例，方便读者阅读

站在读者的角度创立全新的体例，通过设置有关栏目使读者轻松阅读，并较快掌握所需要的知识。首先，在每章前设置了200～300字的“阅读指南”栏目，向读者介绍本章内容的重点，阅读的方法，学习的目的与要求等。其次，在每章后设置了5道左右“提示问答”题。这些题目以生产中经常遇到的，或模棱两可，或熟视无睹，但对生产实际颇有影响的技术问题或现象为主要内容。问题的设置能促使读者深入思考有关技术问题，继而对自身日常的操作予以审视、参照，从而较快掌握相关技术。

2. 以实用性为根本要求，适当讲授相关理论

本套丛书以无公害生产实用技术为主要内容，打破农业科技图书“只讲操作，不讲理论”的模式，力求使理论通俗化。主要体现在3个方面：①理论的阐述以技术内容的需要为原则，以有利于读者确实掌握相关技术，提高灵活处理生产实际中遇到问题的能力。②强化理论的阐述与实际操作技术的融合，提高读者学习相关理论的自觉性和积极性。③尽量避免使用专业词汇，而更多地采用读者惯用的语言和方式。

3. 以国家标准或行业标准为依据，技术内容系统、科学、规范

本套丛书以国家标准(GB)或农业行业标准(NY)为依据，系统地阐释了相关农产品无公害生产技术，具有很高的可信度和权威性，尤其是对有关技术要点的分析，颇具实用价值，使规范技术普及化，为生产者提高产品质量，获得更高的效益提供技术支持和保障。

2005年是全国全面推进“无公害食品行动计划”最关键的年头，值此我们推出这套“无公害农产品高效生产技术丛书”旨在紧密配合此计划，更广泛深入地开展无公害食品行动，满足广大读者对无公害农产品生产技术的深层次需求，为全面提高我国农产品质量安全水平和市场竞争力，做出我们的贡献。

中国农业大学出版社

2005年8月

前 言

我国是一个内陆水域十分辽阔的国家，总面积近 0.2 亿 hm^2。广大渔业工作者、科研人员及渔民在党的农业政策指引下，充分利用我国现有的水利资源发展渔业生产，取得了优异成绩。随着渔业经济的发展和增长方式的转变，渔业经济发展的主要任务和目标从过去增加产量，解决“吃鱼难”，转向质量、效益的提高和渔民收入增加上来。

人民生活水平的提高，对环境和水产品质量的要求越来越高。随着我国加入 WTO，在更大范围内和更深程度上参与全球化进程，给水产品出口带来了新的机遇，也提出了新的挑战，其核心问题是水产品的安全质量。而传统的水产养殖模式往往以环境为代价获得水产品。因此，要从根本上解决这些问题，必须走一条新的渔业发展之路——无公害渔业，实行标准化生产。

为使我国水产品及其他农产品安全质量达到进口国的要求，也使国内消费者能够长期吃上“放心鱼”，农业部于 2001 年组织实施了“无公害食品行动计划”。由于该计划提出及实施的时间短、概念新，为了配合“无公害食品行动计划”的实施，我们编写了“无公害农产品高效生产技术丛书”《淡水鱼》一书。本书集我国养鱼生产的丰富经验及最新的科研成果于一体，参照中华人民共和国国家标准和中华人民共和国农业行业标准，主要从无公害鱼类品种选择，产地环境要求与调控，投入品(包括饲料、饲料添加剂、肥料、渔用药物)的安全要求与管理，无公害水产品的繁殖、养殖、病害防治与运输技术规程，产品质量安全要求与检验，基地与产品认证及其管理等几个方面作了详细介绍。

本书收集了近期国内外渔业生产的先进技术和经验，集科学性、先进性、指导性和可操作性于一体，是一本较好的从事教学、科研和生产技术工作人员的参考书。

由于编者水平有限，加上推行无公害水产品生产的时间短，许多技术及标准仍在不断地完善过程中，故本书中错误和缺点在所难免，恳请读者批评指正。作者在编著过程中引用了大量水产同仁的有关资料，在此表示衷心感谢。

编者

2005 年 7 月

目 录

第一章

绪 论

阅读指南 当今社会"无公害农产品"使用频率很高,消费者、生产者都广泛关注。什么是无公害农产品?它是怎样产生的?有何特点?国家有何实施计划?作为水产养殖企业我们该注意哪些问题?下面我们将一一为您解答。

一、无公害农产品产生的背景

我国是一个渔业大国,目前,我国水产品的总产量已达 4 122 万 t,占世界渔业总产量的 1/3,全国人均水产品占有量达 32.7 kg 超过世界人均占有水平。我国又是一个水产养殖大国,从范蠡的《养鱼经》开始,我国的水产养殖已有 2 000 余年的历史。我国产养殖的产量居世界首位,占全世界养殖总产量的 2/3。传统渔业至今已有千余年的历史,它的发展经历了"单纯捕捞—捕养并举—重点发展养殖业"的过程,由"粗放性的养殖到高密度、集约化养殖”的过程。但不管其怎样发展，传统渔业都具有较大的分散性。就养殖而言，涉及的范围广，经营分散，对其养殖环境与鱼产品的质量难以控制，它重数量，轻质量，它是一个数量性渔业，并带有较大掠夺性经营的现象。为了获得较高的产量，往往会采取一些不顾后果的措施，以牺牲环境、资源，甚至人类本身的健康来谋求发展，虽极易发展，但发展到一定程度后会出现较大的回落，因此是一种在低水平上徘徊的渔业。传统渔业已不适应社会的发展。在新技术的支撑下，传统渔业将会得到新的发展。但如果在使用新的技术时不考虑其负面效应，无约束和无度，那么将会给人类赖以生存的环境和人类自身的健康带来较大的忧患。

当人类跨进新千年的时候，产量高不再是我们引以为傲的资本，因为渔业经济发展的水平不能再以产量的高低为衡量尺度，更不能以牺牲环境、消耗资源、危害人类自身健康为代价，渔业经济的发展已进入一个以质量效益为方向的新时代，我们今天的渔业应该是一个全新理念的新渔业——“无公害渔业”。“无公害渔业”是其他渔业的一种延续，更是在其他渔业基础上的一种发展，它的发展主要体现在以保护渔业生态环境为前提。近一二十年来，渔业取得了长足发展，但这种发展在一定程度上是以牺牲资源与环境为代价的。据统计，我国有2 800 km长的河段鱼虾基本绝迹，占我国河流总长度的14.6%，不符合渔业水质标准的河段长度为9 600余km，占我国河流总长度的50%；此外，由于近海水域的严重污染，赤潮也频繁发生。渔业生态环境的恶化，已经困扰着渔业生产的发展。导致生态环境恶化的原因，除了某些社会因素之外，有相当一部分是养殖业本身带来的。养殖容量的不合理扩增，在一定程度上也破坏了渔业生态环境。

随着工业的快速发展，农业集约化水平的提高，化肥、农药等化学品的大量投入，农业环境污染日趋严重，生态环境质量恶化、农产品安全性的问题正日益突出。近几年，对农产品污染的调查表明，我国农产品化学污染超标率已相当高，且分布普遍。农业部等有关部门组织的

调查监测结果表明，主要农产品（包括粮、果、菜、肉、蛋、奶等）均有农药、重金属和亚硝酸盐的污染超标现象。2002 年底农业部环境监测系统对部分蔬菜、茶叶、水产品、畜产品质量安全情况进行了专项监测。抽查结果表明：14 个省会城市 9 个蔬菜品种中 9 种农药和 14 种有毒有害物残留情况严重，总合格率为 54.1%，其中农药总检出率为 51.5%，总超标率为 31.1%；重金属和亚硝酸盐检出率为 97.9%，超标率为 23.1%。茶叶总合格率为 81.9%，按欧盟标准判定总合格率为 70.4%；水产品中冻虾仁产品合格率为 54.5%，冻扇贝产品合格率 50%；猪肝中盐酸克伦特罗总超标率为 14%。可见，农药、重金属和硝酸盐等在农产品中污染成为潜在危险的“化学定时炸弹”，我国每年因农药残留、兽药残留和其他有毒有害物质污染中毒的事件时有发生。1998 年因食用含有违禁药物盐酸克伦特罗的猪肝，导致香港居民 17 人中毒。广东高明市在一周内发现 7 例因喝猪肝汤中毒事件。2000 年，福州市一幼儿园 13 名儿童因食用高残留甲胺磷的空心菜，导致集体中毒。以上数据和事实说明我国农产品质量安全存在着严重的隐患，时常发生的食品安全问题不但严重损害了消费者的合法权益，直接威胁消费者的生命安全，而且影响我国优势农产品的出口贸易，已严重制约了我国农产品的出口创汇以及加入 WTO 后的国际竞争能力，到了非治理不可的地步。

正是在这种背景下，农业部于 2001 年 4 月启动了“无公害食品行动计划”，并在京、津、沪三个直辖市和深圳市进行试点，从 2002 年开始农业部在全国范围内全面推进“无公害食品行动计划”。该计划以全面提高农产品质量安全水平为核心，以“菜篮子”产品为突破口，以市场准入为切入点，从产地和市场两个环节入手，通过对农产品实行“从农田到餐桌”全过程质量安全控制，用 5 年左右的时间，基本实现主要农产品生产和消费无公害。

二、一般食品、无公害食品(无公害农产品)、绿色食品、有机食品的概念、特点和异同点

(一)一般食品、无公害食品(无公害农产品)、绿色食品、有机食品的概念和特点

1. 一般食品　一般食品是指为了符合市场准入制、满足百姓消费安全卫生需要,必须符合最基本的质量要求的食品。

2. 无公害农产品　无公害是指对人的生命、身体健康和环境无损害,即要求生产无污染、无残留的农产品以及生产农产品的任何环节均不对环境造成任何污染。广义的无公害农产品即:长期食用不会对人体健康产生危害的农产品,包括绿色食品和有机食品。我国现在所称的无公害农产品已不是广义上的无公害农产品,而是狭义上的无公害农产品,专指产地环境、生产过程和产品质量均符合国家有关标准和规范的要求,经认证合格获得认证证书并允许使用无公害农产品标志的未经加工或者初加工的农产品,不包括绿色食品和有机食品。这类产品生产过程中允许限量、限品种、限时间地使用人工合成的安全的化学农药、兽药、渔药、肥料、饲料添加剂等。这类食品符合国家食品卫生标准,而比绿色食品标准要宽。

无公害农产品必须具备以下条件:

(1)产地生态环境质量必须达到农产品安全生产要求。

(2)必须按照无公害农产品管理部门规定的生产方式进行生产。

(3)产品必须对人体安全、符合有关卫生标准,品质应是优质的。

(4)必须取得无公害农产品管理部门颁发的标志或证书。

无公害农产品是对农产品的基本要求,严格地说,一般农产品都应达到这一要求。

无公害农产品产生的背景与绿色食品产生的背景大致相同,侧重于解决农产品中残留、有毒有害物质等“公害”问题。20 世纪 80 年代后期,我国部分省、市开始推出无公害农产品,2001 年农业部提出“无

公害食品行动计划”并在北京、上海、天津、深圳 4 个城市进行试点，2002 年“无公害食品行动计划”在全国范围内展开。

3.绿色食品　绿色食品是指遵循可持续发展原则、按照特定生产方式生产、经专门机构认定、许可使用绿色食品标志的、无污染的、安全、优质、营养类食品。可持续发展原则的要求是，生产的投入量和产出量保持平衡，即要满足当代人的需要，又要满足后代人同等发展的需要。绿色食品在生产方式上对农业以外的能源采取适当的限制，以更多地发挥生态功能的作用。

我国的绿色食品分为 A 级和 AA 级两种。A 级绿色食品系指生产地的环境质量符合《绿色食品产地环境质量标准》，生产过程中严格按照绿色食品生产资料使用准则和生产操作规程要求，限量使用限定的化学合成生产资料，产品质量符合绿色食品产品标准，经专门机构认定，许可使用 A 级绿色食品标志的产品。AA 级绿色食品系指生产地的环境质量符合《绿色食品产地环境质量标准》，生产过程中不使用化学合成的肥料、农药、兽药、饲料添加剂、食品添加剂和其他有害于环境和身体健康的物质，按有机生产方式生产，产品质量符合绿色食品产品标准，经专门机构认定，许可使用 AA 级绿色食品标志的产品。按照农业部发布的行业标准，AA 级绿色食品等同于有机食品。

绿色食品必须具备以下四个条件：

(1)绿色食品必须出自优良生态环境，即产地经监测，其土壤、大气、水质符合《绿色食品产地环境技术条件》要求。

(2)绿色食品的生产过程必须严格执行绿色食品生产技术标准，即生产过程中的投入品(农药、肥料、兽药、渔药、饲料、食品添加剂等)符合绿色食品相关生产资料使用准则规定，生产操作符合绿色食品生产技术规程要求。

(3)绿色食品产品必须经绿色食品定点监测机构检验，其感官、理化(重金属、农药残留、兽药残留等)和微生物学指标符合绿色食品产品标准。

(4)绿色食品产品包装必须符合《绿色食品包装通用准则》要求，并按相关规定在包装上使用绿色食品标志。

绿色食品产生的背景是20世纪90年代初期，我国基本解决了农产品的供需矛盾，农产品农残问题引起社会广泛关注，食物中毒事件频频发生，“绿色”成为社会的强烈期盼。绿色食品于1990年由农业部发起，1992年农业部成立中国绿色食品发展中心，1993年农业部发布了“绿色食品标志管理办法”。

4. 有机食品　有机食品这一词是从英文 Organic Food 直译过来的，其他语言中也有叫生态食品或生物食品等。有机农产品是指根据有机农业原则和有机农产品生产方式及标准生产、加工出来的，并通过有机食品认证机构认证的农副产品及其加工品。有机农业的原则是，在农业能量的封闭循环状态下生产，全部过程都利用农业资源，而不是利用农业以外的能源(化肥、农药、生产调节剂、兽药、渔药和饲料添加剂等)影响和改变农业的能量循环。有机农业生产方式是利用动物、植物、微生物和土壤4种生产因素的有效循环，不打破生物循环链的生产方式。有机农产品是纯天然、无污染、安全营养的食品。

有机食品必须具备以下条件：

(1)原料必须来自有机农业生产体系的或采用有机方式采集的野生天然产品。

(2)有机食品在生产和加工过程中必须严格遵循有机食品生产、采集、加工、包装、贮藏、运输标准，禁止使用化学合成的农药、化肥、激素、抗生素、食品添加剂等，禁止使用基因工程技术及该技术的产物及其衍生物。

(3)有机食品生产和加工过程中必须建立严格的质量管理体系、生产过程控制体系和追踪体系以及完整的生产、销售档案记录。

(4)有机食品必须通过独立的有机食品认证机构进行全过程的质量控制和审查，符合有机食品生产标准，通过认证并获得认证证书。

有机食品产生的背景是，发达国家农产品过剩与生态环境恶化的矛盾以及环保主义运动。国际上有机食品研究于20世纪40年代，起步于20世纪70年代，以1972年国际有机农业运动联盟(IFOAM)的

成立为标志。1991年欧盟委员会通过有机农业条例(2092/91),2000年美国联邦立法。1994年,国家环保总局在南京成立有机食品中心,标志着有机农产品在我国迈出了实质性的步伐。

(二)无公害食品(无公害农产品)、绿色食品和有机食品的异同点

1.无公害食品(无公害农产品)、绿色食品和有机食品的共同点

无公害食品(无公害农产品)、绿色食品、有机食品三者都是安全食品,安全卫生是这三类食品最突出的共性。此外,它们的共同点还表现在:均指通过产品质量认证的食品;均拥有与自己特有的名称相配套的特殊标志;均对产品生产的环境条件、过程控制、技术要求、归终产品安全质量提出一套相应的标准;均实行了"从土地(水体)到餐桌"的全程质量控制,保证了产品的安全性。

2.无公害食品(无公害农产品)、绿色食品和有机食品的区别

(1)标准上的差异　无公害农产品执行的是国家质检总局发布的强制性标准及农业部发布的行业标准,产品标准、环境标准和生产资料使用准则为强制性国家或行业标准,生产操作规程为推荐性行业标准,无公害农产品是解决食用农产品消费的基本安全问题,其质量标准较宽;绿色农产品执行的是农业部的推荐性行业标准,绿色农产品标准包括环境质量、生产技术、产品质量和包装贮运等全程质量控制标准,绿色农产品质量标准较高,大体相当于现在欧洲市场上中等消费水平;有机农产品执行的是以国际有机农业运动联盟(IFOAM)的"有机农业和产品加工基本标准"为代表的民间组织标准和各国政府推荐性标准并存,由于有机农产品在我国尚未形成消费群体,产品主要用于出口,虽然我国也发布了一些有机农产品的行业标准,但我国的有机农产品执行的标准主要是出口国要求的标准,具有国际性。

(2)技术要求不同　无公害农产品在生产过程中允许限量合理使用化学合成物质,生产资料符合国家标准和法规要求;绿色食品的生产资料要符合六项绿色食品生产资料通用性准则(农药、肥料、兽药、饲料及饲料添加剂、食品添加剂和动物卫生准则等),要求加工主要原料是

绿色食品原料产品，A 级绿色食品在生产过程中允许限量使用限定的化学合成物质，AA 级绿色食品在生产过程中不允许使用任何人工合成的化学物质；有机食品在生产过程禁止使用任何人工合成的化学物质，生产资料和原料必须是同一生产体系内部循环的自然物质。

(3)颁证组织不同　无公害农产品的颁证组织是农业部农产品质量安全中心；绿色食品的颁证组织是中国绿色食品发展中心；有机食品的颁证组织是国际有机食品认证委员会，中国主要的认证机构是国家环境保护总局有机食品认证中心和中绿华夏有机食品认证中心，另外亦有一些国外有机食品认证机构在我国发展有机食品的认证工作，如德国的 BCS。

(4)推动方式不同　无公害农产品认证由政府推动，并在适当时候推行强制性认证；绿色食品以市场运作为主，政府推动为辅；有机食品认证是一种完全市场化的运作方式，与国际通行做法接轨。

(5)认证管理不同　无公害农产品采用产地认定与产品认证相结合和检测为主、检查为辅的方式认证；绿色食品采取质量认证和证明商标管理相结合的方式认证；有机食品则以检查认证为主，依靠检查员现场检查和辅导来进行认证。有机食品要求每年都要接受检查认证；而无公害农产品和绿色食品一次认证可用三年。三者的认证收费也不同，无公害农产品认证是一项公益性事业，认定认证本身包括材料审核、现场检查、专家评审、证书制作、媒体公告及抽查抽检等均不收费，仅在申请人委托相关质检机构进行环境检测和产品检验时由质检机构收取一定的检测费，在购买无公害农产品使用标志时收取成本费；而绿色食品其认证、环境测评和产品质检、标志管理、标志使用、公告等都要按一定标准收费，费用较高；有机食品认证要收取申请费、检测费、检查员差旅费、颁证费、标志管理费等，费用很高。

(6)标识不同　无公害农产品执行农业部统一的标志。

无公害农产品标志(图 1-1)图案主要由麦穗、对勾和无公害农产品字样组成，标志整体为绿色，其中麦穗和对勾为金色，绿色象征环保和安全，金色寓意成熟和丰收，麦穗代表农产品，对勾表示合格。

绿色食品有统一的绿色食品名称及商标标志，在中国内地、香港和日本注册使用。

绿色食品标志（图 1-2）图形由三部分构成，即上方的太阳、下方的叶片和蓓蕾，分别代表了生态环境、植物生长和生命的希望。标志图形为正圆形，意为保护、安全。A 级绿色食品标志为绿底白字，AA 级绿色食品标志为白底绿字。中国绿色食品发展中心在国家工商行政管理局注册有四种形式（图 1-3）。

图 1-1 无公害农产品标志

图 1-2 绿色食品标志

图 1-3 绿色食品注册商标

有机食品在全球范围内无统一标志，各国标志正显现多样化，同一国家不同认证机构的标志也不同。

中绿华夏有机食品认证中心（China Organic Food Certification Center 简称 COFCC）是 2003 年由中国绿色食品发展中心组建的有机食品认证机构，COFCC 有机食品标志（图 1-4）采用人手和叶片为创意元素。我们可以感觉到两种景象：其一是一只手向上持着一片绿叶，寓意人类对自然和生命的渴望；其二是两只手一上一下握在一起，将绿叶拟人化为自然的手，寓意人类的生存离不开大自然的呵护，人与自然需要和谐美好的生存关系。标志整体为圆形，代表地球，养育着包括人类在内的一切生物；人类维持生态平衡和生存环境，呵护地球。中间空白为变形的："o"、"f"，即有机食品英文 organic food 的缩写。

OFDC 在国家工商行政管理局商标局注册有一个专门的质量认证标志（图 1-5）：由两个同心圆、图案以及中英文文字组成。内圆表示太阳，其中既像青菜又像绵羊头的图案泛指自然界的动植物；外圆表示地球。整个图案采用绿色，象征着有机产品是真正无污染、符合健康要求的产品以及有机农业给人类带来了优美、清洁的生态环境。

图 1-4 有机食品标志（COFCC）

图 1-5 有机食品标志（OFDC）

（7）标识使用不同　无公害农产品是政府质量标识，某种程度上是一种政府强制性行为，因为其中的许多标准是强制性标准，实行无偿使

用;绿色食品是推荐性标准,政府引导,市场运作,是工商注册证明商标,属知识产权范围,实行有偿使用。

(8)追求的目标不同　无公害农产品的目标是无污染的安全食品;绿色食品的目标是无污染的安全、优质、营养食品,要求环境良好;有机食品的质量目标是无污染、纯天然、高质量的健康食品,要回归自然。

(9)特征不同　有机食品的特征是重环保、强调特殊农产品安全,绿色食品是环保安全两者并重,无公害农产品是重安全、需环保。

(10)内在品质和针对的消费对象不同　无公害农产品主要强调的是安全性,是最基本的市场准入标准,绿色食品和有机食品在强调安全的同时,还强调优质、营养。无公害农产品是大众化消费,主要面向广大的中低收入消费阶层;绿色食品有特定的消费群体,主要面向收入较高的消费群体和部分出口;而有机食品主要是为了出口和面向少数高消费群体的需求。

(11)价格不同　绿色食品70%为加工产品,30%为初级农产品,有机农产品和无公害农产品都以初级农产品为主。有机农产品的价格高于普通农产品50%至几倍,绿色农产品的价格高于普通农产品10%～20%,无公害农产品的价格略高于一般农产品。

(12)转换期的差异　有机农产品在土地生产转型方面有严格规定。考虑到某些物质在环境中会残留相当一段时间,土地从生产其他农产品到生产有机农产品需要2～3年的转换期,而生产绿色农产品和无公害农产品则没有土地转换期的要求。

(13)认定数量上的差异　有机农产品在认定数量上须进行严格控制,要求定地块、定产量,其他农产品没有如此严格的要求。

(14)产品涵盖范围不同　无公害农产品涵盖范围是食用农产品及初加工品,绿色食品为食用农产品及加工食品,有机食品为食用农产品。

(15)其他　如有机食品禁止使用辐射处理技术、基因工程技术,而其他农产品未做严格规定。

3.无公害食品(无公害农产品)、绿色食品和有机食品之间的关系安全食品主要包括无公害农产品、绿色食品、有机食品，可以用一个金字塔来形象地说明三者的关系：塔基是无公害农产品，中间是绿色食品，塔尖是有机食品，体现了从无公害农产品→绿色食品→有机食品的生产技术要求越来越高和市场需求空间由大到小的关系，越往上要求越严格。

绿色食品、无公害农产品和有机食品都属于农产品质量安全范畴，都是农产品质量安全认证体系的组成部分。无公害农产品保证人们对食品质量安全最基本的需要，是最基本的市场准入条件；绿色食品达到了发达国家的先进标准，满足了人们对食品质量安全更高的需求；发展绿色食品是农产品质量安全工作的重要组成部分，起着积极的示范带动作用。有机食品是国际通行的概念，是食品安全更高的一个层次。无公害农产品、绿色食品和有机食品的工作是协调统一、各有侧重和相互衔接的。无公害农产品是绿色食品和有机食品发展的基础，而绿色食品和有机食品是在无公害农产品基础上的进一步提高。为了遏止农产品质量安全形势严峻的局面，实施"无公害食品行动计划"，解决最基本的农产品质量安全保障问题，是当前食品质量安全工作的主攻方向和迫切任务；今后，随着农产品质量安全形势的根本好转，绿色食品特别是A级绿色食品可能成为继无公害农产品之后的主要认证产品，成为农产品质量安全认证工作的重点。因此，农业部提出在实施"无公害食品行动计划"中，一方面强调，力争用5年左右的时间，实现我国主要食用农产品的生产和消费安全；另一方面也提出，有条件的地方和企业，应积极发展绿色食品和有机食品。这样做，既立足当前，又着眼未来，必将不断推动农产品质量安全认证工作向前发展。

三、无公害食品行动计划

农业部于2001年4月启动了"无公害食品行动计划"，并在京、津、沪3个直辖市和深圳市进行试点，并取得了很好的成效和有益的经验。从2002年开始农业部在全国范围内全面推进"无公害食品行动计划"。

该计划以全面提高农产品质量安全水平为核心,以"菜篮子"产品为突破口,以市场准入为切入点,从产地和市场两个环节入手,通过对农产品实行"从农田到餐桌"全过程质量安全控制,用5年左右的时间,基本实现主要农产品生产和消费无公害。

(一)实施目标

通过健全体系,完善制度,对农产品质量安全实施全过程的监管,有效改善和提高我国农产品质量安全水平,力争用5年左右的时间,基本实现食用农产品无公害生产,保障消费安全,质量安全指标达到发达国家或地区的中等水平。蔬菜、水果、茶叶、食用菌、畜产品、水产品等鲜活农产品无公害生产基地质量安全水平达到国家规定标准;大中城市的批发市场、大型农贸市场和连锁超市的鲜活农产品质量安全市场抽检合格率达95%以上,从根本上解决食用农产品急性中毒问题;出口农产品的质量安全水平在现有的基础上有较大幅度提高,达到国际标准要求,并与贸易国实现对接。

(二)工作重点

通过加强生产监管,推行市场准入及质量跟踪,健全农产品质量安全标准、检验检测、认证体系,强化执法监督、技术推广和市场信息工作,建立一套既符合中国国情又与国际接轨的农产品质量安全管理制度。突出抓好"菜篮子"产品和出口农产品的质量安全,主要解决农药残留超标、兽(渔)药和激素滥用及药物残留、动物疫病等问题。

(三)推进措施

1.强化五个方面的管理

(1)产地环境 农产品产地环境管理的重点是解决化肥、农药、兽药、饲料等农业投入品对农业生态环境和农产品的污染。制定相关农产品的产地环境标准,全面开展农产品重点生产基地的环境监测,采取切实有效的农业生态环境净化措施,保证农产品的产地环境符合要求,从源头上把好农产品质量安全关。

(2)农业投入品　按照《农药管理条例》、《兽药管理条例》、《饲料和添加剂管理条例》等有关规定，健全农业投入品的市场准入制度，严格农业投入品的生产、经营许可和登记。通过市场准入管理，引导农业投入品的结构调整与优化，逐步淘汰高残毒农业投入品品种，发展高效低残毒品种。

(3)生产过程　指导农产品生产、经营者严格按照有关标准来组织生产和进行加工，科学合理使用化肥、农药、兽药、饲料等农业投入品和灌溉、养殖用水。要加快推广先进的动植物病虫害综合防治技术，推广高效、低毒、低残留农药、兽药、饲料添加剂品种，推广配方施肥技术和有机肥、复合专用肥。健全动物防疫和植物保护体系，加强动植物病虫害的检疫、防疫和防治工作。

(4)包装标识　根据不同农产品的特点，推行产品分级包装上市。对包装上市的农产品，要标明产地和生产单位，建立农产品质量安全追溯制度。凡列入农业转基因生物标识管理目录的产品，要按照农业转基因生物标识管理规定，予以正确地标识或标注。

(5)市场准入　在生产基地、批发市场，要逐步建立农产品自检制度。产品自检合格的，方可投放市场或进入无公害农产品专营区销售。生产基地、农产品批发市场、农贸市场要自觉接受和配合政府指定的检测机构的检测检验，接受执法单位对不合格产品依法做出的处理。

2. 加强6个体系建设

(1)农产品质量安全标准体系　重点是加快农产品产地环境、生产技术规范和产品质量安全标准的制定并完善配套。积极引进和采用国际标准，逐步实现与国际接轨。近两年要重点加快农产品中农药残留、兽药残留、动植物疫病以及有毒有害物质限量国家标准或行业标准的制定或修订工作。力争“十五”末，使我国主要农产品品质、生产、质量、安全、包装保鲜等方面的国家标准或行业标准基本配套，农产品生产经营的各个环节都有相应的标准可执行。

(2)农产品质量安全检测检验体系　加强部级农产品、农业投入品

和农业生态环境质检中心的建设，充实仪器设备，完善检测手段，提高检测能力，逐步实现与国际接轨，争取国际多边和双边认证。地方农产品质量安全检测检验体系建设重点是健全省级农产品、农业投入品和农业生态环境检测检验站(所)，尽快开展农产品质量安全的日常监督管理和检测工作。指导农产品生产基地的批发交易市场，逐步配备快速检测仪器设备，培训技术人员，开展生产基地和批发市场农产品质量安全状况的检测。

(3)农产品质量安全认证体系　以无公害农产品生产基地认定和标识认证为基础，积极推行 GMP(良好操作规范)、HACCP(危害分析与关键控制点)、ISO 9000 系列标准(质量管理和质量保证体系系列标准)、ISO 14000 系列标准(环境管理和环境保证体系系列标准)认证和管理工作。

(4)农产品质量安全执法监督　从 2002 年开始，农业部在全国范围内开展农产品产地环境监测、农业投入品监督检查、农产品质量安全监督抽查工作。把对禁用、限用的农业投入品的监督管理作为重点。

(5)农产品质量安全科技进步　围绕农产品质量安全，抓好新品种、新技术、新产品的开发、推广和技术服务工作。加快开发农药残留、兽药残留等有毒有害物质快速、准确检测仪器设备和方法，研究农产品有毒有害物质降解技术和产品。

(6)农产品质量安全的信息服务工作　实施“十五农村市场信息服务行动计划”，建设农产品质量安全信息网络，及时向农产品的生产、加工、经营和使用者提供农产品质量、安全、标准、品牌等方面的信息。

四、无公害水产品生产技术要点

无公害水产品生产技术规范包括渔药、饲料、农药、肥料的使用、加工过程质量控制及包装技术等。在无公害水产品生产过程中，渔药、农药、饲料使用是水产品质量控制的关键环节之一。不合理使用渔药、饲料、农药、肥料不仅造成环境污染，而且使水产品中药物残留量超标。

(一)渔药使用准则

无公害水生动物在养殖过程中对病、虫、敌害生物的防治,坚持"全面预防,积极治疗"的方针,强调"防重于治,防、治结合"的原则,提倡生态综合防治和使用生物制剂、中草药对病虫害进行防治;推广健康养殖技术,改善养殖水体生态环境,科学合理混养和密养,使用高效、低毒、低残留渔药;渔药的使用必须严格按照国务院、农业部有关规定,严禁使用未经取得生产许可证、批准文号、产品执行标准的渔药;禁止使用硝酸亚汞、孔雀石绿、五氯酚钠和氯霉素。

各类渔用药物的使用方法及禁用渔药种类可参考本书第十章第一节中有关内容。

(二)饲料使用准则

饲料中使用的促生长剂、维生素、氨基酸、脱壳素、矿物质、抗氧化剂或防腐剂等添加剂种类及用量应符合有关国家法规和标准规定;饲料中不得添加国家禁止的药物作为防治疾病或促进生长目的。不得在饲料中添加未经农业部批准的用于饲料添加剂的兽药。

养殖无公害水产品使用的饲料卫生指标及配合饲料安全限量可参见本书第六章第四节中相关内容。

(三)农药使用准则

稻田养殖无公害水产品过程中对病、虫、草、鼠等有害生物的防治,坚持"预防为主,综合防治"的原则,严格控制使用化学农药。应选用高效、低毒、低残留农药,主要有扑虱灵、稻瘟灵、叶枯灵、多菌灵、井冈霉素,禁止使用除草剂及高毒、高残留、三致(致畸、致癌、致突变)农药。具体使用应符合《无公害食品　稻田养鱼技术规范(NY 5055—2001)》的规定。

稻田养殖使用农药前应提高稻田水位,采取分片、隔日喷雾的施药方法,尽量减少药液(粉)落入水中,如出现养殖对象中毒征兆,及时换

水抢救。

稻田养殖无公害水产品过程中农药的安全使用可参见本书第八章第三节中相关内容。

(四)肥料使用准则

养殖水体施用肥料是补充水体营养，提高水体生产力的重要技术手段，但施用不当(指过量)，又可造成养殖水体的水质恶化并污染环境，造成天然水体的富营养化。施肥主要用于池塘养殖，针对的养殖对象主要为鲢、鳙、鲤、鲫鱼、罗非鱼等。

肥料的种类包括有机肥和无机肥。允许使用的有机肥料有：堆肥、沤肥、厩肥、绿肥、沼气肥、发酵粪等；允许使用的无机肥料有：尿素、硫酸铵、碳酸氢铵、氯化铵、重过磷酸钙、过磷酸钙、磷酸二铵、磷酸一铵、石灰、碳酸钙和一些复合无机肥料。肥料施用方法及数量可参照《中国池塘养鱼技术规范，长江下游地区食用鱼饲养技术(SC/T 1016.5—1995)》要求进行。

(五)加工过程质量控制准则

无公害水产品加工原料应来自无公害水产品基地，品质新鲜，各项理化、安全卫生指标应符合相应无公害水产品的品质要求；原料在运输过程中应采取保鲜、保活措施；运输工具、存放容器、储藏场地必须清洁卫生。

无公害水产品加工工厂、冷库、仓库的环境卫生，加工流程卫生，包装卫生，储运安全卫生和卫生检验管理等应符合《肉类加工厂卫生规范(GB 12694—1990)》及《水产品加工质量管理规范(SC/T 3009—1999)》的规定。

接触原料的刀具、操作台应使用不锈钢材料。存放容器应使用无毒、无气味、不吸水、耐腐蚀并能经得起反复冲洗与消毒的材料制成，表面光滑，无凹坑或裂缝。

无公害水产品加工用水应符合《生活饮用水卫生标准(GB 5749—

1985)》的要求；所用海水应符合《海水水质标准(GB 3077—1997)》规定的第一类；生产过程使用的冰应符合《人造冰(SC/T 9001—1984)》的要求。

无公害水产品加工过程中不得使用任何未经许可的食品添加剂，如果生产过程中需要加入添加剂时，其添加剂种类、数量、加入方法等，必须符合《食品添加剂使用卫生标准(GB 2760—1996)》的规定，不得使用国家明令禁止的色素、防腐剂、品质改良剂等添加剂。

(六)包装要求

包装材料必须是国家批准可用于食品的材料。所用材料必须保持清洁卫生，在干燥通风的专用库内存放，内外包装材料要分开存放。直接接触水产品的包装必须符合食品卫生要求，不能对内容物造成直接和间接的污染。

五、无公害水产品养殖模式

无公害水产品养殖模式具体归纳起来有以下几种：

(一)自然生态环境无公害养殖

利用无污染的天然水域(如海洋、湖泊、水库、江河等)及其天然饵料，按照特定的养殖模式进行增殖、养殖，基本上不投饵，也不施肥、洒药，目标是生产绿色食品和有机食品，这是今后获取高品位水产品的一个重要手段。

(二)人工生态环境无公害养殖

按照生态学原理和水产动物对环境条件的要求及无公害水产品养殖的标准，人工创造良好的生态环境，选择合适的养殖品种，进行无公害养殖。例如，种草养殖虾、蟹，现已成为发展无公害虾、蟹养殖，建设大面积生态养殖基地的主要模式之一；在鱼池埂子上种植葡萄或藤蔓

类植物用以搭建遮阳棚养蛙，已成为蛙类生态养殖普遍采用的类型；鱼、畜、禽、草（菜）有机结合养殖法，即把畜、禽、水产养殖与饲草种植结合在一起，用无公害商品饲料饲养畜、禽、鱼，池埂边坡种饲草饲养鱼类和禽畜，畜禽粪肥经沼气池发酵后作饲草和培育水质的肥料，冬季清塘的鱼池肥泥又可用作种草的基肥，从而形成了物质流的良性循环，这是我国最经典的人工生态系统养殖法，也是无公害水产养殖很有发展潜力的一种形式。

（三）水产品与农作物共生互利无公害养殖

这主要是指过去的“稻田养殖”、“茭白田养殖”、“藕田养殖”等方法，现在必须按照无公害水产品的标准进行生产，严格控制农药的使用，减少药残，确保水产品无公害。

（四）多品种食物链立体无公害养殖

水产动物在食物链的调控作用下生活在不同的水层，形成了相对稳定的生态平衡，对生态环境的保护和改善起着重要的调节作用。将这一原理应用于水产养殖生产上，再按照无公害水产品的标准进行养殖生产，就形成了多品种食物链立体无公害养殖法。例如，以草鱼（或鳊鱼）为主养鱼、同池混放一定数量的鲢、鳙、鲤、鲫等就是一种代表模式：用草料（或部分商品料）喂养草鱼（或鳊鱼），它们排出的粪便可以肥水，有利于培养浮游生物，鲢、鳙滤食浮游生物降低了水质肥度，而鲤、鲫又以草鱼吃剩的残饵、碎屑和底栖生物为食，起到打扫环境卫生的作用。经过鲢、鳙、鲤、鲫的共同作用，既净化了水域环境，又促进了主养品种草鱼（或鳊鱼）的生长。若在该系统中适当搭配一点凶猛的肉食性鱼类（如鳢、鲇、鳜、鲈等），利用他们吃掉养殖水体中的野杂鱼和体质较差或生病的鱼体，不仅可防止主养品种的发病以及疾病蔓延，还能降本增收。

（五）全封闭循环水工厂化无公害养殖

这是当今最先进的水产品生产模式之一。通过应用多种先进的设

施和技术，对养殖用水进行一系列的处理，如多重杀菌消毒、加温、加氧等，确保水质良好，没有污染，循环使用，同时使用无公害全价配合饲料，按无公害标准生产，实行全程质量监控。但这种养殖模式具有高投入、高产出、高风险的特点。

（六）开放式微流水无公害养殖

利用潮汐、山区溪流或水库生态环境优越、水质良好、自然落差等自然优势进行微流水养鱼。由于水质好、环境优，加上使用无公害全价配合饲料，只要饲养密度适度，一般很少生病，故不需用药或很少用药，产品通常能达到无公害水产品的标准。

（七）微生物制剂调水防病无公害养殖

即用微生物制剂调节养殖水体、清洁养殖环境、提高水生饲养动物的免疫力、避免水体富营养化和为防治病害而施用渔药的养殖方法。近年来，微生物活菌制剂逐渐在水产养殖中得到应用推广，这给无公害健康养殖生产提供了有力的保障。目前较多使用的产品有光合细菌制剂、芽孢杆菌、乳酸杆菌制剂、益生素、西菲利、EM 制剂等，它们能分解水体中的残饵、粪便等有机物质，降低水中的氨氮含量，使养殖水体变清洁，从而改善了环境；另外它们还能改善养殖对象的胃肠道内环境，增强食欲，强化养殖对象的免疫功能，提高免疫力，增强抗病能力。

（八）休药期无公害养殖

在养殖生产过程中往往需要防治病害，所以用药有时是必不可少的，但所用药品必须是国家允许使用的低毒、高效、低药残留的渔药，而且要严格掌握用药量，并规定在水产品出池前的一个月或更长的时间停止使用渔药，以确保产品在上市前能达到无公害水产品标准的要求。

六、发展无公害水产品养殖的重要意义

(1)发展无公害水产品养殖有利于保障人民身体健康　时常发生的食品安全问题严重损害了消费者的合法权益,直接威胁着消费者的生命安全,发展无公害水产品养殖无疑有利于提高食品卫生质量、提高食品的安全性,无疑将对保障人民的身体健康起到积极的作用。

(2)发展无公害水产品养殖是适应市场经济的需要　随着水产养殖业的不断发展,水产品的质量和安全问题日益突出,而随着人民生活水平的提高,随着社会主义市场经济的不断完善,人们更加注重食品的质量和安全,市场对水产品的多样化、优质化和安全性的要求越来越高,无疑无公害水产品备受青睐,将拥有巨大的市场容量和发展潜力。

(3)发展无公害水产品养殖是适应水产品国际贸易的需要　水产品的农药残留、兽药残留和其他有毒有害物质的污染严重影响着我国水产品的出口贸易。2001 年,浙江省舟山一家水产品加工企业出口欧盟的水产品被检出氯霉素超标,加上当时中国出口欧盟的其他产品也存在一些问题,2002 年,欧盟委员会作出封杀中国包括水产品在内的所有动物源性食品进入欧盟的决定,被欧盟封杀近 2 年的中国水产品出口市场,给我国水产品出口企业带来极大打击。所以发展无公害水产品养殖有利于改善我国水产品的质量,有利于提高产品的安全性和产品档次,有利于冲破国际市场中正在构筑的非关税贸易壁垒,有利于提高国际竞争力。

(4)发展无公害水产品养殖有利于保护生态环境　通过无公害水产品养殖技术,可减少氮磷的流失,减轻氮磷对水体富营养化的威胁,减轻硝酸盐、亚硝酸盐对人和动物健康的危害,减少化学农药、渔药和其他有毒有害物质的使用,从而保护生物的多样性,减轻化学药品对大气、土壤和水体环境的影响,从而有利于保护生态环境、促进水产养殖

业的可持续发展。

提示问答

1. 无公害农产品产生的背景是什么?
2. 一般食品的概念和特点是什么?
3. 无公害食品(无公害农产品)的概念和特点是什么?
4. 绿色食品的概念和特点是什么?
5. 有机食品的概念和特点是什么?
6. 一般食品、无公害食品(无公害农产品)、绿色食品、有机食品有何异同点?
7. 无公害食品(无公害农产品)、绿色食品和有机食品之间的关系?
8. 无公害食品行动计划的主要内容有哪些?
9. 无公害水产品产地生态环境质量有哪些要求?
10. 无公害水产品生产过程中肥料使用的准则是什么?
11. 无公害水产品生产过程中饲料使用的准则是什么?
12. 无公害水产品生产过程中渔药使用的准则是什么?
13. 无公害水产品生产过程中农药使用的准则是什么?
14. 无公害水产品加工过程质量控制的准则是什么?
15. 无公害水产品养殖模式有哪些?各有何特点?
16. 发展无公害水产品养殖有哪些重要意义?

第二章

淡水鱼类生物学特性

阅读指南 淡水鱼种类很多，从分类学角度包括鲤科、丽鱼科、鲑科等；只有充分了解鱼类生物学特性才能选购或生产出无公害鱼种，才能更好地为鱼类创造合适的环境，采取合理的管理措施，充分发挥鱼类的生长优势，获得较好的经济、生态、社会价值。因此，充分了解鱼类生物学特性是进行水产养殖的基础。

第一节 形态特征

一、外部形态和机能

鱼类终生生活于水中，水域环境的特殊性造就了鱼类区别于陆栖动物的独特体型——长梭形，便于在水中穿梭；体表的鳞片及黏液腺可以减少运动时的阻力；鳔可以调节身体的比重，偶鳍可以使鱼在水中快速游动，奇鳍可以使鱼保持平衡，推进鱼体前进和控制游泳方向；鳃可以使鱼在水中呼吸。总之，鱼类表现出了对水环境的极大适应性。

（一）鱼类的体形

水域环境复杂多变，生活在水中的鱼类其生活习性也千差万别，由此出现了形形色色的体形，归纳起来主要有4种：纺锤形、平扁形、侧扁形和棍棒形，当然还有一些特殊体形。平扁形的鱼主要分布在海水中，淡水中少见。常规养殖鱼类中鲤鱼、鲢鱼等属于纺锤形；团头鲂、长春鳊属于侧扁形；名特优鱼类中的鳗鲡、黄鳝属棍棒形。

（二）鱼体的测量

典型的鱼体可区分为头部，躯干部和尾部。头部和躯干部以鳃盖骨的后缘为界；躯干部和尾部以肛门或尿殖孔后缘为界，以臀鳍基部后端至尾鳍基部之间的部分为尾柄。鱼体的测量指标主要有以下几种（图2-1）。

（1）全长　由吻端至尾鳍末端的直线距离。

（2）体长　由吻端至最后一枚尾椎或到尾鳍基部的直线长。

（3）叉长　由吻端至尾鳍最凹处的直线长。

（4）肛长　由吻端至肛门前缘的直线长。

（5）体高　鱼体最高部位（躯干中部）的垂直高。

（6）头长　由吻端至鳃盖后缘的直线长。

（7）吻长　由上颌前端至眼前缘的距离。

（8）眼径　眼水平方向前后缘之间的距离。

（9）眼间距　两眼在头背部的最小距离。

（10）尾柄长　由臀鳍基底后缘至最后一枚尾椎后缘（或到尾鳍基部）的直线长。

（11）尾柄高　尾柄最狭部位的垂直高。

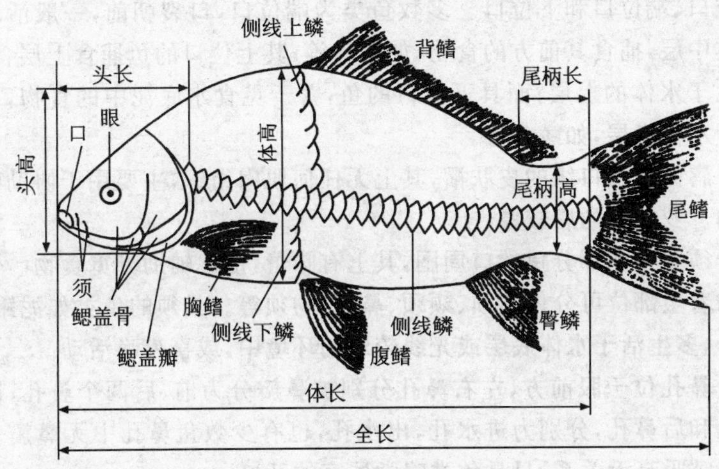

图 2-1 鲤外部形态及测量

(12)侧线鳞数 从鳃盖上方直达尾部的一条带孔的鳞的数目。

(13)侧线上鳞数 从背鳍起点斜列到侧线鳞的鳞数。

(14)侧线下鳞数 从臂鳍起点斜列到侧线鳞的鳞数。

(15)鳍式 一般用罗马数字表示鳍棘数,用阿拉伯数字表示软鳍条数目;背鳍、臀鳍尾鳍、胸鳍、腹鳍分别简写为 D、A、C、P、V。式上的半字线代表鳍棘与软鳍条相连,逗点表示分离,罗马字或阿拉伯字中间的波浪线表示范围。

(三)外部器官

鱼体的外部器官主要有:口、唇、须、眼、鼻孔、鳃盖孔、侧线鳞、鳍等。

口位于头部前端,用于捕食,也是呼吸时的入水口,其位置、大小和形态随食性而变化。一般而言,吞食大型食物或凶猛肉食性的鱼,口较大,如鳜鱼等;而食小型食物的温和性鱼类,口裂开小,如鲴鱼等;但滤食性的鱼口较大,如鲢、鳙等。依据上、下颌的长短可将鱼类的口分为上位口、端位口和下位口。多数鱼类为端位口，口裂朝前，一般活动于水体中层，捕食其前方的食物，如草鱼等；其上位口的鱼捕食上层食物，多见于水体的上层；而具下位口的鱼，善于觅食水底泥中的食物，多活动于水体底层，如鲮鱼等。

唇为包围口缘的皮肤褶，其上无任何肌肉组织，主要用于协助吸取食物。罗非鱼的唇较厚。

须着生在部分鱼的口周围，其上有味蕾，借此辅助寻觅食物。依据须的着生部位可分位颌须、颏须、鼻须、吻须等。具须的鱼类如泥鳅、鲶鱼等，多生活于水体底层或光线较弱的环境中，或喜夜晚活动。

鼻孔位于眼前方，左右鼻孔分别被鼻瓣分为前、后两个鼻孔，即前鼻孔和后鼻孔，分别为进水孔，出水孔，也有少数鱼鼻孔中无鼻瓣。鼻孔与呼吸毫无关系，只是鱼类嗅觉器官的开口。

鳃盖孔位于头部最末端，其内为鳃腔，鳃腔内容纳着呼吸器官——鳃。鳃盖膜与峡部相连的鱼类，鳃盖孔小，如草鱼、青鱼等。而合鳃目的鱼(黄鳝)鳃移至头部腹面，左右鳃盖膜相连呈横裂状。

鳍是躯干部的外部器官，用于运动。偶鳍包括胸鳍、腹鳍，左右成对；奇鳍包括背鳍、臀鳍和尾鳍，不成对。鳍是鱼类最富于变化的器官之一，其数目、位置、形状、大小各不相同，快速游动的鱼各鳍发达，而不善于运动的鱼或穴居鱼各鳍退化，甚至消失，如黄鳝。有的鱼在背中线上靠近末端处还有一富含脂肪的鳍，称为脂鳍，如虹鳟鱼、银鱼。

侧线鳞是鱼体两侧被侧线孔所穿过的鳞片，其内埋藏着侧线管，它是鱼类感知低频振动的器官，用于察知水波的动态，水流方向，周围生物的活动情况，以及游泳途中的固定障碍物(河岸、岩石)等。

二、鱼类的内部构造与机能

(一)皮肤及其衍生物

鱼类的皮肤由表皮和真皮构成。表皮都是活细胞，没有角质层。

表皮由生发层和腺层构成，腺层能向体表分泌黏液，用以润滑身体，并防止病菌侵入。真皮层内有结缔组织、色素细胞、神经及血管等。皮肤的功能是保护鱼体。此外皮肤逐渐衍生出鳞片、发光器、黏液器、黏液腺细胞、追星等衍生物以协助鱼完成保护、联络、防御、生殖等多种功能。

1. 皮肤　鱼类皮肤有保护、感受、分泌、排泄等功能。其由表皮与真皮组成。

2. 腺体　腺体由上皮细胞衍生而成，包括黏液腺和毒腺。

3. 鳞片　大多数鱼类皮肤中有钙质组成的外骨骼，即鳞片或鳞片的衍生物，被覆在鱼体的全身或部分。鳞片具有保护鱼体的作用。依鳞片的外形、构造和发生的特点，可以把鳞片归纳为三种基本类型：盾鳞、硬鳞和骨鳞。

4. 色素细胞　鱼类体色绚丽多彩，是由于在皮肤中（鳞的上面或下面）具有无数色素细胞。此外，色素细胞还分布于神经和血管周围以及体腔膜上。鱼类的基本色素细胞有四种，即黑色素细胞、黄色素细胞、红色素细胞、光彩色素。鱼类体色正是以上四种色素细胞相互配合的结果。鱼类体色是一种自然适应现象。其与鱼类所处的环境、生长发育阶段、性别等有关。

（二）骨骼系统

鱼类骨骼的结构与分布不同于其他脊椎动物，可区分为外骨骼（包括鳞片和鳍条）与内骨骼（包括头骨、脊椎骨和附骨骼）。从组织学特点看，则可区分为软骨和硬骨两种。

鱼类骨骼遍布全身。它包括主轴骨骼和附肢骨骼两大部分。其中主轴骨骼包括头骨、脊柱骨、肋骨与肌间骨。附肢骨骼包括奇鳍的支鳍骨，偶鳍的支鳍骨和带骨等。附肢骨用于支持鳍。

头骨分布区域为脑颅和咽颅两部分。头骨用于保护脑等头部的各种器官，其内包藏着脑和视、听、嗅有关的器官和口咽、食管。脊柱骨分化简单，仅有躯干椎和尾椎两种。脊柱自头部向后延伸一直到达尾鳍

的基部，其功能是保护脊髓和支持体躯。鲤科鱼的前三枚躯椎分化成韦伯氏器，用于将鳔中气体的波动传至内耳。沿脊柱骨伴有血管随同分布。随着鱼类的进化，肌间骨逐渐减少至完全消失，如鲤鱼、鲈鱼有肌间骨，而鳜、罗非鱼等肌间骨消失。

骨骼系统的功能在于支持身体，保护内部器官，并配合肌肉产生各种与生命有关的动作。有些骨骼可用于判断鱼的生长特性及鉴定年龄。

(三)肌肉系统

鱼类的肌肉分布在头部，躯干部和尾部。头部的肌肉种类繁多，结构复杂。躯干部肌肉有大侧肌和上、下臧肌。大侧肌呈分节状，并被水平隔膜分为轴上肌和轴下肌，上下臧肌分别位于背中线和腹中线上，与背鳍和臀肌的活动有关。

参与鱼类运动的肌肉主要是附着于各骨骼间的骨骼肌。心肌为心脏所特有。平滑肌主要存在于鱼的血管、淋巴管及内脏器官或管腔、管壁之中。

(四)消化系统

消化系统由位于体腔中的消化器官及联附于其附近的各种消化腺组成，包括口腔、鳃耙、咽、食道、胃、肠、肛门、肝脏、胰脏等(图 2-2)。

口腔内有颌齿、犁齿、腭齿、舌齿和口腔齿，但并没有咀嚼功能，只是起防止食物滑脱的作用。鲤科鱼无颌齿，但第五对鳃弓演化成的咽喉齿特别发达，可以把食物切断或压碎。

在鳃弓的内侧长有鳃耙，作用像筛子，保护鳃孔不被堵塞。同时也是鱼类的滤食器，其顶端往往有味蕾。鳃耙的数目也可作为分类依据之一。鳃耙的形状与鱼类的食性有很大关系。白鲢的鳃耙构成蜗管状的鳃上器官；青鱼的鳃耙短而尖，有 18～20 枚；草鱼的鳃耙短而扁，有 18 枚；鲤鱼的鳃耙软，呈三角形，有 20～25 枚。

鱼类的食道是食物由口腔进入胃肠的管道，一般宽短而壁厚，且

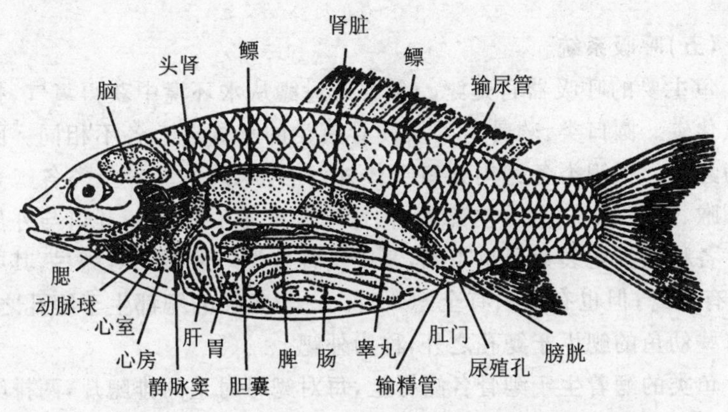

图 2-2 鱼类的内部构造

有味蕾和环肌,可以选择食物,并能将吞进的异物抛出体外。食道能分泌黏液帮助鱼吞咽食物。食道是消化道由横纹肌到平滑肌的转变区。

胃以贲门部连于食道,而以幽门部连于肠,两处均有括约肌。鳜鱼在肠的开始处有几百个幽门盲囊,用以扩大吸收面积,香鱼有 350～400 枚,鲻鱼有二枚。鲤科鱼类不具有胃,只是在肠的前段有一膨大的部分。有胃的鱼捕食后可以停顿一段摄食时间,而无胃鱼需不间断地摄取食物。

一般肉食性鱼类胃肠分化明显,但肠较短,仅为体长的 0.25～0.3 倍。而草食性鱼类肠较长,在体内盘曲较多,一般为体长的 2～5 倍,甚至可达 10 倍以上。杂食性鱼类的肠介于二者之间,多数鱼类缺乏胃腺和肠腺。

肝脏为最大的消化腺,肝脏分泌的胆汁能促进脂肪的分解,并能抗毒及储存糖原。胰脏能分泌消化酶和胰岛素,胰岛素能刺激肠对氨基酸的吸收,从而刺激生长。胰脏呈散发性,常与肝脏混杂在一起,统称肝胰脏。

(五)呼吸系统

鱼主要的呼吸器官是鳃。鱼类通过鳃从水环境中获得氧气,排出二氧化碳。圆口类、软骨鱼类及硬骨鱼类的鳃构造上各不相同。圆口类为囊状。板鳃类各鳃均开口于体外,称外鳃裂。真骨鱼类各鳃开口于咽喉、外覆鳃盖,称为内鳃裂,内鳃裂在鳃盖后缘有一开口与外界相通。各种鱼类鳃裂数目也不同,其中真骨鱼类一般有5对鳃弓,其中前4对有全鳃;但也有的只有全鳃3对。一般鱼类的鳃都生于鳃孔之内,也有些幼鱼的鳃生于鳃孔之外,称为外鳃。

鱼类的鳃着生于鳃骨各鳃弓上,每对鳃弓对生两排鳃片,两排鳃片的基部有入鳃动脉和出鳃动脉。每一鳃片由梳子一样致密排列的鳃丝组成。鳃丝内侧有入鳃动脉,外侧有出鳃动脉;鳃丝的两侧排列着突起的鳃小片,鳃小片上密布着微血管,气体在这里进行交换。鱼类的鳃一般都显红色,这是鳃小片上微血管的颜色。当鱼类离水后,鳃丝互相黏结,破坏了气体交换功能,鱼类就会因窒息而死亡。一些鱼类在每一个鳃弧的内侧面,还生有一种骨质突起——鳃耙。以食浮游生物为生的鱼类,鳃耙数量多而致密,这样的结构有防止异物进入鳃内和细小的浮游生物涌出的作用。

有些鱼还具有副呼吸器官或辅助呼吸器官。对于抵抗恶劣环境具有重要意义。如黄鳝、鳗鲡、鲶鱼等表皮层及真皮内层的血管较多,在离水条件下可利用潮湿的皮肤进行呼吸;黄鳝、鲶鱼等可利用口咽腔黏膜呼吸;泥鳅吞咽空气利用肠管进行呼吸;攀鲈、胡子鲶等可利于褶鳃呼吸;鳝鱼的幼鱼鳍上分布许多血管,可利用鳍呼吸;海边的弹涂鱼可利用尾鳍帮助呼吸。

虽然有些鱼类具有辅助呼吸器官,但水体中的溶氧量对鱼的生存、生长、具有重要意义。水中含氧量很少时,鱼就会浮到水的上层,将口伸出水面,这叫“浮头”。不同的鱼对水中的最低含氧量适应能力不同。同种鱼不同发育时期对溶氧量的需要也不同,鱼苗、鱼种的耗氧量要比成鱼高几倍。

(六)循环系统

鱼类的循环系统由心脏、血管、血液等构成。心脏位于体腔前部，鳃下方的围心腔中，外被鳃盖骨保护。心脏有心房和心室两个腔。心房的壁薄，肌肉不发达，心室的肌肉厚而发达。血管有动脉、静脉和毛细血管三部分，血液在血管中流动，有一部分经毛细血管渗入细胞组织之间形成了组织间液，与细胞交换代谢后，一部分含代谢物的组织间液进入淋巴毛细血管成为淋巴液，最后淋巴液通过静脉回到心脏中，完成淋巴循环，可见淋巴、淋巴管和淋巴心构成的淋巴循环是一种辅助的循环系统。

(七)排泄系统和渗透压的调节

排泄作用是通过肾脏和鳃进行的，鱼的肾脏是紧贴在体腔背面的一对伸长的器官，即是排泄器官又是造血器官，呈紫红色，肾脏的每一小管都开口于输尿管，两条输尿管通到膀胱，再从尿道通到泄殖孔。

鳃既是呼吸器官，也可以进行排泄作用，鳃丝毛细血管在进行气体交换的同时，由于体液渗透压高于水体，代谢废物也扩散到水体中。

淡水鱼体内的氮主要以氨的形式排出体外。氨对鱼体有毒，在养殖水体中，氨的浓度较低，对鱼并无影响，但是在运输活鱼时如果排出的氨量过多，对鱼类就产生一定的毒害作用。因此，在运输过程中要特别注意。

(八)鳔

多数硬骨鱼均具有鳔，位于消化管的背面，以鳔管，通入食道的鱼称为喉鳔类，无鳔管的鱼称为闭鳔类。鳔内的气体有氧气、氮和二氧化碳等。气体由鳔内的微血管网组成的红腺分泌出来。闭鳔类由鳔内的卵圆窗将鳔内的气体排入邻近的血管里，而喉鳔类鳔中的气体可以直接由口吸入和排出。鳔的形状多样，分一室(黑鱼)、二室(鲤、鲫鱼)、三室(鳊、鲂)，有些鱼无鳔(黄鳝)。鳔的主要功能是调节比重和鱼的内压力，使其和外界水环境的压力相平衡，下沉时排出鳔内气体，上浮时鳔内充气。

(九)神经系统及感觉器官

神经系统由脑和脊髓构成中枢神经系统,脑神经与脊神经构成外围神经系统,而植物性神经系统管理内脏的生理活动。

鱼的脑可分为大脑、间脑、中脑、小脑和延髓五部分。大脑不发达,它的前方有嗅神经,末端膨大成球形,称嗅球。延髓之后有脊髓,一直通到尾部,神经系统通过感觉器官和外界发生联系并调整体内器官的活动。

鱼类的感觉器官有一般皮肤感觉器、侧线感觉器及位于头部的嗅觉器(鼻)、听觉器官(内耳)和视觉器(眼)等。

(十)生殖系统

生殖系统由生殖腺及输导管组成。

雌鱼有一对卵巢,位于鳔腹面的两边,平常比较细长,快到生殖时期则膨胀得很大,卵巢内充满了卵粒。成熟的卵由卵巢通过输卵管从生殖孔排出体外。

雄鱼有精巢一对,也位于鳔的腹面的两边,平时也较细长,生殖前变得膨大。性成熟精巢呈乳白色,人们通常称为鱼白。精巢里充满着乳白色的精液,其中有无数的精子,精子很小,肉眼看不到。精巢后面的一短管通往生殖孔,称输精管。精液经过输精管从生殖孔排出体外,与水中的卵结合。鱼类绝大部分是体外受精。

第二节　生态习性

一、栖息水层和场所

鱼的种类很多,栖息习性的差异也很大。养殖鱼类的栖息水层是

与其食性相适应的。按照栖息水层的不同，养殖鱼类可以分成三大类：中上层鱼类（鲢、鳙等），中下层鱼类（草鱼、青鱼、团头鲂、鲂、鲴等）和底层鱼类（鲤、鲫 、鲮等）。这种划分是相对的。实际上，鱼类的栖息水层依季节、水温、鱼的年龄、规格、生理状况和饵料分布等因素而变化。

二、食性

鱼的种类不同，其摄食器官结构不同，消化系统结构也有一定差异，因此其食性亦不相同，但在鱼苗阶段的食性基本相似。一般鱼类的食性可以划分为 4 种类型，即滤食性鱼类，如鲢、鳙等；草食性鱼类，如草鱼、团头鲂、长春鳊等；杂食性鱼类，如鲤、鲫、三角鲂、罗非鱼等；肉食性鱼类，如青鱼、鳜鱼、虹鳟、乌鳢等。当然，这种划分并非绝对的，而是相对的，例如，草鱼属典型草食性鱼类，但在饥饿情况下草鱼会吞食小鱼；虹鳟属典型肉食性鱼类，但在人工养殖情况下能够很好的摄食人工配合饲料。

三、生长

生长包括体长和体重两方面的增加，与其他动物相比，鱼类的生长有其特点：一是终生生长。鱼类不仅幼年和成年生长明显，而且老年也生长，同时，各期的生长速度随种类和环境而异，无明显生长停止点，这种生长特性叫非确定性生长。二是生长的阶段性。一般来说，鱼类首次性成熟之前的阶段，生长最快；性成熟后，生长速度明显减缓。因此，凡是性成熟越早的鱼类，个体越小。此外，雄鱼比雌鱼先成熟，鲤科鱼类的雄鱼大约比雌鱼早成熟一年。因此，造成多数鱼类同年龄的雄鱼个体比雌鱼小一些。三是生长的季节性。生长与环境有密切的关系。鱼类栖息的水体环境、水温、光照、营养、盐度、水质等均影响鱼类生长。其中，尤以水温和饵料等对鱼类生长速度影响最大。不同季节，水温差异很大，而饵料的丰歉又与季节有明显关系，因此鱼类生长一般以一年为一个周期。春季水温逐渐升高，天然饵料增多，水温适宜，鱼的消化能力旺盛，生长速度逐渐加快。随着水温进一步升高，生长速度达到高峰。到了秋季，水温开始下降，鱼类食量逐渐减弱，到冬季，许多鱼类的活动趋向停滞，有的潜伏深水处，很少摄食，生长减慢和停顿，但是由于不同鱼类的最适生长温度不同，其周期变化也有一定的差异。如虹鳟，在夏季温度过高时，生长速度也减慢。四是鱼类生长的群体性。鱼类常有集群行为。试验证明，多种鱼混养时其生长与摄食状况均优于单一饲养。以不同密度饲养时，最低的放养密度并不能获得最大的生长率。由此可见，鱼类的群居有利于群体中每一尾的生长，并有相互促进的作用，即所谓鱼类具有"群体效应"。但是，密度过高或有的鱼有区域割据现象，对生长也有影响。五是鱼类具有明显生长优势。陆生动物运动需要克服地心引力、风的阻力、摩擦等物理和机械的限制，肌肉和骨骼强度需要相应增大，基础代谢较高。鱼类生活在密度较大的水介质中，限制鱼类达到最大可能规格的上述物理和机械因子要比陆生动物弱得多，基础代谢率低，因此，生长优势明显。

养殖鱼类的生长速度一般较快，特点更明显。在环境条件相似的情况下，从个体大小和整个生命周期的生长速度来看，几种淡水主要养殖鲤科鱼类的生长速度是：青鱼、草鱼＞鳙＞鲢＞鲤＞鲫＞团头鲂＞鲮。对于同种鱼类来说，体长增长最快的时间早于体重增长最快的时间。在几种鲤科鱼类中，鲤当年的生长速度快于青鱼、草鱼、鲢、鳙。

四、洄游

鱼类在一定的时间、季节里，集群由一处出发，沿一定的途径进行有规律的游动，这种现象称洄游。洄游的原因是由于鱼类要寻找适宜的场所，以进行生殖、发育、觅食、生长和越冬。洄游包括生殖洄游、索饵洄游、越冬洄游、降海洄游、溯河洄游。一般淡水鱼类明显。

五、繁殖

鱼类性成熟年龄因种类、环境条件的不同而异。不同的饲养条件，性成熟的时期亦不一致。食料丰富，水体条件良好时，鱼的性成熟期就可以缩短，性成熟也好。鱼类繁殖后代的好坏，与亲本培育和饲喂的好坏有密切关系。

性成熟以后的鱼类，在每年的一定季节，周期性的进行生殖。罗非鱼等则属例外，1 年内可产卵 5～6 次之多。大麻哈鱼则一生中只进行 1 次生殖，产卵后即死亡。鲟科鱼类也与大部分常规养殖鱼类不同，鲟鱼均不是以 1 年为一个性周期的，首次繁殖后，雄鱼要间隔至少 1～2 年，雌鱼要间隔至少 3 年，性腺才能再次发育成熟。

鱼类的怀卵量随着鱼的种类、鱼体大小、环境的优劣、营养条件的好坏以及不同年龄等情况，也有显著的差异(表 2-1，表 2-2)。

由于产出体外的卵粒的比重和特性的不同，可以分为浮性卵，漂流性卵，沉性卵和黏性卵等几种。浮性卵是指产出后的卵膜能吸水膨胀，比重小于水，浮于水层中或水面上的鱼卵。浮性卵一般较小，颜色透明，大多有油球，卵膜不呈黏性，多见于海水中。淡水鱼中的乌鳢所产的卵是浮性卵。沉性卵是指产出后比重大于水的鱼卵。沉性卵一般较大，呈橙黄或浅黄色，常沉于水底，如罗非鱼、大麻哈鱼、鲟、鲴等。漂流性卵卵膜薄而且透明，无黏性，比重比水略大，能随水流漂浮在水面，静水时则沉入水底，如青鱼、草鱼、鲢、鳙、鲮、短盖巨脂鲤和鳜等。黏性卵是指表面有黏液或黏附物，能黏附在水草、石砾、鱼巢等上的鱼卵。如鲤、鲫、鲂、鲴、鲟、银鱼等。这种根据卵粒的比重和特性的不同而分类也是相对的，只有浮性卵比重小于水，而漂流性卵、沉性卵和黏性卵比重均大于水。如鲟、鲴的卵属沉性卵，而又具黏性。

鱼类的产卵季节以春季和夏季为主，产卵时间可从 3～4 月份延长到 6～7 月份，狗鱼、雅罗鱼初春就产卵，其后为鲤、鲫、鲂、鳊、鲢、草、

鳙、青、鳜和黑鱼等。同一种类的鱼其产卵时间的迟早,同地理分布,水温的变化等因素有关。

表 2-1　家鱼在华中地区的生殖季节、产卵量和卵径

鱼类	体重 (kg)	繁殖季节	怀卵量 (万粒/尾)	相对怀卵量 (粒/g 体重)	卵径(mm) 吸水前	卵径(mm) 吸水后
鲢	4.8	4～5 月份	20.7	43.1	1.2～	4.8～
	6.4		60.4	94.5	1.4	5.5
	7.5		71.5	95.3		
	10.0		169.5	169.5		
	11.0		98.3	177.7		
鳙	14.2	4～6 月份	116.8	69.2	1.5～	5.0～
	14.8		175.4	78.9	2.0	6.5
	19.3		225.6	90.9		
	21.0		346.5	107.4		
	31.2			111.0		
草鱼	6.3	4～6 月份	30.7	48.7	1.3～	4.0～
	7.5		67.2	89.6	1.7	6.0
	9.0		72.0	80.0		
	10.5		106.9	118.1		
	12.5		138.1	110.5		
青鱼	13.3	4～7 月份	100.3	74.6	1.5～	5.0～
	18.3		157.5	83.7	1.9	7.0
	22.5		216.4	96.1		
	26.3		254.4	95.7		
	34.0		336.7	99.0		
鲮(珠江)	0.5	4～5 月份	2.65	52.6	1.1	3.3
	0.9		5.83	68.8		
	1.8		18.71	106.0		
	2.2		31.49	142.9		
短盖巨脂鲤	2.5	5～7 月份	20	0.7	1.1～1.4	

续表 2-1

鱼类	体重（kg）	繁殖季节	怀卵量（万粒/尾）	相对怀卵量（粒/g 体重）	卵径（mm）	
					吸水前	吸水后
鳜	0.095	5～7 月份	0.196	25.3	1.1～	1.9～
	0.15		0.990	68.3	1.4	2.2
	0.34		1.560	45.7		
	0.75		3.500	46.7		
	0.95		4.940	52.0		
	1.25		9.460	75.7		
	1.90		10.500	55.3		
虹鳟	0.5		0.1			4.0
	0.9		0.2			4.5
	1.5		0.3			5.0
	2.1		0.4			5.5
	2.8		0.5			6.0
	3.5		0.6			6.5
	4.2		0.7			7.0

表 2-2　武昌鱼不同年龄的怀卵量、产卵量、受精率、孵化率的比较

年龄	体重（kg）	怀卵量（万粒）	产卵量（万粒）	产卵率（%）	受精率（%）	孵化率（%）
3	0.8～1.7	10～31	8～20	70～85	95	70～80
4	1.4～2.0	27～44	25～35	90～100	98	85～90
5	1.6～2.4	32～50	30～45	90～100	98	90
6	1.8～2.6	38～54	30～43	85～95	98	80～90
7	2.0～3.0	40～50	40～45	80～90	98	80～90

六、对外界环境条件的适应

对外界环境条件的适应性强是养殖鱼类的主要标准之一。唯有对水温、溶氧、盐度、pH、水质具有广泛的适应性，它们才能在我国绝大部分水体中养殖，才能进行高密度的饲养，才能取得较高的经济效益和社会效益。水质环境条件的好坏与鱼类生存、生长及鱼产品的质量关系极为密切。同时，我们也只有了解了鱼类对外界环境条件的适应性，才能更好、更科学、有针对性地为养殖鱼类创造更适宜的环境条件，促进鱼类快速、健康的生长，获得优质无公害水产品。

（一）水温

有机体的代谢强度直接决定于体温，而鱼类都属于变温动物，鱼的体温随环境而变化，因此，鱼类的生长、发育等一系列生命过程都受水温的影响。

鱼类必须在温度达到一定界限之上，才开始生长与发育。一般把这一界限称为生物学零度。如大麻哈鱼的生物学零度为 5.6℃，鲟鱼为 7.2℃。在生物学零度以上，水温的增高可加速鱼类的发育，但是超出适温范围，温度的升高不再加速发育，甚至起抑制作用。

温度与鱼类生殖的关系也十分密切。各种鱼类通常只在一定的温幅内进行生殖。因此各种鱼都有一个相当明显的生殖季节。一般情况下，生殖过程，卵和胚胎发育所要求的适温范围，要比营养和生长的适温范围狭窄得多。如青、草、鲢、鳙、鲤等，只有当春季水温达到 18℃左右时，才开始产卵。大麻哈鱼的产卵水温则要求在 12℃以下。一定的水温对于鱼类产卵是一种刺激，不过春季产卵的鱼类是要求升温，而秋季产卵的则要求降温。

水温对鱼类发育的影响显著。在天然条件下，鱼卵、鱼苗的生长发育与当时的正常水温幅度是一致的，过低或过高都会延缓发育速度，或使发育停滞。如草鱼苗在水温为 16.1～23℃的条件下，13 天后体长 8.3 mm，而在 23.6～25℃中生活的个体，3 天就可达到这一长度。

水温对鱼类的摄食强度有重要影响。在适温范围内，水温升高对养殖鱼类摄食强度会有显著促进作用；水温降低，鱼体代谢水平也降低，导致食欲减退，生长受阻。草鱼在水温升至 27～32℃时摄食强度

最大;鲢、鳙代谢率在水温 20～30℃范围内,温度每升高 1℃,代谢强度约增加 10%;当水温降至 15℃以下,食欲显著降低。鲤在 23～29℃时摄食最旺盛,降到 3～4℃时便停止摄食。养殖鱼类的摄食强度都存在着显著的季节性的变化。一般春季摄食开始增强,夏季摄食旺盛,冬季摄食停止或减低。冷水性鱼类在夏季温度过高时,食欲也会减退或停止,这与相应的水温及气温条件密切相关。

不同的鱼类有不同的适宜水温。按照鱼类对温度的适应能力,可把养殖鱼类分为四大类:热带鱼类,温水鱼类,冷温鱼类和冷水鱼类。

罗非鱼、鲮、淡水白鲳属热带鱼类。其适宜生长温度较高,尼罗罗非鱼生存水温为 16～40℃,最适生长温度为 24～32℃;繁殖最低温度为 19～20℃,最高为 38℃,繁殖最适温度为 24～32℃。当水温下降至 14℃时,鱼群躲藏在水底,很少游动,也不摄食。据李晨虹和李思发(1996)测定:当温度降到 11℃时,尼罗罗非鱼开始死亡,其中吉富罗非鱼死亡温度为 11～8.4℃,“78”品系为 9.8～7.4℃,“88”品系为 11～7.4℃。鲮鱼摄食生长最适温度为 30～32℃,繁殖最适温度为 26～30℃,其抗寒能力较差,水温降至 6～7℃时,即大量死亡。淡水白鲳摄食生长最适温度为 30～32℃,繁殖最适温度为 26～30℃,其抗寒能力较差,水温降至 6～7℃时,即大量死亡。

鲑鳟鱼类、公鱼、多数银鱼属冷水性鱼类。其适宜生活温度较低,耐高温能力较差。冷温性鱼类(牙鲆等)对水温的适应能力介于温水鱼类和冷水鱼类之间。

鲢、鳙、青鱼、草鱼、鳊、鲂、鲤、鲫等均为温水性鱼类,其生存温度为 0.5～38℃,适宜水温为 20～32℃,繁殖的最适温度为 22～26℃,摄食和生长的最适温度为 25～32℃,由于这些鱼类对温度的适应范围相对较广,也称广温性鱼类,因此养殖范围也较广。但不同鱼类对温度的适应也有一定的差异。

鱼类对水温都有一定的适应范围,广温性鱼类的适应范围更大,但是,无论哪种鱼类,即使在最适温度范围内,对温度的急剧变化的适应能力都较差。一般认为对于成鱼温度急剧变化超过±5℃,对于鱼苗、鱼种温度急剧变化超过±2℃就会对鱼产生不利影响，其原因是鱼不能迅速改变代谢通路和调节渗透机能。

（二）溶解氧

水中溶解氧的含量是鱼类及其他饵料生物生存和生长发育的主要环境因素之一，溶氧量降至鱼类不能再保持原代谢水平而 Qo_2 开始下降时的氧分压称为临界氧分压。鱼开始窒息死亡时的溶氧量称为窒息点或氧阈。

养殖鱼类的正常生长发育都要求水中有充足的溶解氧。当水中溶氧量低于鱼类呼吸需求时，即低于临界氧分压时，呼吸受阻，呼吸运动加强，呼吸频率加快，并出现浮头现象。当溶氧低于氧阈时，则引起窒息死亡。但通常几种常规养殖鱼类对低氧有一定的适应能力，它们对溶氧量的需求和适应范围随种的不同而有较大的差异（表 2-3）。一般来说，几种常规养殖鱼类最适的溶氧量为 5 mg/L 以上，正常呼吸所需要的溶氧量一般要求不低于 2 mg/L，1.5 mg/L 左右的溶氧量为警戒浓度，降至 1 mg/L 以下就会造成窒息死亡。从表 2-3 中可以看出，鲫对低氧的适应能力最强，鲢的适应能力最差。虹鳟、鳜鱼、鲟鱼等对水中溶氧要求较常规养殖鱼类高。一般认为水中溶氧量在 6 mg/L 以上，至少不低于 5 mg/L。当水中溶氧量低于 5 mg/L 时，虹鳟鱼呼吸频率加快，感觉不适；水中溶氧量低于 4.3 mg/L 时，鱼浮头，并出现死亡；水中溶氧量低于 3 mg/L 时，大批死亡，此值为夏季虹鳟的致死点。虹鳟生长正常的最低溶氧量为 5 mg/L；水中溶氧量为 9 mg/L 时，虹鳟生长最快。

表 2-3　几种主要养殖鱼类对水溶氧量的适应

鱼类	正常生长发育(mg/L)	呼吸受抑制(mg/L)	氧阈(mg/L)
鲫	2	1	0.1
鲤	4	1.5	0.2～0.3
鳙	4～5	1.55	0.23～0.40

续表 2-3

鱼类	正常生长发育(mg/L)	呼吸受抑制(mg/L)	氧阈(mg/L)
鲮	4～5	1.55	0.30～0.50
草鱼	5	1.6	0.40～0.57
青鱼	5	1.6	0.58
团头鲂	5.5	1.7	0.26～0.60
鲢	5.5	1.75	0.26～0.79

一般来说,养殖鱼类的耗氧量随着个体的增加而增加,但耗氧率却随着个体的增长而降低(表 2-4)。随水温的升高,组织器官的活动性能提高,基础代谢强度增高,鱼类的耗氧率增高,因此,几种常规养殖鱼类幼鱼的要求也比成鱼高,对低氧的适应相对来讲比较差。

表 2-4 不同种类和规格养殖鱼类的耗氧率 $mgO_2/(g\cdot h)$

鱼类	体重(g)	水温(℃)	耗氧率
鲢	67～1.70	28.5～30.3	230～0.338
	118.0～130.7	27.3～28.7	0.147～0.134
鳙	40～0.80	28.5～30.3	288～0.417
	74.0～172.3	28.5～30.3	0.113～0.134
草鱼	93～1.38	22.5～31.7	228～0.383
	30.0～62.2	22.0～23.5	120～0.167
	1 101～1 355	21.0～23.5	0.097～0.106

鱼类的摄食强度、饵料利用率和鱼体增重率与溶氧量有很大关系。一般摄食强度随溶氧量的增加而增强,但在不同的溶氧范围内,溶氧量的变化对摄食强度的影响程度也不完全相同,根据研究,一般溶氧与摄食强度的关系曲线呈"S"形,氧含量 1.5 mg/L 和 4.1 mg/L 是养殖鱼类摄食强度变化的转折点,即溶氧量在 1.5～4.0 mg/L 之间,摄食强度增加迅速,溶氧量低于 1.5 mg/L 或超过 4.1 mg/L 时,摄食强度随溶氧增加的速率相对减缓。水中溶氧在 4.1 mg/L 以上,饵料利用率才保持平衡,鱼体增重率较大,一般溶氧保持在 4～5.5 mg/L 以上鱼

类才能正常生长。

(三)pH值

水的酸碱度(pH值)对鱼类会起直接或间接的影响。酸性水能改变鱼的血液组成,使其pH值下降,减低其载氧能力,妨碍呼吸机能的正常发挥。因而鱼的活动能力减弱,代谢水平和摄食强度下降,生长受到影响。若水中酸度过大,还能直接破坏鱼的鳃和皮肤及其他组织而危及鱼的生命。水的碱性过大,会腐蚀鱼类的鳃组织和表面组织。另外pH还会影响其他理化及生物因子而间接作用于鱼类。如pH值还会影响水中氨与氨离子的平衡,pH值升高使氨离子转化为氨,当pH>11时几乎都以NH_3形式存在,而NH_3即使浓度很低也会抑制鱼类的生长;低pH值对水生生物生长不利,从而影响鱼类的饵料基础等。

我国常规养殖鱼类对水的pH变化有较大的适应能力,如青鱼、草鱼、鲢、鳙的适应范围为4.6～10.2;鲤的适应范围为4.4～10.4。一般鱼类适宜pH值7～9的微碱性水体,以7.5～8.5生长最好。若长期生活在pH值6.0和10.0的水体中,生长会受到抵制。几种常规养殖鱼类对酸性水的适应能力由强至弱是:青鱼>鳙>草鱼,对碱性的适应能力顺序是:青、草鱼>鲢、鳙。

(四)盐度

就对盐度的适应能力来说,养殖鱼类可分为两大类:狭盐性鱼类和广盐性鱼类。

草鱼、青鱼、鲢、鳙、鲮、鲤、鲫、鲂、鳊均属狭盐性鱼类,其在淡水中(盐度5‰以下)生长良好。但它们对盐度的变化也有一定的适应能力,可以在盐度为5‰的水中生长发育。如草鱼能在半咸水的河口水域中生活,在盐度高达9‰的沼泽地区也有分布。但其增重率显著低于在淡水中。鲢的幼鱼能适应盐度5‰～6‰的咸淡水,成鱼能适应8‰～10‰的咸淡水。鲤鱼对盐度的适应性较强,可生活在盐度高达

17‰的水中（如里海、黑海及我国西北地区的一些内陆盐碱性湖泊）。鲫对盐度的适应性最强，一些连鲤鱼也不能生存的内陆盐碱性湖泊（如内蒙古的达里湖），鲫鱼也能生存，而且鱼产量较高。

水体中各种因子是相互作用的，温度不同鱼类对盐度的适应能力也不相同。如鲢鱼种在 18～22℃时耐盐能力最强（Von Oertzen，1985）。

罗非鱼、虹鳟、鲟鱼、鲈鱼等均属广盐性鱼类。如莫桑比克罗非鱼从淡水中到 30‰的海水中都能正常生长繁殖；从淡水突然放入咸水的情况下，盐度达 25‰仍能耐受；而逐渐过渡时 40‰的盐度也能耐受；在 30‰～40‰的高盐度下不能繁殖。但仍能生长。尼罗罗非鱼的耐盐能力略低于莫桑比克罗非鱼，从淡水直接进入海水时，只能耐受 15‰的盐度；需经 4 昼夜分三段驯化才能耐受 32‰的盐度；在盐度 21.5‰的水中已不能正常繁殖。但是不同品系的尼罗罗非鱼的耐盐性不同。奥利亚罗非鱼的耐盐性最低，红罗非鱼次之，78 品系最高。虹鳟鱼对盐度有较强的适应能力，而且随着个体的成长而增强，稚鱼能适应的盐度为 5‰～8‰；当年鱼为 12‰～14‰；1 龄鱼为 20‰～25‰；成鱼为 35‰；成鱼经半咸水过渡，甚至可适应海水中生活。

（五）肥度

养殖鱼类由于食性等生物学特点不同，其对水质肥瘦的要求也不同。青鱼、草鱼、团头鲂、鳜鱼、虹鳟等喜欢栖息在较瘦的微流水中，但对肥水也有一定的耐受力；鲤、鲫对肥水的适应能力很强，既可生活在肥水中，也可生活于较清瘦的水中；鲢、鳙、鲮、白鲫喜欢生活在肥水中，鳙与鲮比鲢有更强的耐肥力。但是对于青鱼、草鱼、团头鲂鳊、鲤鲫等吃食鱼。虽然它们对肥水有一定的适应能力，但从生长性能看，它们都要求较清瘦的水质，否则生长速度下降且容易患病。

（六）硬度

硬度是指水体中的钙、镁离子的含量，常用德国度来表示（1°＝

10 mg/L CaO)。常规养殖鱼类对硬度的要求不高。钙、镁是水体中的营养元素,对浮游生物的生长有利,因此,硬度过低会影响浮游生物的生长,从而间接影响鱼类的生长。但有些鱼类对水的硬度有一定的要求,如鲑鳟鱼类唯有在高硬度的水中,性腺才能正常发育,而对于某些热带鱼来说,只有在软水中才能正常繁殖。

提示问答

1. 确定鱼的种质时需测量的指标主要有哪些?
2. 你了解鱼类消化系统、呼吸系统、生殖系统的结构吗?
3. 您养殖的鱼类有辅助呼吸器官吗?
4. 您了解您养殖的鱼类的栖息习性吗?
5. 鱼苗阶段的食性有何特点? 生产中应怎样操作?
6. 您养殖的鱼类的食性特点是什么?
7. 鱼类有哪些生长特点?
8. 您了解您养殖的鱼类的生长特点吗?
9. 您了解什么样的水环境对鱼的生长有利吗?(掌握鱼类对水温、溶解氧、pH 值、盐度、肥度、硬度的适应特点。)

第三章

淡水鱼类的品种选择

阅读指南 我们了解了鱼的生物学特性,可鱼的种类繁多,养殖环境各异,各地消费习惯、市场需求不同,同时我们的养殖技术水平存在差异,因此,养殖前对养殖对象的选择非常关键。本章讲述常见养殖种类,如何选择养殖对象,如何确定种质是否纯正等。

第一节 品种选择的原则

一、养殖条件与品种选择

养殖条件包括的内容很多,主要有以下几点:

1. 养殖设备 有工厂化设施养殖、池塘养殖、网箱养殖、稻田养殖

等。一般而言，设备好可以选择要求高的鱼。

2. 饵料供应　不同鱼食性不一，虽然配合饵料生产水平在不断上升，但对某些特殊生长期（如稚鱼期）和特殊鱼（如植食性的草鱼、肉食性的鳜鱼等）均有一些特殊要求。

3. 管理水平　有专业技术人员负责的场可以选择一些娇贵的品种。

4. 水供应及养殖水状况　有些长年有流动冷山泉水的地区可养一些鲑鳟鱼、鲟鱼等；有热水（或温泉）地区，可养热带鱼如罗非鱼、淡水白鲳等；水质好的地区，可以多养草鱼、鳜鱼；水环境差的可以养鲤、鲫、罗非鱼、鲶等耐受性强的鱼。

总之，首先应根据自己所处的“大气候、小环境”，选择适宜生活其中的品种。

二、市场导向与品种选择

尽管水产品市场同其他商品市场一样，瞬间万变，但对有特定消费习惯的地区，市场对某些品种的需求还是很稳定的；同时，市场对食用起来美味方便的新品种反应通常也是很好的。在考虑市场导向时，还应考虑养殖该品种的成本。因为对养殖者而言，利润最大化才是其目标。

$$收入=产量\times平均售价$$

支出分好几项。最大的部分为饲料费用，占总支出60%～70%；其次为苗种、水电、药品、人工、设备使用（含承包费）等的花费。只有均衡好以上内容，再加上科学管理，才会有高的利润。

三、养殖技术与品种选择

对养鱼而言，混养选择搭配品种好坏也直接关系养殖效益。

在选混养品种时，应注意以下内容。

1. 非流水的精养池，应尽可能选择混养，一般都应搭配食藻类的鲢、鲂、鲻、梭鱼　冬季可清塘的池可搭养罗非鱼；如塘内小野杂鱼多可放少量乌鳢和鳜鱼；如螺蛳多，可放养半斤以上的鲤鱼和青鱼；如水草多可搭养草鱼和河蟹。

2. 抢食凶猛的品种如淡水白鲳、鲶、鳢、鳜鱼等，最好单养　如为减少罗非鱼池中罗非鱼产的幼鱼量，搭养以上鱼时，应注意放养时的数量与大小，以防止影响主养罗非鱼的采食。

3. 混养时应考虑主养品种与搭配品种活动的水层和采食习性　二者应在不同水层活动且采食习性也应有所差异。自然情况下，上层鱼有鲢、鳙，中下层鱼有草鱼、鳊鱼、团头鲂，底层鱼有青、鲤、鲫、鲮、鲴、罗非鱼等。混养要求是充分利用不同水层和不同水层中的饵料。一般而言，鲢、鳙是混养池中必搭配的，且鲢鱼应占主导。

草鱼与鲂、鳊的食性相似，混养时应避免。草鱼和鲤鱼都喜食人工配合饲料，且都有很强的争食能力，草鱼更甚。因此，以人工配合饲料为主时，若鱼种规格相同，则鲤鱼精养池不宜搭养草鱼。底层的几种鱼作主养时，也尽可能不要搭配在一起。总之，品种选择不仅要考虑养殖条件，养殖技术的要求，还要考虑市场导向，只有综合考虑才能收得好效果。

4. 混养时应考虑主养品种与搭配品种规格大小和水体载鱼量　混养中既可以相同规格的不同种鱼搭配，也可以不同规格的相同或不同种鱼搭配。规格不同鱼的食性有一定差异，争食能力也不同，同时不同品种、规格的商品鱼上市时间产生差异，通过轮捕可使鱼产品均衡上市，改变了以往市场淡水鱼“春缺、夏少、秋挤”的局面，做到四季有鱼，不仅满足社会需要，而且提高了经济效益。而且通过及时捕出达到食用规格的部分个体来解除后期池塘存量过大而对鱼群增长的限制，使鱼类在整个生长季节始终保持合适的密度，促进鱼类快速生长。

四、种质与品种选择

养殖品种一旦选定，还要注意选择鱼类种质。

任何鱼类人工繁殖的成功都标志着该鱼类的养殖进入一个新的阶段。如1958年“四大家鱼”人工繁殖的成功是我国水产养殖划时代的事件，极大地满足了水产养殖对苗种的需求，有力地推进了水产养殖业的快速发展。随着科技的不断进步，许多新技术在鱼类育种中应用，大大丰富了我国养殖鱼类的品种。如异域银鲫、高背鲫、湘云鲫、湘云鲤、建鲤、颖鲤等。

经过几十年的人工繁殖生产，由于生产单位不能及时更新亲本、品种杂交、近亲繁殖现象严重，造成许多优良品种性状退化，生长性能下降、病害多发。如“四大家鱼”性成熟年龄提前，性成熟个体体重变小；生长速度减慢，养殖周期延长；抗逆性下降，大批死鱼现象多发。鲤、鲫鱼品种之间很容易相互杂交，种质混杂严重，一些优良养殖品种的优良性状难以保持稳定，再加上一些苗种生产单位受利益驱动，以假乱真，以次充好，造成苗种市场种质混杂严重。目前我国苗种质量监管体系还不健全，有些鱼类种质标准还不完善，许多水产品的生产是无标准生产。

选择品种时一定要根据该品种的形态构造特征、生长与繁殖、遗传学特征（详见第二章）进行仔细鉴定。亲鱼的来源主要有二：一是江河水域中的天然苗种或持有国家原种生产许可证的原种场的苗种经专门培育成亲鱼。二是从鲢、鳙、青、草鱼天然种质资源库或江河、水库、湖荡等未经人工放养的天然水域择优收集的食用鱼培育成亲鱼。选择亲鱼时严禁近亲繁殖的后代作亲鱼。一般生产单位（非原种场）繁殖的雌雄鱼不得同时留作本单位的亲鱼。商品鱼苗种必须到有资质的良种场或原种场选购，同时要对苗种质量进行鉴定。

第二节　常见淡水鱼类品种

我国淡水鱼中约有 250 种以上是具有经济价值的食用鱼，目前我国主要养殖的鱼类有青、草、鲢、鳙、鲤、鲫、鲂、团头鲂、罗非鱼、鲮、虹鳟、加州鲈鱼、鲟鱼、鳜鱼、斑点叉尾鮰、大口鲶、乌鳢等。每种鱼都有各自独特的形态特征，这也是选择养殖品种是否纯正的一个重要标准。

1. 青鱼　又称乌青、青鲩、黑鲩、螺蛳青、青根。属鲤形目，鲤科，雅罗鱼亚科，青鱼属。青鱼与草鱼相近，是大型鱼类，体重 15～25 kg 重的个体在江河湖泊中常见，目前发现的最大个体重 70 kg。青鱼以螺、蚌、蚬等为主食，生长速度较快，肉味腴美，为鱼肉较优的品种之一。青鱼的养殖数量少，一般只作为搭配放养的品种，产量较另三种家鱼低。

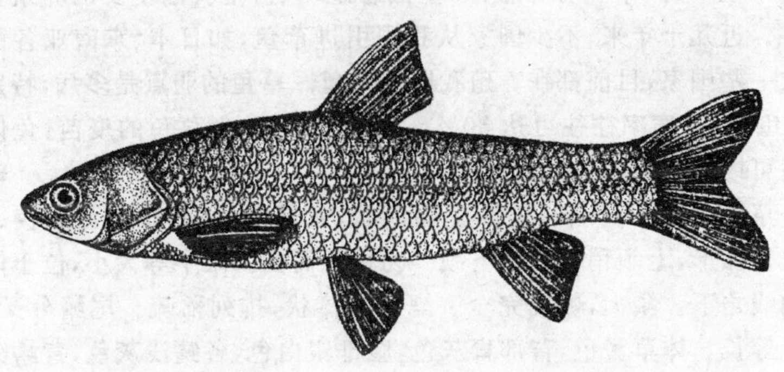

图 3-1　青鱼

青鱼（图 3-1）体延长，呈菱形，腹圆，无腹棱，口端位，上颌呈弧形，吻尖，眼中侧位。体被较大的圆鳞，侧线完全。鳃耙稀而短小，尾鳍深叉，上下叶等长。体青黑色，背部深黑，腹部灰白色，各鳍均为灰黑色。

背鳍鳍式为D 3.7，臀鳍鳍式为：A 3.7～9。第一鳃弓外侧鳃耙数为15～21。对于体长17.2～53.4 cm，体重110～2 250 g的个体，其可量性状见表3-1。

表3-1　实测可量性状比例值

全长/体长	体长/体高	体长/头长	头长/吻长	头长/眼径	头长/眼间距	体长/尾柄长	尾柄长/尾柄高
1.159±0.032	4.050±0.350	4.318±0.295	3.318±0.580	6.619±0.798	2.290±0.396	7.657±0.624	1.059±0.100

青鱼具鳔，分为二室，后室比较细长；下咽齿1行，齿式为4/5，齿呈臼状，咀嚼面宽而平滑，肠长为体长的1.2～2.0倍。脊椎骨总数为39～42，腹膜为黑色。

2.草鱼　又名鲩、白鲩、厚子、草根。属鲤形目，鲤科，雅罗鱼亚科，草鱼属。因成鱼喜食草而得名，被誉为“拓荒者”。草鱼属大型鱼类，已知最大个体为35 kg，是我国特产鱼类，没有品种和亚种的分化，本属只有草鱼一种，草鱼分布很广，全国各地均有，是我国主要的养殖鱼类之一。近几十年来，不少国家从我国引进草鱼，如日本、东南亚各国及东欧一些国家，目前都在养殖我国的草鱼。草鱼的弱点是多病，特别是1龄鱼种，发病率往往可达30％～50％，如果注射草鱼的疫苗，鱼体成活率可以提高到80％以上。

草鱼(图3-2)体长，前部呈圆筒状，后部稍侧扁，腹圆无腹棱。口端位呈弧形，上颌稍突出于下颌。吻稍钝而圆。眼中等大小，位于体侧中轴线之下。鳞大，侧线完全。鳃耙短棒状，排列稀疏。尾鳍分叉，上下叶等长。体草黄色，背部青灰色，腹部银白色，各鳍浅灰色，背鳍鳍式为D 3.6～7，臀鳍鳍式为A 3.7～8，第一鳃弓外侧鳃耙数为15～24枚。对于体长19.6～93.4 cm，体重155.0～12 750.0 g的个体，其可量性状见表3-2。

图 3-2 草鱼

表 3-2 实测可量性状比例值

全长/体长	体长/体高	体长/头长	头长/吻长	头长/眼径	头长/眼间距	体长/尾柄长	尾柄长/尾柄高
1.147±0.027	4.262±0.545	4.467±0.395	3.313±0.484	7.371±1.310	1.742±0.179	8.002±1.637	1.138±0.308

草鱼的鳔分二室，后室比较细长，下咽齿两行，呈梳状，齿冠有栉齿，两侧为锯齿状，齿式为 2.4～5/4～5.2。肠长为体长的 2.3～3.3 倍。脊椎骨总数为 39～45。腹膜呈灰黑色。

3. 鲢　又名鲢子，白鲢。属鲤形目，鲤科，鲢鳙亚科，鲢属。鲢是我国淡水鱼类资源中最具代表的种类之一，是大型鱼类。体重 10～15 kg的个体在江中常见，最大个体约为 35 kg。鲢生活在水体的上层，性活泼，善跳跃，主食浮游植物及腐殖质等物，商品饲料亦能吞食，是我国的主要养殖鱼类，在淡水养殖中占较大比重。在分类学上，鲢唯有一个种，但由于长期的地理分隔，长江、珠江、黑龙江、鲢鱼种种群间的形态差异很大，主要表现在：鲢的侧线数由南向北递增，形态差异的大小与种群间的地理距离呈正相关(李思发等)。

鲢(图 3-3)体长而侧扁，稍高，胸鳍下方至肛门间有膜棱。头较大，约为体长的 1/4，吻短钝而圆，口大而斜，下颌稍向上翘起。眼较小，位于体侧中轴线之下。鳞片细小，侧线完全，鳃耙特化，彼此相连，呈海绵状筛膜。有鳃上器，尾鳍深叉状，胸鳍末端达到或略超过腹鳍基部。体银白色，背灰色，背鳍、尾鳍边缘稍黑，背鳍鳍式：D 3.6～7，臀鳍鳍式：A 3.11～14。对体长 21.8～91.0 cm，体重 180～19 500.0 g的个体其可量性状比值见表 3-3。

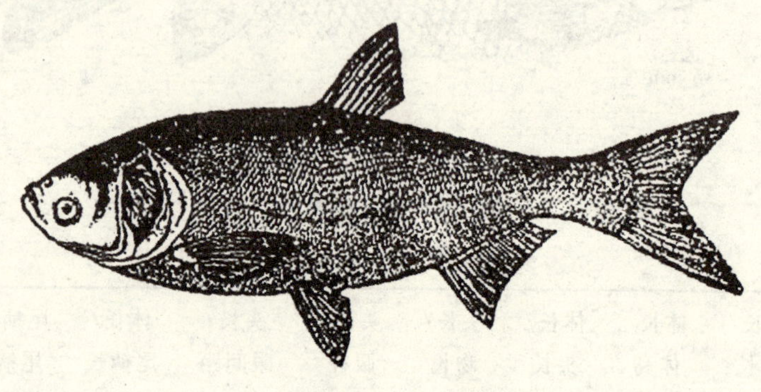

图 3-3　鲢

鲢的鳔分为两室，前室长而膨大，后室小呈锥形。下咽齿平扁，齿面羽状，齿式 4/4。肠长为体长的 6～10 倍。鲢的脊椎骨总数为40～42。腹膜呈黑色。

表 3-3　实测可量性状比例值

全长/体长	体长/体高	体长/头长	头长/吻长	头长/眼径	头长/眼间距	体长/尾柄长	尾柄长/尾柄高
1.170±0.034	3.349±0.193	3.840±0.246	3.619±0.480	8.443±1.552	1.936±0.155	8.292±0.896	1.127±0.123

4.鳙　又名花鲢、大头鲢、胖头、胖头鲢、黑鲢、黄鲢。属鲤形目，鲤科，鲢鳙亚科，鳙属。鳙属大型鱼类，最大个体重 50 kg。鳙生活在水体的中上层，动作迟钝，容易捕捞，主食浮游动物中的轮虫、枝角类和桡足类，食物充足时，比鲢生长快，是我国池塘养殖和大水面放养不可缺

少的鱼种。鳙是我国的特产鱼类，分布不如鲢广泛，主要分布在长江及以南地区，鳙没有亚种和品种的分化，本属只有鳙一种。但由于长期地理分隔，不同水系间形态也有一定的差异：长江的鳙体较珠江的高，侧线鳞也多。

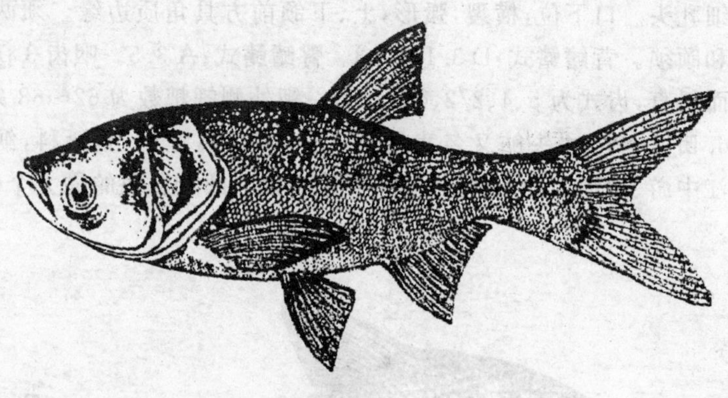

图 3-4　鳙

鳙（图 3-4）体重与鲢相似，鳙体侧扁，稍高，腹棱起自腹鳍基部至肛门。头肥大，约为体长的 1/3，口宽大，吻圆钝，眼小，位于头侧中轴之下，鲢小，侧线完全。鳃耙排列紧密，但不愈合，有鳃上器。尾鳍深叉状。胸鳍末端远超过腹鳍基部，鳙头背部灰黑色，间有浅黄色泽，体两侧散有黑色的斑点，腹部银白色，各鳍灰黑。背鳍鳍式：D 3.7～8。臀鳍鳍式：A 3.11～15。第一鳃弓外侧鳃耙数为 217～293。对于体长 28.1～110.9 cm，体重 500.0～23 500.0 g 的个体，其可量性状比例见表 3-4。

表 3-4　实测可量性状比例值

全长/体长	体长/体高	体长/头长	头长/吻长	头长/眼径	头长/眼间距	体长/尾柄长	尾柄长/尾柄高
1.153±0.030	3.502±0.312	3.384±0.352	2.897±0.413	9.149±1.808	1.889±0.248	7.045±0.960	1.381±0.216

5. 鲮　又名土鲮、鲮公、雪鲮、花鲮。属鲤形目，鲤科，鲃亚科。是一种生活于气候温暖地带的鱼类，最大个体约 4 kg，在珠江流域产量很高，为我国两广重要的养殖鱼类。

鲮体型延长，侧扁，稍高，腹部圆，头短小，吻圆钝，上唇两侧外缘具肉质细乳头。口下位，横裂，弧形，上、下颌前方具角质边缘。须两对，吻须和颌须。背鳍鳍式：D 3.11～13。臀鳍鳍式：A 3.5。咽齿 3 行，齿面狭而斜直，齿式为 5、4、2/2、4、5。第一鳃外侧鳃耙数为 62～68 条。

6. 团头鲂　团头鲂又名武昌鱼，团头鳊。属鲤科，鳊亚科，鲂属。是长江中游、湖泊中的一种较大型经济鱼类。目前发现的最大个体重 4 kg。

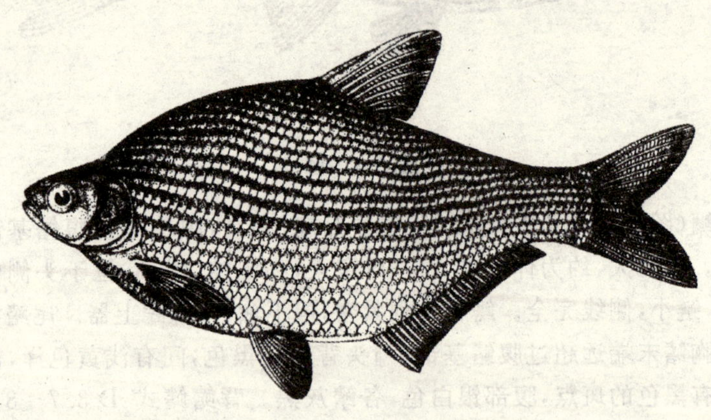

图 3-5　团头鲂

团头鲂（图 3-5）体高而侧扁，呈菱形。头小，吻钝圆，口端位，口裂较宽，上、下颌角度小。腹部自腹鳍至肛门间有皮质棱。尾柄短。上下颌角质薄而窄，上颌角质呈三角形。背鳍末端不分枝，鳍条为硬刺，硬刺粗短，其长一般短于头长。胸鳍较短，不到或仅达腹鳍基部，上眶骨略呈三角形。体侧鳞片基部浅色，两侧灰黑色，在体侧形成数行浅色纵纹。背鳍鳍式：D，Ⅲ，7。臀鳍Ⅲ，24～31，多数为Ⅲ，26～29。侧线鳞

数为50～60,多数为54～56,第一鳃弓外侧鳃耙数为12～18,多数为13～15;内侧鳃耙数22～24。鳔分三室,后室(左)十分微小,中室最大(体长15 cm以下个体此特征不明显)。肋骨13对。脊椎骨总数,颅后椎骨数,腹椎数,前尾椎数,后尾椎数分别为42(43)、4、13、6(7)、19。下咽齿三行,齿式为2(1)、4、4(5)/5(4)、4、2(1)。腹膜为灰黑色。其可量性状见表3-5。

表3-5　团头鲂可量性状变动值

体长/体高	体长/头长	体长/尾柄长	体长/尾柄高	头长/吻长	头长/眼径	头长/眼间距	头长/尾柄长	体长/尾柄高	尾柄长/尾柄高
2.0～2.4	4.5～4.6	8.7～10.6	7.3～7.9	3.4～4.5	4.2～5.2	1.9～2.3	1.8～2.2	1.3～1.7	0.7～0.9

7. 鲂　又名三角鲂,平胸鳊,法罗鱼,属鲤科,鲌亚科、鲂属。是我国淡水湖泊中的较大型经济鱼类之一。最大个体重5 kg。

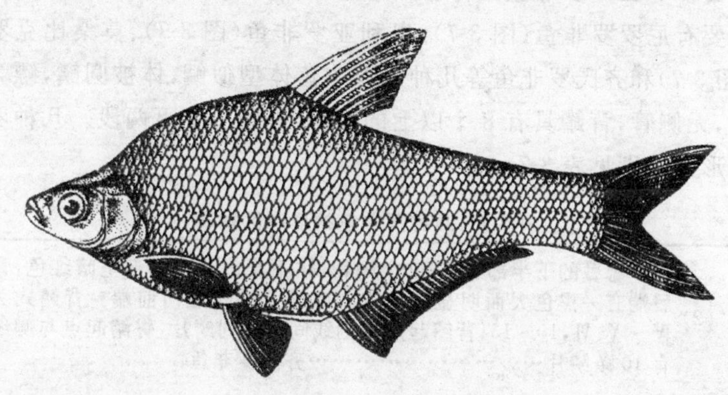

图3-6　三角鲂

三角鲂(图3-6)体形似团头鲂,体高而侧扁,呈菱形。腹棱自腹鳍基部至肛门。头短小,口裂斜。上下颌等长,上颌具有黄褐色坚硬的角质缘。背鳍位于身体最高处，其末端不分枝，鳍条为一粗壮的硬刺。背鳍起点位于腹鳍起点稍后方之上，至吻端较至尾柄基部近。胸鳍末端接近或达到腹鳍基部。臀鳍基部长，无硬刺。臀鳍起点在背鳍基部末端正下方。背鳍Ⅲ，7。臀鳍条Ⅲ，24～30，分枝鳍条多数为26～28。侧线鳞数为50～58，多数为53～57。第一鳃弓外侧鳃耙为17～22，内侧为26～30。鳔分三室，前室最大，约为中室的2倍(体长150 mm以下的个体前室比中室小)，中室为圆锥形，后室细小。下咽齿呈锥齿状，齿式为2、4、5/4、4、2、少数为2、4、4/5、4、2。脊椎骨总数为4＋34～36。肋骨10对，腹膜为白色。体长11.0～58.0 cm的个体，其可量性状如表3-6所示。

表3-6　鲂可量性状变动值表

体长/体高	体长/头长	体长/尾柄高	头长/吻长	头长/眼径头	长/眼间距
2.2～2.5	5.2～5.7	7.6～9.0	3.1～3.8	4.1～4.6	2.1～2.3

8.罗非鱼　罗非鱼又称非洲鲫鱼，约有100多种。目前我国养殖的主要有尼罗罗非鱼(图3-7)、奥利亚罗非鱼(图3-7)、莫桑比克罗非鱼(图3-7)和齐氏罗非鱼等几种。罗非鱼体型似鲷，体被圆鳞，鳔为圆筒形，无侧管，背鳍具有8个以上的硬棘，侧线分上下两段。几种罗非鱼的形态区别见表3-7。

表3-7　几种罗非鱼的形态区别表

1	(2)	第一鳃弓的下半部有8～9个鳃耙，体下半部及喉胸部呈暗红色，背鳍后端有一黑色大而明显的斑块。腹鳍末端达肛门前端。背鳍式为ⅩⅣ～ⅩⅥ，10～13；背鳍起点与侧线间有4列鳞片，臀鳍起点与侧线间有10条鳞片……………………齐氏罗非鱼
2	(1)	第一鳃弓的下半部至少有14个鳃耙
3	(4)	尾鳍终生有明显的黑色垂直条纹，喉胸部为白色，体呈黄棕色。腹鳍末端不达肛门前端，背鳍式为ⅩⅣ～ⅩⅦ，12～13；臀鳍式为Ⅲ，9～11；侧线分两行，上行18～24，下行12～22，背鳍起点与侧线间有5列鳞片，臀鳍起点至侧线间有12列鳞片…………尼罗罗非鱼

续表 3-7

4	(3)	尾鳍终生有斑点但不成垂直条纹。
5	(6)	头背部的外廓呈直线形，喉、胸部呈银灰色，胸鳍淡灰色透明；背鳍式为ⅩⅤ～ⅩⅥ,11～15；臀鳍式Ⅲ,9；侧线鳞 29～32 枚；背鳍起点与侧线间有 5 列鳞片，臀鳍起点与侧线间有 11～12 列鳞片……………………………………………………奥利亚罗非鱼
6	(5)	头背部的外廓呈凹形，喉、胸部量暗褐色，胸鳍淡红色而透明；背鳍式为ⅩⅤ～ⅩⅦ,11～15，臀鳍式Ⅲ,8～11；侧线鳞 31～35 枚；背鳍起点与侧线间有 5 列鳞片，臀鳍起点与侧线间有 12～13 列鳞片…………………………………………………莫桑比克罗非鱼

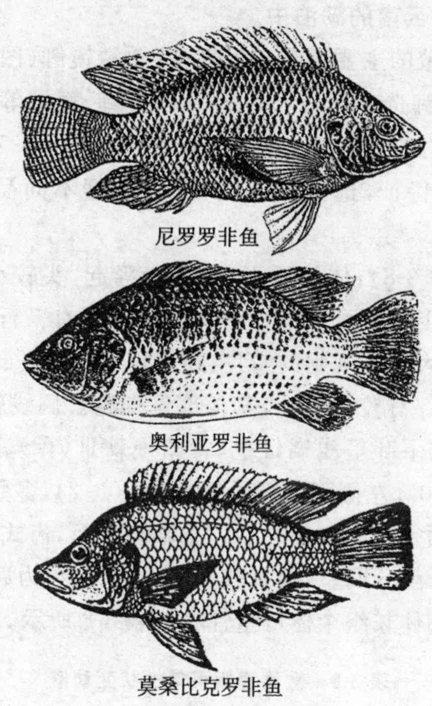

图 3-7　罗非鱼

9. **鲤鱼** 鲤是我国重要的养殖鱼类,由于长期自然选择和人工培育的结果,鲤形成了许多亚种品种和杂交科。鲤属的基本特征是咽齿多为三行,臼状,齿面有沟纹数条,口须 2 对,背鳍 3～4,16～21;臀鳍3～5。

我国的鲤主要有三个亚种:一是西鲤,第一列鳃弓外列鳃耙为21～29,通常为 23～26,尾鳍呈紫色或灰色,产于新疆额尔齐斯河、伊犁河。二是华南鲤,第一列鳃弓外列鳃耙数 18～24,通常为 19～22,尾鳍下叶呈红色,产于珠江、元江水系和海南岛,俗称海鲤、元江鲤、团鲤。三是杞麓鲤,尾柄高小于眼后头长,背鳍基部长约等于标准体长的1/3,口裂倾斜,盛产于云南的湖泊中。

我国目前养殖的主要是杂交鲤良种(散鳞镜鲤(图 3-8)、荷包红鲤(图 3-8)、德国镜鲤选育系(F_2)(图 3-8)、建鲤、颖鲤等)和一些当地形成的品种(兴国红鲤(图 3-8)、黑龙江鲤(图 3-8)等)。不同的品种又呈现出不同的形态特征,选择品种时,必须根据不同品种的特征认真选择。

散鳞镜鲤(图 3-8):体纺锤形,背部稍隆起,头较小,吻钝,口亚下位,略呈马蹄形,上下颌可伸缩。由头部至尾鳍有一行背鳞,沿侧线连续或不连续排列大小不规则的鳞片,在鳃盖后缘和尾部覆盖稍大鳞片,而胸、腹、臀鳍基部有较小鳍片,其他部位裸露。侧线较平直。体青灰色或棕褐色,尾鳍下叶呈浅橘红色,背鳍硬棘Ⅲ(Ⅳ)分枝鳍条数 16～21,多数为 19～20。左侧第一鳃弓鳃耙数 20～24,多数 22,须 2 对,口须较长,一般为颌须长的 2 倍左右。下咽齿 3 行,齿式为 1·1·3/3·1·1,肋骨 16 对,鳔分两室,前室较后室大,长度约为后室的 1.5 倍,腹膜为银白色,不同体长组个体可量性状如表 3-8 所示。

表 3-8 散鳞镜鲤可量性状变动值

项目	组别		
	1	2	3
全长(mm)	84.0～147.0	244.0～278.0	392.0～469.0

续表 3-8

项目	组别		
	1	2	3
体长(mm)	65.0～116.5	193.0～223.0	306.0～360.0
体长/体高	2.25	2.62	2.82
体长/头长	3.08	3.21	3.49
体长/尾柄长	7.41	7.08	8.06
体长/尾柄高	7.37	6.90	6.57
头长/吻长	2.88	2.61	2.49
头长/眼径	3.88	6.00	6.86
头长/眼间距	2.49	2.58	2.43

荷包红鲤(图 3-8):头小,尾短,背高,体宽,背部隆起,腹部肥大,形似荷包。体背、体侧金红色,无斑点,腹部白色,背鳍Ⅲ,16～18。臀鳍Ⅲ,5。第一鳃弓外侧鳃耙数为 21～22,内侧 27～28,口须 2 对,咽齿 3 行,1·1·3/3·1·1。肋骨 15～16 对,鳔分两室,前室较后室大,腹膜乳白色。其可量性状见表 3-9。

表 3-9　荷包红鲤可量性状变动值

体长/体高	体长/头长	体长/体宽	体高/体宽	体长/尾柄长	体长/尾柄高	尾柄长/尾柄高
2.00～2.30	2.60～2.97	3.15～3.50	1.54～1.70	9.13～10.40	5.30～5.77	0.42～0.65

兴国红鲤(图 3-8):体呈纺锤形,口端位,马蹄形。须 2 对,吻须一对较短,颌须一对较长。头脊及身体两侧呈鲜红色或橘红色,腹部为金黄色或乳白色,全身鱼体无黑点或其他杂斑。背鳍条为Ⅲ,16～17。臀鳍条为Ⅲ,5。左右鳃第一鳃弓外侧鳃耙数为 20～21 多数为 20,内侧 25～30,多数为 26。肋骨 14 对,腹膜无色透明。不同体长组个体可量性状见表 3-10。

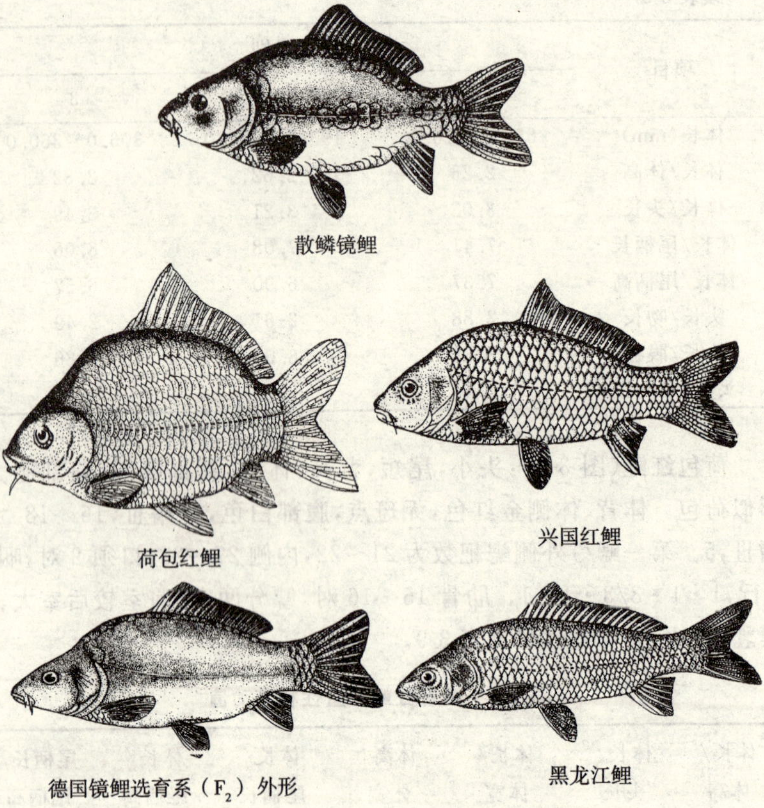

散鳞镜鲤

荷包红鲤

兴国红鲤

德国镜鲤选育系（F_2）外形

黑龙江鲤

图 3-8　鲤鱼

表 3-10　兴国红鲤可量性状变动值

项目	组别				
	1	2	3	4	5
全长(mm)	248.0～298.0	300.5～356.5	367.5～435.0	438.5～496.5	498.0～567.5
体长(mm)	198.0～248.0	249.5～305.5	306.0～382.0	386.0～442.0	444.0～512.0
体长/体高	2.73	2.87	3.31	3.69	3.96

续表 3-10

项目	组别				
	1	2	3	4	5
体长/体厚	5.31	5.12	4.96	4.85	4.79
体长/头长	3.07	3.29	3.57	4.82	5.58
体长/尾柄长	5.76	5.83	5.90	6.24	6.53
体长/尾柄高	6.28	7.18	8.13	9.17	9.86
头长/吻长	2.61	2.54	2.45	2.03	2.01
头长/眼径	5.43	5.86	6.14	6.34	6.48
头长/眼间距	2.74	2.61	2.50	2.11	1.98

10. 鲫　鲫属在我国有 2 个种(黑鲫和鲫)和 1 个亚种(银鲫)(图 3-9)。

图 3-9　方正银鲫

鲫鱼,体呈纺锤形,左右侧扁,似鲤鱼,但个体较小,口端位,无须,背鳍Ⅲ,15～19。臀鳍Ⅲ,5。背鳍后缘平直或微内凹,最后一枚鳍棘较强,其后缘锯齿较粗且稀。鳃耙数为 37～54,体长为体高的 2.1～2.8 倍。

银鲫:背鳍Ⅲ,16～19。臀鳍Ⅲ,5。体长为体高的 1.9～2.45 倍。鳃耙数为 43～53。

几种优质鲫鱼的生物学性状见表 3-11。

表 3-11 几种优质鲫的主要生物学性状及产地

项目	方正银鲫	野鲫	大阪鲫	高背鲫	淇河鲫	澎泽鲫	普安鲫（A 型）
体长/体高	2.2～2.4	2.7～2.9	2.3～2.4	2.0～2.5	1.9～2.4	2.2～3.1	2.0～2.8
体长/头长	3.8～4.2	3.6～3.8	3.7～4.0	3.2～3.8	3.4～4.1	3.0～4.9	3.3～4.6
尾柄长< >尾柄高	<	<	>	<	<	<	<
肠长/体长	3.8	3.7	4.6～5.7	3.23	4.6		5.7～6.2
第一鳃弓外鳃耙	42～53	37～46	90～130	39～53	4.5～56	25～54	44～54
侧线鳞	30～31	28～29	31～32	28～29	29～33	30～32	29～31
背鳍鳍式	4.16～18	4.15～17	4.16～18	4.16～19	4.16～18	4.17	4.17～20
臀鳍鳍式	3.5	3.5	3.5～6	3.5	10：0.7	3.6	3.5
雌：雄	8：2	7：3	1：1	1：0		12：1	1：0
染色体数目	3 或 2n＝156 或 162	2n＝100	2n＝100	3n＝162	3n＝162	2n＝100	2n＝156
生殖方式	雌核发育	有性生殖	有性生殖	雌核发育	雌核发育	有性生殖	雌核发育
产地	黑龙江方正县双凤水库	除西藏高原外	原产日本琵琶湖	云南昆明滇池	河南淇河	江西彭泽县	贵州普安县青山镇

11. **虹鳟** 虹鳟（*Oncorhynchus mykiss* Walbaum）属硬骨鱼纲（Osteichthyes），鲑形目（Salmonifermes），鲑科（Salmonidae），大麻哈鱼属（*Oncorhynchus*），俗称鳟鱼，是一种适应性很广的冷水性鱼类，目

前已有 80 多个国家和地区引种养殖。目前我国已在黑龙江、辽宁、北京、山西、甘肃等 20 多个省区开展了虹鳟养殖。

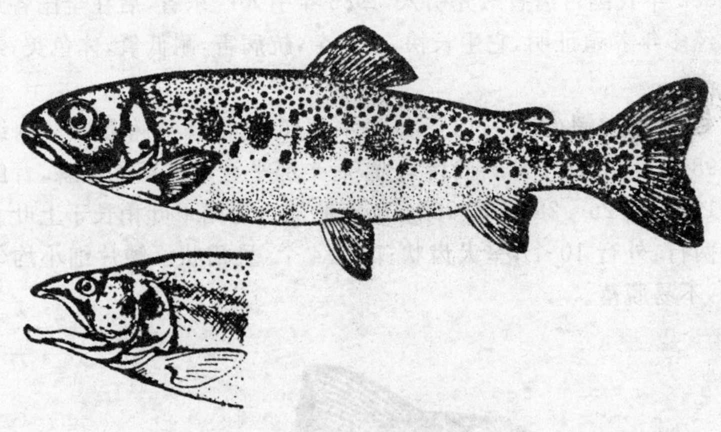

图 3-10　虹鳟亲鱼雌(上)雄(下)鱼的形态

虹鳟(图 3-10)体成纺锤形,侧扁。头较小,口端位,吻钝,口裂大,上颌骨延达眼下部后缘,上下颌有许多圆锥状锐齿。眼较小,位于体轴线上方。鳞细小,圆鳞,侧线鳞完全。背鳍较短,无硬棘,背鳍起点前于腹鳍,在背鳍的后部有一脂鳍。尾鳍浅叉形。背鳍不分支鳍条数 4,分支鳍条数9～12(多数为 10);臀鳍不分支鳍条数 4,分支鳍条数9～12(多数为 10);胸鳍不分支鳍条数 1,分支鳍条数 11～12;腹鳍不分支鳍条数 1,分支鳍条数 8～10。左侧第一鳃弓外侧鳃耙数 17～21。体背部和两侧为苍青色,腹部为银白色,体两侧有放射性斑点。成熟个体自吻端起沿身体侧线有一宽而鲜艳的彩虹色带,在繁殖期该条带尤为美丽,故名虹鳟。虹鳟雌雄两性形态上稍有差异。雄鱼比雌鱼体色深,口稍大,下颌随着年龄的增长而增大,且向上弯曲,逐渐盖住上颌,体较高,下腹不膨大,尾叉较浅,吻较尖,牙齿更加尖锐,体形更扁,腹部不如雌鱼柔软。还有一个区别是:雄鱼的生殖孔不突出,而雌鱼的生殖孔突出且明显发红。

12. **短盖巨脂鲤**　又称淡水白鲳，属脂鲤亚目(Characinoidei)脂鲤科(Characinidae)巨脂鲤属(*Colossoma*)。它原产于南美洲亚马逊河水系，1982年我国台湾省最先引入，1985年引入广东省，后在全国各地养殖。经多年养殖证明，它生长快，食性杂，抗病害，耐低氧，体色美，经济价值高。

短盖巨脂鲤(图3-11)形似海水鲳鱼，体侧扁，椭圆形。侧线鳞88～98枚，侧线前半部斜向后下方，后半部平直。鳍条无硬棘，背鳍式18～19，臀鳍26～28，胸鳍16～18，有脂鳍。尾鳍下叶稍长于上叶。上颌齿两行：外行10个，呈犬齿状；内行4个，呈槽状。鳞片细小均匀而紧密，不易脱落。

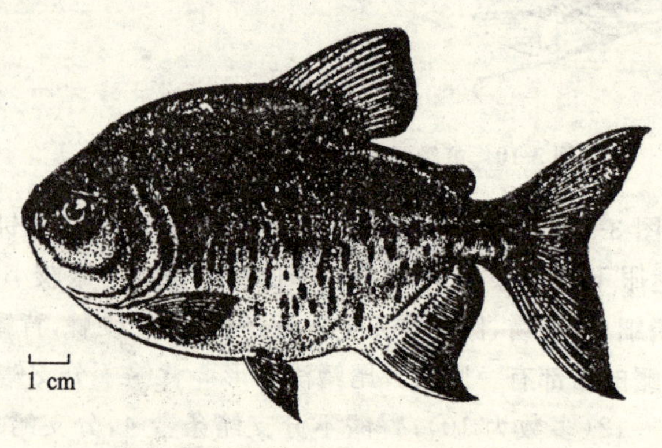

图3-11　短盖巨脂鲤

13. **鳜鱼**　鳜鱼(*Siniperca chuatsi*)，原名翘嘴鳜(图3-12)，又称桂花鱼、季花鱼、桂鱼等。属鲈形目(Perciformes)，鮨科(Serranidae)，鳜亚科，鳜属(*Siniperca*)。鳜鱼是典型的肉食性凶猛鱼类。在不少水库、湖泊的渔业生产中对家鱼的危害比较大，加强对其习性的抑制是发展淡水渔业生产的主要措施之一。同时，鳜鱼又是一种肉质细嫩，味道鲜美，营养价值很高的名贵鱼类。

鳜体形较高而侧扁，背部隆起，口大，端位，口裂略倾斜。上颌骨延

图 3-12 翘嘴鳜

伸至眼后缘,下颌稍突出,上下颌前部的小齿扩大呈犬齿状。眼上侧位,前鳃盖骨后缘具有 4～5 枚棘,鳃盖骨后部有 2 个平扁的棘。圆鳞,细小,背鳍长,前部为棘,后部为分枝软条,背鳍鳍式:D·ⅩⅡ～ⅩⅢ,13～15;臀鳍鳍式:A·Ⅲ,9～11。侧线鳞数:121～128。第一鳃弓外侧鳃耙数:6～7。体黄绿色,腹部灰白色。体侧具有不规则的暗棕色斑点及斑块。自吻端经眼眶至背鳍基部前下方有一条狭长的黑色带纹,在背鳍的第 6 至第 7 枚棘的下方,有一条较宽的暗棕色垂直带纹。奇鳍上均有暗棕色的斑点连成带纹。鳜体长为体高的 2.7～3.1 倍,为头长的 2.5～2.9 倍,为尾柄长的 5.9～6.8 倍,为尾柄的 8.7～10.0 倍。头长为吻长的 3.3～3.8 倍,为眼径长的 5.3～8.1 倍,为眼间距的 6.6～8.0倍。

提示问答

1. 您所在地区环境条件、消费习惯有什么特点,该如何选择养殖品种?

2. 鲢鱼有哪些形态特征?

3. 鳙鱼有哪些形态特征?

4. 草鱼有哪些形态特征?

5. 青鱼有哪些形态特征?

6. 鲤鱼有哪些形态特征?

7. 团头鲂有哪些生活习性?

8. 鲫鱼有哪些形态特征?

9. 鲮鱼有哪些形态特征?

10. 鳊鱼有哪些形态特征?

第四章

无公害水产养殖场的建设

阅读指南　生产无公害水产品一定要遵循无公害水产品的生产技术要求。首先，要科学地选择水产养殖的生态环境，养殖基地必须经过认证。如果没有无公害水产养殖场作为基础，即使从苗种放养到饲料、肥料、渔药等一切投入品的使用，再到产品的捕捞、贮运、质检、包装、上市的各个环节均需符合相关标准或规范的要求，也不可能生产出无公害水产品。本章讲述如何建设无公害水产养殖场的问题。

第一节　无公害水产养殖场场址的选择

场址的选择实际上就是要选择符合无公害水产品养殖的产地环境要求和便于生产、销售的区域。无公害水产品养殖的产地环境包括所在地位置、当地空气质量、水源、水质、底质。为了便于生产、销售还要

考虑地形、供电、交通、通讯等要素。无公害水产品产地的环境对渔业水域土壤环境质量、渔业用水标准和渔业大气环境质量等都做了要求，必须符合《农产品安全质量 无公害水产品产地环境要求》(GB/T 18407.4—2001)的规定，养殖基地必须经过认证。

一、水源

水源是进行水产养殖的首要条件，根据水源的流动性可分为封闭性水源和开放性水源。养殖地区域内及水源上游没有对产地环境构成威胁的(包括工业“三废”、农业废弃物、医疗机构污水及废弃物、城市垃圾和生活污水等)污染源。

封闭性水源，主要为地下井水，一要注意地下水的渗漏问题，防止地表有毒有害水渗漏入地下水源中；二要防止水源被人为地污染与破坏。

开放性水源，如河水、湖水、水库水，最好用人饮用水系的水，要避免使用被生活污水与工农业污水污染的水源，防止一些重金属(如汞、镉等)、高残毒的农药(如除草剂、杀虫剂、灭鼠剂等)和大量的有机物质(如人畜粪便)随水源进入池塘中。

供水首先应保证安全，所谓安全指应符合《渔业水域水质标准》。出于对食用者的安全考虑，应送水样做化验，合格才能作养殖的水源。此外，还有较方便的方法：放几条小鱼试验(一般为鲢、鳙或拟养殖的品种)，如 96 h 无异常则可以作养殖用水。必须注意，这种简便方法只能保证养殖对象能够存活、生长，而不能保证产品符合无公害食品标准。有些名特优养殖品种对水质要求较高，应采取水样送检。当然，水源水质应相对稳定地在安全范围内。其次，要求水源水量充分，特别在高温季节，应保证池水有必要的交换量。

二、大气环境

养殖区域空气环境中的各项污染物如总悬浮颗粒(TSP)、二氧化硫(SO_2)、氮氧化物(NO)、氟化物(F)等的浓度应符合《环境空气质量标准》(GB 3095—1996)和《农产品安全质量　无公害水产品产地环境要求》(GB/T 18407.4—2001)的规定,不允许超过浓度限值(表4-1)。养殖区域内及上风向没有对产地环境构成威胁的(包括工业“三废”、农业废弃物、医疗机构污水及废弃物、城市垃圾和生活污水等)污染源。

表4-1　空气中各项污染物的浓度限值

污染物名称	取值时间	浓度限值			浓度单位
		一级标准	二级标准	三级标准	
二氧化硫	年平均	02	06	10	
SO_2	日平均	05	15	25	
	1 h平均	0.15	0.50	0.70	
总悬浮颗粒	年平均	08	20	30	
物 TSP	日平均	0.12	0.30	0.50	
可吸入颗粒	年平均	04	10	15	mg/m^3
物 PM_{10}	日平均	0.05	0.15	0.25	(标准状态)
氮氧化物	年平均	05	05	10	
NO_X	日平均	10	10	15	
	1 h平均	0.15	0.15	0.30	
二氧化氮	年平均	04	04	08	
NO_2	日平均	08	08	12	
	1 h平均	0.12	0.12	0.24	
一氧化碳	日平均	4.00	4.00	6.00	
CO	1 h平均	10.00	10.00	20.00	
臭氧	1 h平均	0.12	0.16	0.20	
O_3					

续表 4-1

污染物名称	取值时间	浓度限值			浓度单位
		一级标准	二级标准	三级标准	
铅 Pb	季平均 年平均		50 1.00		μg/m³
苯并[a]芘 B[a]P	日平均		0.01		（标准状态）
氟化物 F	日平均 1 h平均		7① 20①		
	月平均 植物生长季平均	8② 1.2②		3.0③ 2.0③	μg/(dm² · d)

注：①适用于城市地区；

②适用于牧业区和以牧业为主的半农半牧区、蚕桑区；

③适用于农业和林业区；

④TSP——能悬浮在空气中，空气动力学当量直径≤100 μm 的颗粒物；

⑤PM_{10}——悬浮在空气中，空气动力学当量直径≤10 μm 的颗粒物。

三、土壤环境

养殖场地应是生态环境良好、不受工业“三废”及农业、城镇生活、医疗废弃物污染的水（地）域。养殖地区域内及上风向、灌溉水源上游没有对产地环境构成威胁的（包括工业“三废”、农业废弃物、医疗机构污水及废弃物、城市垃圾和生活污水等）污染源。渔业水域土壤环境中重金属（汞、镉、砷、铬、铜、锌）和农药（六六六、滴滴涕）的残留量应符合《土地环境质量标准（GB 15618—1995）》的规定。已建立的基地周围不得新建、改建、扩建有污染的项目。需要新建、改建、扩建的项目必须进行环境评价，严格控制外源性污染。

选择养殖场除了考虑土壤环境卫生状况，还要考虑土质对建造池塘、养殖成本和鱼类生长的影响。建池对土质要求保水性好，透气性适中；堤坝结实能抗洪；无对养殖对象有毒的物质。

对建池而言，黏土、壤土、沙壤土均可以。但要根据具体情况在建

池时不同程度地加固堤坝，以确保安全。饲养鲤料鱼类池塘的土质以壤土最好，其保水保肥力适中，透气性好，饵料生物生长好。沙壤土保水保肥力较壤土差，但透气性好，也可以建造鱼池。黏土保水保肥力强，透气性差，在培养水质和操作管理上都不如壤土和沙壤土。沙土因保水力太差，一般不宜建造池塘，但经过1～2年的养鱼后，池塘内积存的残饵、鱼类粪便和生物尸体与泥沙混合形成淤泥覆盖了原来的池底，土质对养鱼的影响也就让淤泥给替代了。适宜的淤泥(10～20 cm)有利于保持水质肥度和物质循环及饵料生物生长。淤泥过多，则其中所含的有机物氧化分解要消费大量的氧气，易造成水体缺氧，而且，缺氧后有机物厌氧发酵，还会产生氨、硫化氢、有机酸等有害物质，影响鱼类生存和生长。

最常见对养殖动物有害的土壤主要是重金属或矿物质过高，其中以含铁过高又很常见，含铁高的土壤常呈现赤褐色、青色或在黄色土块中含有青色斑点。其次为含腐殖质多的土壤，保水性差、易渗水，堤坝也易塌且有机质过多，故不易用于建池与养殖。对盐碱地，各地均有自己的经验，总的讲挖池养鱼是可行的，但在用药、放苗方面要有所选择和注意。常见土壤的野外鉴定方法见表4-2。养殖场底质应无工业废弃物和生活垃圾，无大型植物碎屑和动物尸体，底质呈自然结构，无异色、异臭。底质中有害有毒物质最高限量应符合表4-3的规定。

在我国北方地区，因气候、土质水文等因素造成许多养殖池保水性很差。现介绍几种治理方法：

(1)将黄土或黏土铺在池底防漏法。有的地区在漏水池的池底铺一层20～30 cm的黄土或黏土，然后填平夯实。有的地区还在黄土或黏土中加上熟石灰。也有将黏土先撒入池底然后加水，借水流把黏土灌注入沙池底，经淤积沉淀。

(2)盐碱化法。当漏水是由于土粒胶结所致时，可将食盐混入土壤中，使土壤盐碱化，使土壤胶粒变小。

(3)铺塑料薄膜防漏法。在池底及临水坡铺塑料薄膜，再用20 cm左右黄土压实效果更好。

(4)翻修堤埂,彻底改造。如因堤埂压实不严引起的漏水,可根据漏水程度,挖松边坡,分层夯实,必要时翻修堤埂,彻底改造。

饲养鲤科鱼类池塘的土质以壤土最好,其保水保肥力适中,透气性好,饵料生物生长好。沙壤土保水保肥力较壤土差,但透气性好,也可以建造鱼池。黏土保水保肥力强,透气性差,在培养水质和操作管理上都不如壤土和沙壤土。沙土因保水力太差,一般不宜建造池塘,但经过1～2年的养鱼后,池塘内积存的残饵、鱼类粪便和生物尸体与泥沙混合形成淤泥覆盖了原来的池底,土质对养鱼的影响也就让淤泥给替代了。适宜的淤泥(10～20 cm)有利于保持水质肥度和物质循环及饵料生物生长。淤泥过多,则其中所含的有机物氧化分解要消费大量的氧气,易造成水体缺氧,而且,缺氧后有机物厌氧发酵,还会产生氨、硫化氢、有机酸等有害物质,影响鱼类生存和生长。

表4-2　常见土壤的野外鉴定方法

土类	干土			湿土		
	状态	放大镜和眼观搓碎土	手捻搓情况	状态	刀切削况	手捻搓情况
黏土	表面有光泽及细条纹,划后留有痕迹,坚硬,锤能打碎,碎块不散落	均质细粉末,看不出沙粒	极细的均质土块,难用手粉碎	胶黏滑腻,可塑性大	切面光滑,看不见沙粒	很易搓成细于15 mm的长条,易团成小球
壤土	表面光泽暗淡,条纹粗而宽,用手捶压均易碎	从细土中可见沙粒	无均质感,有沙粒感,土块易碎	黏性、可塑性均弱	感到有沙粒	能搓成较黏土粗的短条,能团成小球

续表 4－2

土类	干土			湿土		
	状态	放大镜和眼观搓碎土	手捻搓情况	状态	刀切削况	手捻搓情况
沙壤土	手稍压即碎，并易散开，用铲抛出散落成屑	沙粒多，黏粒少	土质不均，沙粒清楚可见	无塑性		几乎不能搓成条，团成的小球易裂开和散落
沙土	松散，无黏聚力	只有沙粒	土松散，有沙粒感，无黏粒感	无塑性		不能搓成土条和小球
粉土	土块触碰即散	沙粒少，粉土多	有干面感	成流沙		不能搓成土条和小球
砾质土	松散		大于 2 mm 的土粒很多			

表 4-3　底质中有害有毒物质最高限量

项目	指标(mg/kg，湿重)	项目	指标(mg/kg，湿重)
总汞	≤0.2	铅	≤50
镉	≤0.5	铬	≤50
铜	≤30	砷	≤20
锌	≤150	滴滴涕	≤0.02
		六六六	≤0.5

四、供电

供电量根据生产实际情况差异很大。总的原则是：必须有动力电源(380V)；必须有充分供电量，保证排灌机械、饲料加工机械、增氧机、投饵机等正常运行；要配有备用电源，防止意外情况造成的电源中断。

五、地形、交通与通讯

地形选择总的原则：一是减少施工难度和减少施工成本；二是便于养殖管理。建设应考虑利用地形防风、防旱、防洪，充分利用太阳光、风能增加鱼产量。最好能建成排灌自流，以节省养殖中的能耗。

养殖场经营的便利，要求交通与通讯便捷。对人工游钓业还应考虑周边环境的清静优美。

第二节　养殖场的布局与建设

一、养殖场的布局

养殖场的布局要充分考虑当地的地形、四季风向、光照等自然条件，同时要考虑生产、保安、运输等的方便。

规模化渔场的总体平面图的设计，有以下几点原则：①场房应尽可能居于鱼场平面的中部；②亲鱼池应在场房的前后；③试验池也应设在场房前后；④产卵池、孵化设备应与亲鱼池靠近；⑤鱼苗池接近孵化设备，鱼种池围绕鱼苗池，鱼种池外围则为成鱼池；⑥蓄水池应建在全场最高点，最好使水源能自流灌注各池；⑦污水处理池建在全场最低处，并能收集全场污水；⑧排、灌水渠一定要分开，污水排放口和水源的进水口要相隔一定的距离，避免污水回灌。

二、鱼池修建

池塘是养殖鱼栖息、生长、繁殖的环境，许多增产措施都是通过池塘水环境作用于鱼类，故池塘环境的优劣，直接关系到水产品的质量和数量。

半或全精养池的修建原则：①走向应保证养殖季节全天最充分接受光照和风吹，一般以东西向为长、南北向为宽；②池形为长方形，一般要求宽度应统一，以减少网具设备；③堤顶面宽及坡面梯度应按各堤功用与土质而定；④进水口应最高，排水口应最低。有一定比降，一般为1/300～1/200，能从排水口排尽所有池中水；⑤注排水应具有独立的系统，不允许池间串水。排水应安两个管：一个高位管，以便排余水和利用风力排污及过量藻类，故应装在养殖季节时的下风处；另一个低位管，应能彻底排尽池中集水与底污。

1. 池塘形状和周围环境　池塘应整齐有规则，最好呈东西长、南北宽的长方形。这种池形可减少池塘遮荫，延长水面日照时间，有利于浮游植物光合作用和水温的提高，同时，夏季的东南风和西南风可使形成波浪，有利于自然溶氧；池塘的长宽比以5∶3为宜(虹鳟亲鱼池长宽比为(8～10)∶1)，这样有利于饲养管理和拉网操作，冲水时可使池塘得到最大程度的交换，另外同类池塘宽度应统一，有利于网具制造。

池塘周围不应有高大的树木和房屋，以免阻挡阳光照射和风的吹动，影响浮游生物生长和池塘溶氧状况。

2. 面积　饲养对象不同，鱼池的面积不同。亲鱼池面积以0.13～0.27 hm^2(2～4亩)为宜(虹鳟亲鱼池可使用水泥池或土池，面积160～400 m^2，水深0.8～0.9 m。)。若池塘过大，水质不易掌握，且由于鱼多，往往只能分批催产，而多次拉网捕鱼会影响催产效果。苗种培育池面积700～2700 m^2为宜(虹鳟苗种培育池规格为长15 m、宽2 m，或长30 m、宽3 m。培育池应设置在上水流处，并联排列，水深控制在0.2 m。)，太大投饲和管理不便，水质肥度较难调节和控制，且易受风力的作用形成波浪，拍击岸堤，损伤游泳能力尚弱的鱼苗；面积太小则水温，水质易受外界条件的影响，变化大，较难控制。饲养食用鱼的池塘面积，比亲鱼培养池和苗种培育池大。“宽水养大鱼”，充分反映了池塘面积的重要性。面积大，鱼的活动范围广，受风力的作用也较大，风力不仅可以增加溶氧而且还可使池塘上下水层混合，改善下层水的溶氧条件；此外，水体大，水质较稳定，不易突变。但面积过大，投饵不宜均匀，水质也不宜控制，操作管理也不方便，并且池塘面积太大，其受风面也大，容易发生大风浪冲坏池堤的现象。池塘面积小，水体环境易受外界因素影响不太稳定，并且占用堤埂多相对减少了水面积，一般饲养食用鱼池塘面积为 0.33～1.67 hm^2 为宜（虹鳟食用鱼池塘长宽比为(8～10)：1。每个池塘面积不宜超过 200 m^2；水深 0.6～0.8 m，池塘以并联排列为宜。）。根据不同的饲养管理水平，选择适宜的池塘面积。

3.水深　饲养食用鱼的池塘需要有一定的水深和蓄水量，以便增加放养密度提高产量。池水较深，蓄水量较大，水质较稳定，对鱼类生长有利。渔谚“一寸水，一寸鱼”说的就是这个道理。但并不是池水越深越好，池水过深特别是精养池，下层水光照条件差，溶氧低，加以有机物又消耗大量氧气，容易造成下层水体经常缺氧。实践证明，亲鱼培育池的水深应长年保持 1.5～2.5 m；苗种培育池水深度一般前期保持在 0.5～0.7 m，后期 1.0～1.2 m 较适宜；精养鱼池水深南方以 2.0～2.5 m为宜，北方以 2.5～3.0 m 为宜。

4.池底形状　鱼池池底应有利于鱼类的捕捞、淤泥清理和彻底排换水。目前生产上常见的有三种类型：一是“锅底型”，即池塘四周浅，逐渐向池中央加深，整个池塘形如铁锅底，此类鱼池，干池排水除非在池底挖沟，捕鱼、运鱼、挖取塘泥不方便，应加以改造；二是“倾斜型”，其池底平坦，并向出水口一侧倾斜，高差 10～20 cm，此类鱼池干池排水、捕鱼均方便，但清除淤泥仍不方便；三是“龟背型”(图 4-1)。其池底中间高（俗称塘背）向四周倾斜，这样排水干池时，鱼和水都集中在最深的集鱼处（俗称车潭），其排水捕鱼十分方便，而且塘泥主要淤积在池槽

内，淤泥容易排除，拉网捕鱼时，只需将下纲压在池槽内，使下纲绷紧，紧贴池底，鱼类就不易从下网逃逸，可大大提高底层鱼的起捕率。

集约化养殖池施工建设可以参阅水产养殖工程的有关专著，因篇幅所限不再叙述。

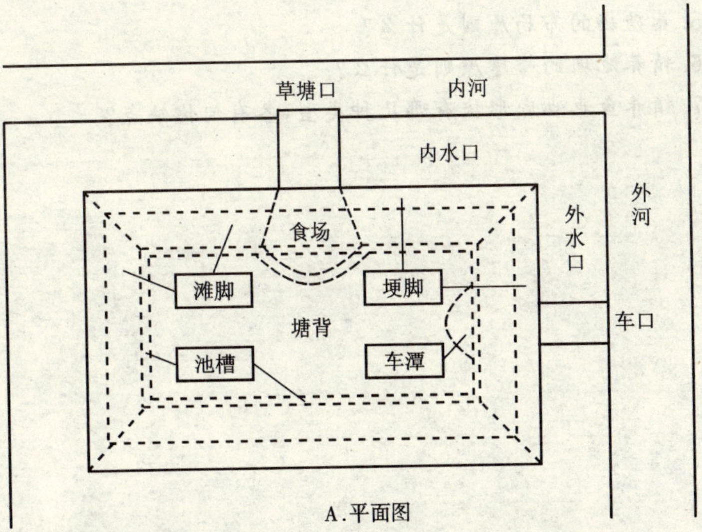

A.平面图

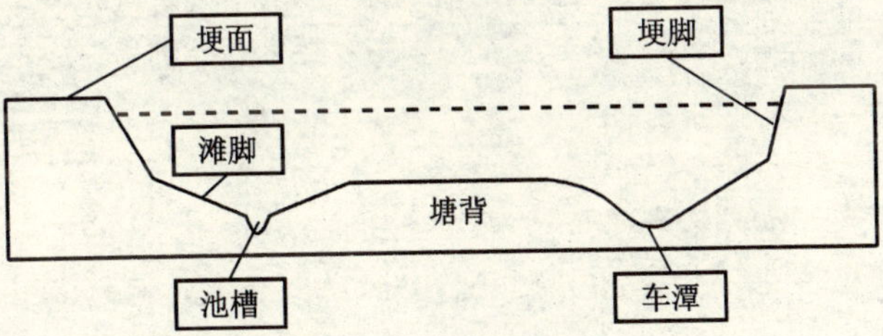

B.剖面图

图 4-1　龟背型鱼池结构示意图

提示问答

1. 无公害水产养殖场对水源有哪些要求？
2. 无公害水产养殖场对大气环境有哪些要求？
3. 无公害水产养殖场对土壤环境有哪些要求？
4. 无公害水产养殖场对大气环境有哪些要求？
5. 养殖场的布局原则是什么？
6. 精养池塘的修建原则是什么？
7. 精养鱼池池底形状有哪几种类型，各有何优缺点？

第五章

无公害养殖水域生态环境控制

阅读指南 俗话说“养鱼先养水”，即使有最好的水源，也必须进行“养水”。“养水”即水质调控，水质不仅要保证鱼类能够很好的存活，而且要保证能够培育出无公害水产品。“养水”首先要了解水，包括水的物理、化学、生物、底质、污染等特性，然后根据实际情况采取相应的水处理措施。水有哪些特性？哪些因素和水产品品质有关？又有哪些影响？应采取哪些方法调控？如何采取措施？本章重点讲述这些问题。

养殖水域的生态环境包括水的物理、化学、生物和底质等环境。只有了解各种养殖水域的生态环境变化规律及彼此之间的关系，了解养殖鱼类对水环境的生态要求，才能调节和控制养殖水环境，使之符合鱼类生长的要求，实行标准化养殖，防止病害发生，生产出绿色环保的无公害水产品。无公害水产品产地环境的优化选样技术是无公害水产品生产的前提：产地环境质量要求包括无公害水产品渔业用水质量、大气环境质量及渔业水域土壤环境质量等要求。淡水渔业水源水质要求各

项指标应符合国家标准 GB 11607—89《渔业水质标准》和农业部行业标准 NY 5051—2001《无公害食品　淡水养殖水质标准》的规定。

第一节　养殖水域的理化特性

一、养殖水域的物理特性

(一)温度

温度是鱼类最主要的环境条件之一。温度不仅影响鱼类生长和生存,而且通过水温对其环境条件的改变而间接对鱼类发生作用,几乎所有的环境因子,都受温度的制约。

养殖水体的温度随气温的变化而变化。因此,水温具有明显的季节和昼夜差异。但由于水的热学特性,使水温的变化和气温变化不尽相同。

水的比热比空气大,吸收太阳能和释放热能比空气慢,所以水温的日常变化幅度比空气小得多,而且水体越大,水温越不容易产生急剧变化。尽管池塘水体较小,日变化较大,但其一昼夜的平均温度,水温高于气温,白天平均水温一般低于平均气温,而夜间则高于气温。以昼夜变化看,一般下午 2:00～3:00 水温最高,早上日出前水温最低。一年之内水温变化幅度也比气温小,一般 1 月份最低,7、8 月份最高。

水的透热性较差,水温的升高主要是靠吸收太阳光能,由于光大部分在水的表层被吸收而转化成热能。所以只有水的表层受热而温度升高,而下层水仍保持原来的水温。因为水是热的不良导体,水体热能的传布主要取决于风力混合及水的对流。对于水体较深的水库湖泊(水深 5 m 以上)在夏季由于上下水体不能对流而形成温跃层。

这种情况到春季和秋季才能使上下水对流。对于水位较浅的池塘小水体，在夏秋季节的晴天，上下层水温也有垂直差异，通常可达2～5℃。但这种上下水层温差一般到夜间气温下降，表层水温度下降，密度增加下层水温仍较高，密度较小，从而形成密度流使上下层水温趋于一致。

水的密度在4℃时最大，在夏季白天由于下层水温较低，密度较大，水体很难形成对流，因此水温的升高较气温慢得多。因此，在养殖过程中，春季为了使水温较快升高，往往采取降低水位的办法。随着气温的升高，而逐渐提高水位，利于鱼类生长。夏季使水体保持最高水位，这样可保证底层水温不致很高，利于鱼类躲开高温的上层水而不影响正常生长。在冬季气温下降，上层水温下降至0℃以下，此时下层水温较高(4℃)，且密度较大，水体不能形成密度流而保持下层水较高温度，同时较高水位可使水体热量散失变慢，从而保证了鱼类越冬时的生存，因此冬季应使池水保持最高水位。

(二)补偿深度

由于光照强度随水深的增加而迅速递减，水中浮游植物的光合作用及其产氧量也随即逐渐减弱，至某一深度，浮游植物光合作用产生的氧量恰好等于浮游生物呼吸任用的耗氧量，此深度即为补偿深度。补偿深度为养殖水体溶氧的垂直分布，建立了一个层次结构。在补偿深度以上的水层称为增氧水层，随着水层变浅，水中浮游植物光合作用的净产氧量逐步增大；补偿深度以下的水层称为耗氧水层，随着水层变深，水中浮游生物(包括细菌)呼吸作用的净耗氧量逐步增大。

不同养殖水体和养殖方法，其补偿深度不同。水体中有机物含量越高，其补偿深度越小。补偿深度的日变化也十分显著。据王武对精养鱼池补偿深度的测定表明，晴天补偿深度最深，多云天次之，阴天再次，阴雨天最浅。补偿深度因水温、藻类组成不同也有一定的差异。在北方冬季冰下水中的浮游植物由适宜于低温、弱光的种类组成，因而补偿深度较深。

(三)水色及透明度

养殖水体的水色是由水中的溶解物质、悬浮颗粒、浮游生物、天空和水底及周围环境等因素综合而形成的。如富有钙、铁、镁盐的水呈黄绿色,富有腐殖质的水呈褐色,含泥沙多的水呈土黄色等。在精养鱼池中,浮游生物(特别是浮游植物)占绝对优越,并明显具有优越种类,由于各类浮游生物细胞内含有不同的色素。因此,当池塘中浮游生物的种类和数量不同时,池水就呈现不同的颜色和浓度,甚至产生“水华”。

看水色鉴别水质,在生产上有很大的实用价值。池塘的水色一般可分为两大类:一类是以黄褐色的水为主(包括姜黄、茶褐、红褐、褐中带绿等);另一类是以绿色水为主(包括黄绿、油绿、蓝绿、墨绿、绿中带褐等)。这两类水均为肥水型水质,但相比之下,黄褐色的水质优于绿色水,水中鱼类易消化的藻类占优势,其指标生物为隐藻类,而绿色水中鱼类不易消化的藻类占优势,其指标生物为绿藻门的小型藻体。

透明度的大小与水体浑浊度和色度有关。在正常情况下,养殖水体中的泥沙含量少,其透明度的高低主要取决于水中的悬浮物(包括浮游生物、溶解有机物和无机盐等)的多少。在鱼类主要生长季节,精养鱼池水的透明度通常为20～40 cm,粗养鱼池透明度为100～150 cm。养殖水体透明度的大小不仅直接影响水中浮游植物的光合作用,而且还能大致地反映水中浮游生物的丰歉和水质的肥度。透明度越小,浮游生物数量越多。

(四)水体运动

养殖水体的运动有波浪、混合、风成流、重力流、惯性流等,水体的运动对养殖鱼类的生长和生存具有重大影响。

湖泊、水库等大型增养殖水域主要是靠自然的力量,使水体运动,如风力,水位落差引起的水体流动和密度流引起的上下水层对流。而对于池塘等小型水体,为了促进鱼类生长,除了自然力量引起水体运动外,还采用人工方法(如注排水、运转增养机等),促进水体的运动。

风力形成的波浪，既可以向水体中增加溶氧，还可以使上下水层混合，将溶氧高的上层水传递到下层。在白天，其混合能力又与上下水层的密度差(上层水接受太阳能，水温提高，密度小；下层水温度相对较低，密度大)有密切关系。密度差越大，形成的热阻力越大，风力的机械混合能力越差。夜间，气温下降，则表层水温下降密度增大，而底层水则相对密度较小，此时形成密度流，加速上下水体混合，风力越大，表层水温下降越快，密度流也随着加快。

通过水体对流，将溶氧较高的上层水输送到下层，使下层水的溶氧得到补充。这就改善了下层水的氧气条件，同时也加速了下层水和塘泥中的有机物氧化分解，以加速池塘物质循环强度，提高池塘的生产力。同时，池水对流对养殖鱼类也有不利的一面。由于白天水的热阻力大，上层池水不易对流。上层过饱和的高氧水就无法及时输送到下层，到傍晚，上层水大量过饱和的溶氧逸出水面而白白浪费掉。至夜间发生对流时，上层水中溶氧已大量减少，此时密度流将上层溶氧输送到下层，由于水的耗氧因子多，致使夜间实际耗氧量增加，使溶氧很快下降。加速了整个池塘溶氧的消耗速度，容易造成池塘缺氧，引起鱼类浮头，甚至窒息死亡。

为改善池塘下层水的溶氧条件，防止鱼类浮头，充分利用白天上层水中的较高的溶氧，可在晴天中午开动增氧机，借以消除水的热阻力，从而使上下水层的溶氧、温度和营养盐类垂直对流，及时将上层高氧水输送到下层，以降低夜间池水的实际耗氧量。这样既改善了池塘水质，又防止了鱼类浮头，也促进了池塘物质循环。

二、养殖水域的化学特性

养殖水域的化学特性主要指溶解气体，营养盐类，有机物及 pH 等水化学因子对水质的影响。

(一)溶解气体

水中与鱼类关系比较大的溶解气体主要有氧气、二氧化碳、氨气和

硫化氢等。溶解气体的来源主要有三条途径,一是空气中的气体溶入;二是水生生物的生命活动或池底和水中物质发生变化而产生;三是雨、雷、地表水或地下水带入。

1.溶解氧　溶解氧(dissolved oxygen,DO)指溶解在水中的氧含量。其含量与空气中的氧分压、水温有关。一般而言,同一地区空气中的氧分压变化甚微。故水温是主要的影响因素,水温越低,水中溶解氧含量越高。清洁地面水的溶解氧含量接近饱和状态。水层越深,溶解氧含量通常越低,尤其是湖、库等静止水体更为明显。当水中有大量藻类植物生长时,其光合作用释出的氧,可使水中溶解氧成过饱和状态。当有机物污染水体或藻类大量死亡时水中溶解氧可被消耗,若消耗氧的速度大于空气中的氧通过水面溶入水体的复氧速度,则水中溶解氧持续降低,进而使水体处于厌氧状态,此时水中厌氧微生物繁殖,有机物发生腐败分解,使水发臭、发黑。因此,溶解氧含量可作为评价水体受有机性污染及其自净程度的间接指标。

我国渔业水质标准规定,一昼夜 16 h 以上溶氧必须大于 5 mg/L,其余任何时候溶氧不得低于 3 mg/L。对于湖泊、水库等大水体的溶氧平均值检测大多在 7.0 mg/L 以上。因此,溶解氧并不是养鱼的主要矛盾。特别是水库水由于经常交换及不同程度地流动,溶氧充足、稳定而且变化小,分布也较均匀。对于池塘等静水小水体,溶解氧的多少常成为鱼类生长的限制因子。

水体中溶解氧的来源有两个:一是大气中的氧与水面接触溶解入水中。这种溶入作用非常缓慢,特别是静止的水面,如果将水面搅动,氧气的溶入速度就会加快。在白天因上层水中溶氧较高,大气中氧气的溶入更加缓慢。一般大气中氧气的溶入主要在晚上,上层水体溶氧较低时进行。二是水生植物光合作用时所释放出的氧气,这是水中溶解氧的主要来源(表 5-1)。晴天池水中浮游植物光合作用产氧占一昼夜溶氧总收入的 90%左右,由于光合作用的结果,往往能使上层水体中的溶氧达到饱和,甚至过饱和的程度。而底层水浮游植物分布少且光照强度极弱或已消失,不能进行光合作用产生氧气。由于水的热阻

力，上层水层不能对流，上层溶氧不能分布到下层，而下层水体的溶氧消耗仍在进行，因此，下层水的溶氧极少，并趋于零。底泥的有机耗氧经常以氧债的形式出现。植物的光合作用只能在有光的时候才能进行，因而在同一水面，由于光照的时间不同，水生植物的数量分布不同，其溶解氧含量的平面分布也不相同；在同一水域的不同深度，由于光照的强度不同和水生植物的数量不同，其溶解氧储量的垂直分布也不相同。在同一天内，白天水生植物光合作用所释放的氧气远远超过鱼类及其他水生生物所消耗的氧气，特别在傍晚，是水体中溶解氧含量的高峰时候，有时甚至有小的气泡吸附在水生植物的枝叶上。在黑夜，由于水生植物不能进行光合作用和产生氧气，此时上层水温下降形成密度流，使水体上下混合，中下层的溶氧逐渐得到补充，致使上层溶氧逐步下降。此时，水体溶氧的增加以大气的溶入为主，但大气溶入的氧量有限，加上白天大气溶入的部分氧气，也仅占一昼夜溶氧总收入的 10% 左右，不能满足水体耗氧因子的需要，一般在清晨 5:00 水体溶氧降到最低，且上下水层的溶氧差异基本消失，整个水体溶氧条件最差。最容易引起鱼类缺氧而浮头。一般来说浮游植物数量越多，天气晴朗，溶氧的水平、垂直、昼夜差异越大。

表 5-1 精养鱼池溶氧的收入与支出

（王武，1984）

收入			支出		
来源	浓度[g/(m²·d)]	占%	消耗	浓度[g/(m²·d)]	占%
浮游植物光合作用	16.75	90.3	“水呼吸”	13.53(夜间 5.28)	72.9
大气溶入	1.80	9.7	鱼类耗氧	2.99	16.1
			逸出	1.93	10.4
			塘泥	0.10	0.6
总计	18.55	100.0	总计	18.55	100.0

水中溶解氧的消耗主要有 4 个方面：一是水中浮游生物呼吸作用和水中有机物的氧化分解，俗称“水呼吸”，这部分耗氧要占一昼夜溶氧

总支出的70%以上；二是鱼类的呼吸耗氧，该部分耗氧实际并不大一般仅占16%左右；三是底泥的耗氧，底泥的耗氧值很高，但在实际上耗氧很少，仅占0.6%左右，大部分以氧债的形式存在；四是水中溶氧的逸出，晴天白天在11:00～17:00上层过饱和溶氧向空气中逸出的数量占一昼夜溶氧总支出的10%左右。

因此为了改变池塘的溶氧条件必须从增加溶氧和降低池塘有机物耗氧两个方面着手采取相应的措施。

(1)在增加池塘溶氧条件方面：①保持池面良好的日照和通风条件；②适当扩大池塘面积，以增大空气和水的接触面积；③施用无机肥料，特别是施用磷肥，以改善池水氮磷比促进浮游植物生长；④及时加注新水，以增加池水透明度和补偿深度；⑤合理使用增氧机，特别是应抓住每个晴天，在中午将上层过饱和的氧气输送至下层，以减少氧债的存在，保持溶氧平衡。

(2)在降低池塘有机物耗氧方面：①根据季节，天气合理投饵施肥，防止鱼类浮头。②根据鱼类生长，及时捕出一部分达到商品规格的成鱼，以降低池塘载鱼量。③每年需清除含有大量有机物质的塘泥。④采用水质改良机在晴天中午将池塘泥吸出作为池边饲料地的肥料，既降低了池塘有机物耗氧，充分利用了塘泥，也可将吸出的塘泥喷洒于池面，利用池水上层的氧盈及时降低氧债，保持溶氧平衡。⑤有机肥料需经发酵后在晴天施用，以减少中间产物的积存和氧债的产生。

2. 二氧化碳　天然水中二氧化碳的主要来源是水生动物的呼吸作用和有机物的分解作用。大气中含游离的二氧化碳的数量很少，仅占0.033%，故从空气中溶入的二氧化硫量很少。在水温25℃时，当大气和水中的二氧化碳达到平衡时，每升水中的二氧化碳含量仅为0.5 mg。水中二氧化碳的消耗主要是被水生植物营光合作用吸收利用，以制造新的有机物质。

水中二氧化碳除呈游离状态外，还以碳酸氢盐(HCO_3^-)和碳酸盐(CO_3^{2-})的形式存在，后两者称为结合态的二氧化碳。游离态和结合态的CO_2组成水中CO_2的总量，他们共同处于CO_2的平衡系统中。

$$CO_2 + H_2O = H_2CO_3 = H^+ + HCO_3^-$$
$$HCO_3^- = H^+ + CO_3^{2-}$$

二氧化碳平衡系统包括以下五种平衡：①气态 CO_2 的溶解。②溶解 CO_2 的水合作用。生成 H_2CO_3，二者合称为游离二氧化碳，其中 H_2CO_3 只占约 1%。③H_2CO_3 的电离平衡。④中和与水解平衡。⑤与碳酸盐沉淀之间的固液平衡。这五个平衡是互相联系、互相制约的。只有他们的平衡条件同时得到满足，二氧化碳系统的平衡才能真正建立。否则，平衡将向一方移动，因其下述某些变化。例如，气体 CO_2 的溶解或逸散；Ca^{2+}、Mg^{2+} 等金属离子碳酸盐的沉淀或溶解；pH 值变化；CO_3^{2-}、HCO_3^-、H_2CO_3 相互转变。从而影响水的碱度、硬度、缓冲性、有效碳、pH 值以及重金属离子的毒性等。

一般水中游离的 CO_2 量很少，结合态的 CO_2 则较多。硬度和碱度高的水中碳酸盐类数量多，贮存 CO_2 总量也多，补充水中 CO_2 的能力大；反之则相反。

水中 CO_2 的变动随水生生物的活动和有机物分解的情况而转移，也表现有昼夜、垂直、水平和季节等变化，其变化情况一般与溶氧的变化相反。白天水中的 CO_2 被植物光合作用消耗到最低值，晚上光合作用停止，而水中植物呼吸作用和有机物分解作用还在继续进行，使水中 CO_2 继续增加，在黎明前达到最高值。

CO_2 对水生生物和鱼类有较大影响。它是水生植物光合作用的原料，其所含的碳是一切植物必需的营养元素，缺少 CO_2 的就会限制植物的生长和繁殖。高浓度的 CO_2 对鱼类有麻痹和毒害作用。实验证明，水中游离 CO_2 的浓度增高，鱼体血液中 CO_2 的浓度也升高，使血液的 pH 值下降，血液中血红蛋白结氧的亲和力下降，促使鱼类呼吸加快，CO_2 的浓度过高会引起鱼类昏迷和死亡。对鲢、鳙、青鱼幼鱼试验结果（陈宁生等，1995）表明，在水中溶氧量充足的条件下，当游离 CO_2 的浓度超过 80 mg/L 时，试验鱼呼吸困难；超过 100 mg/L 时，鱼发生昏迷或仰卧现象；而超过 200 mg/L 则试验鱼死亡。一般鱼池中游离 CO_2 的含量不会达到危害鱼类的浓度，但在北方冬季长期冰封的鱼池，CO_2 可能积累到相当高的浓度，有的可达 174 mg/L。CO_2 的浓度过高，所形成的碳酸还会使水的酸度增加，如果水的缓冲能力不强，就持使水的 pH 值降至很低，影响鱼类和其他水生生物的生存。

水体中 CO_2 必须有一定的贮量，但又不能太高。对碱度和硬度偏低的水应施加生石灰，以增加水中钙离子和碳酸氢盐的浓度，提高 CO_2 的贮量，增强调节游离 CO_2 和 pH 值的能力。游离 CO_2 过高，主要是由于水中有机物过多，或池底淤泥过多。因此，需控制池塘不被有机物过度污染，施用有机肥料不可过多，池底过多的淤泥必须清除。

3. 氨　养殖水体产生的氨（NH_3）有三个来源。一是含氮有机物的分解产生氨；二是水中缺氧时，含氮有机物被反硝化细菌还原；三是水生动物的代谢一般以氨的形式排出体外。

氨易溶于水，在水中生成分子复合物：$NH_3 \cdot H_2O$，并有一部分解离成离子态铵（NH_4^+），形成如下化学平衡：$NH_3 \cdot H_2O = NH_4^+ + OH^-$。分子氨（$NH_3$）和离子铵（$NH_4^+$）在水中可以互相转化，它们的数量取决于养殖水体的 pH 值和水温。pH 值越小，水温越低，在水体总铵中分子氨的比例越小。在 pH 值＜7 时几乎都以 NH_4^+ 的形式存在。pH 值越大，水温越高，分子氨的比例越大；当 pH 值＞11 时，几乎都以 NH_3 的形式存在。

NH_3 对鱼类是极毒的，可使鱼产生毒血症，而 NH_4^+ 则无毒。据报道（Robinette，1976），水中分子氨在 0.12 mg/L，对斑点叉尾鮰的生长有明显影响。冷水性鱼类对 NH_3 很敏感。欧洲内陆渔业委员会以 NH_3 对鲑、鳟鱼类的慢性毒性实验资料为依据，建议以 0.021 mg/L 渔业用水标准。我国鲤科养殖鱼类对 NH_3 的耐受力较强。目前我国渔业水质标准未对 NH_3 做出规定，但一般都按 0.05～0.1 mg/L 的 NH_3 作为可允许的极限值。

目前还无直接测定水中 NH_3 的方法。一般先测得总铵（NH_3 和 NH_4^+ 离子的总和），再根据当时的 pH 值和水温计算出 NH_3 的浓度。通常先确定 NH_3 的安全浓度，并根据 pH 值和水温计算总铵可允许的极限值（表 5-2），然后按实际测得的总铵，水温和 pH 值与此时可允许的总铵浓度相比较，可了解 NH_3 在水中的安全系数。

表 5-2 分子氨在 0.05 mg/L 时不同 pH 值、水温条件下总铵可允许的极度限值 (N,mg/L)

pH 值	水温(℃)				
	0～10	11～15	16～20	21～25	26～30
6.0	221.38	150.28	103.72	72.36	51.15
6.5	69.91	47.60	32.94	22.88	16.22
7.0	22.14	15.09	10.40	7.27	5.16
7.5	7.02	4.60	3.32	2.32	1.66
8.0	2.25	1.54	1.08	0.77	0.55
8.5	0.74	0.52	0.39	0.27	0.21
9.0	0.26	0.19	0.15	0.12	0.10
9.5	0.11	0.09	0.07	0.07	0.06

精养鱼池的 NH_3 和溶氧相似,也有昼夜和垂直变化,这种变化在晴天尤为显著。白天,上层浮游植物光合作用强度增大,总氨明显下降,上下水层总氨差异显著。而 NH_3 则相反,由于水温升高,水中游离 CO_2 减少,pH 值升高,至下午 16:20 上层分子氨达最高值。而此时下层因有机物分解致使 pH 值下降,NH_3 达最低值,由于水的热阻力,使上下水层的分子氨浓度产生明显差异。夜间,浮游植物光合作用停止,pH 值下降,随着上层水温下降产生密度流,上层总氨含量逐渐上升,而 NH_3 含量逐渐下降,至清晨,上、中、下三层总氨、NH_3 逐渐接近。因此,晴天中午开增氧机,不仅改善下层溶氧条件,防止鱼类浮头,而且也可避免上层 NH_3 含量过高而影响鱼类生长。

4.硫化氢(H_2S) 硫化氢是在缺氧条件下,含硫有机物经厌气微生物分解而产生;或是在富有硫酸盐的水中,由于硫酸盐还原细菌的作用,使硫酸盐变成硫化物,然后生成硫化氢。

硫化物和硫化氢对鱼类都是有毒的,而后者毒性更强,一般在酸性条件下,硫化物大部分以硫化氢的形式存在。夏季在精养鱼塘的底部容易出现缺氧状态,因此,具备了产生硫化物和硫化氢的条件,由于池底有机物经厌气分解产生较多的有机酸,使 pH 值降低,因此,硫化物大多变成了硫化氢。当水中溶氧增加时,硫化氢即被氧化而消失。

硫化氢对鱼类的毒害作用是与血红素的铁结合,使血红素量减少,另外对皮肤也有刺激作用。硫化氢对幼鱼的致死浓度,虹鳟为0.008 7 mg/L,金鱼为0.084 mg/L。可见硫化氢对鱼类的毒性很强,对其他水生生物也是如此,因此,鱼池中不允许有硫化氢存在。

防止硫化氢产生的主要措施是提高水中氧的含量,避免底层水缺氧。也可以使用氧化铁剂,使硫化氢变为硫化铁沉淀而消除其毒性。此外,必须避免含有大量硫酸盐的水进入池塘。

(二)溶解盐类

淡水中溶解的无机盐,主要有阴离子的碳酸氢根(HCO_3^-)、碳酸根(CO_3^{2-})、硫酸根(SO_4^{2-})、氯离子(Cl^-)和阳离子的钙(Ca^{2+})、镁离子(Mg^{2+})、钠(Na^+)、钾(K^+)等组成。它们构成水中溶解盐类的绝大部分。此外,还有少量的硝酸根(NO_3^-)、亚硝酸根(NO_2^-)、磷酸根(PO_4^{3-})、硅酸根(SiO_3^{2-})等阴离子和铵(NH_4^+)、铁(Fe^{2+}、Fe^{3+})等阳离子,还有微量的锰(Mn)、铜(Cu)、锌(Zn)和钴(Co)等元素。

1. 氮化合物　氮是构成蛋白质的主要成分,是构成生物体的基本元素。天然水体中氮化合物包括有机氮和无机氮两大类。有机氮主要是氨基酸、蛋白质、核酸和腐植酸等物质中所含的氮。在工厂化育苗池、温室养鳖池、精养鱼池中有机氮占有较大的比例。无机氮主要有溶解氮气(N_2)、铵态氮(NH_4^+)、亚硝态氮(NO_2^-)、和硝态氮(NO_3^-)。水体中的分子氮只有被水中的固氮蓝藻通过固氮作用才能转化为可被植物利用的 NH_4^+ 或 NO_3^-。一般浮游植物最先吸收的是铵态氮,其次是硝态氮,最后才是亚硝态氮。因此,铵态氮、硝态氮和亚硝氮通常称为有效氮或三态氮。

氮化合物在水中流向和变化情况如图 5-1 所示。池水中溶解的有机氮来自动物分泌物、动植物尸体。它们在微生物的作用下先分解为氨(NH_3)。氨在水中部分离解为离子态的铵(NH_4^+),两者之和称为总铵(即铵态氮)。在溶氧丰富的水体,亚硝化细菌和硝化细菌(均属好气性细菌)大量繁殖,铵态氮则被亚硝化细菌氧化为亚硝化氮(NO_2^-),亚

硝态氮是很不稳定的中间产物，在硝化细菌的作用下很快氧化为硝态氮(NO_3^-)。如果水中缺氧，则好气性微生物受到抑制，厌气性微生物(如，反硝化细菌)大量繁殖，水中有机物分解形成的总铵不仅无法进一步氧化为亚硝态氮和硝态氮，而且原有的亚硝态氮和硝态氮也被反硝化细菌还原为总铵，总铵又被反硝化细菌还原为氮，并逸出水面，造成氮的损失。

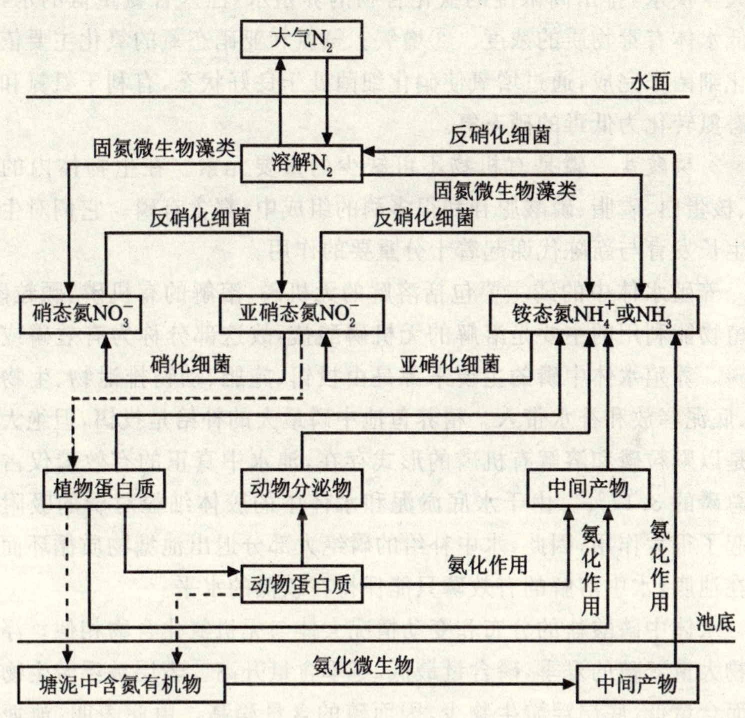

图 5-1 天然水体氮的循环示意图

养殖水体中，由于溶氧的丰歉，引起铵态氮、亚硝态氮和硝态氮比例和数量的差异。对于湖泊、水库、河流及粗养池塘，由于水中溶氧高，水中的无机氮绝大部分是以硝态氮形式存在，铵态氮次之，亚硝态含量

最低。而对于温室育苗池和精养鱼池,三态氮的结构(比例及数量)是衡量水质优劣的一项重要指标。在鱼类主要生长季节,精养鱼塘总铵态氮占60%左右,硝态氮占25%左右,亚硝态氮占15%左右。当水体有效氮不变,如总铵比例下降,则硝态氮比例上升,说明水体溶氧条件好,硝化作用强,池塘物质循环快,水质良好,反之则差。

为了降低氮化合物的毒性,必须采取一定的措施:①排污换水。通过大量换水,排出高浓度的氮化合物的养殖水,注入含氮量低的水,以降低水体有毒物质的浓度。②增氧。氨氮和亚硝态氮的氧化主要依靠硝化细菌来完成,通过增氧使硝化细菌处于良好状态,有利于氨氮和亚硝态氮转化为低毒的硝态氮。

2.磷酸盐　磷是有机物不可缺少的重要元素。在生物体内的核酸、核蛋白、磷脂、磷酸腺苷和很多酶的组成中,都含有磷。它们对生物的生长发育与新陈代谢起着十分重要的作用。

养殖水体中的磷主要包括溶解的无机磷、溶解的有机磷、颗粒磷。但植物能利用的主要是溶解的无机磷酸盐,故这部分称为有效磷或活性磷。养殖水体中磷的主要来源是由投饵、施肥、动物排泄物、生物尸体、底泥释放和补水带入。精养鱼池中磷最大的补给是投饵,但绝大部分是以颗粒磷和溶解有机磷的形式存在,池水中真正的有效磷仅占水体总磷的3.17%。由于水底淤泥和水体中的胶体细粒对磷的吸附固定起了很大作用,因此,水中补给的磷绝大部分退出池塘物质循环而沉积在池底,水中溶解的有效磷只能保持在较低的水平。

水体中磷酸盐的分布和变动情况大体与无机氮化合物相似。浮游生物大量繁殖的夏季,磷含量最低,冬季含量升高。表层被浮游生物利用而含量低,底层浮游生物少,因而磷的含量稍高。由此表明,池塘有效磷低峰值出现的季节、时间和水层,恰恰是藻类生长繁殖最快,鱼类生长最迅速的时间和空间。因此,在鱼类主要生长季节,有效磷往往成为水中藻类种群结构和数量密度的限制性营养元素,成为养殖水体初级生产力的主要限制因子,此时必须施用高效无机磷肥。

3.碳酸盐类、碱度、硬度和钙、镁　在淡水中溶解最多的是碳酸盐,

它包括碳酸氢盐和碳酸盐。由于碳酸盐在水中溶解度低，因此水中主要是碳酸氢盐。在水中CO_3^{2-}、HCO_3^-不能孤立存在、独自变化，而是参与构成水中二氧化碳平衡系统。

HCO_3^-、CO_3^{2-}等弱酸根与H^+结合而消耗酸的能力习惯称为水的"碱度"。CO_3^{2-}造成的碱度叫做"碳酸盐碱度"；HCO_3^-造成的碱度叫做"重碳酸盐碱度"。渔业生产中，碱度常作为结合态二氧化碳同义词使用。碱度的单位有三种："毫克当量/L"、" mg $CaCO_3$/L"、德国度(1°=10 mgCaO/L)。三种单位的换算式如下：

$$1\text{毫克当量/L} = 50.05\ \text{mgCaCO}_3/\text{L} = 2.8\ \text{德国度} = 28\ \text{mgCaO/L}$$

一般富营养水体碱度的组成及大小有明显的周日变化及垂直分布不均一现象；贫营养水体碱度的组成及大小则无明显的周日变化及垂直分布不均一现象。在一定范围内，鱼产量随总碱度增大而同步提高。较高的碱度可以使重金属及过度金属离子迅速形成稳定的碳酸盐络合物，从而降低他们对水生生物的毒害。

硬度是指水沉淀消耗肥皂的能力。一般淡水的硬度是由Ca^{2+}、Mg^{2+}含量决定的。因此，硬度主要指水中钙、镁盐类的总含量。在淡水中钙比镁多，盐度小于0.5‰的淡水中，$Ca^{2+}:Mg^{2+}=(2\sim4):1$。硬度和碱度的度量单位相同。

钙和镁是生物不可缺少的营养元素。钙是动物骨骼和植物细胞壁的重要组成成分，缺钙会引起动植物生长、发育不良；镁是叶绿素的主要组成成分，缺镁则核糖核酸的净合成停止，氮代谢混乱。同时，水中增加钙离子的含量，就可以减少生物对重金属离子和一价金属离子的吸收量，以降低重金属离子和一价离子的毒性。

水中一定量的碳酸盐和碳酸氢盐，组成了水体酸碱度的缓冲体系，能够保证酸碱度的波动稳定在适合鱼类生长所需的范围以内。同时，还能够为浮游植物光合作用提供足够的碳源。因此，作为养殖用水，需要一定数量的钙、镁和碳酸盐。如果水体硬度过低，需要施加生石灰加以改良。加石灰后，水中的碳酸氢盐限度即大大增加，硬度和碱度也随着提高。但是碱度过高，对鱼类也有一定的毒害。在一定的总碱度下，pH值越高，毒性越大。研究证明，鲤科鱼类对水的硬度要求为5～8德国度，不宜小于3德国度，也不可大于30德国度。鲑、鳟鱼需要硬度较高的水，最好为8～12德国度，因为它们的性腺有在硬水中才能正常发育。

4.氯化物　氯化物(Cl^-)是海水中盐类的主要成分。淡水中含量很少，流经泥盐和岩盐的地下水，或者近海边的淡水氯化物含量较高，有时可高达100～1 000 mg/L。

氯离子无毒，一切藻类的光合作用都需要氯。对于养殖鲤科鱼类的池塘，水中氯离子浓度在4 mg/L都可以适应，但超过此值，鲤鱼孵化率下降，超过7 g/L，则不能孵化。

5.硫酸盐　硫酸根(SO_4^{2-})虽然是淡水中含量占第二位的阴离子，但因淡水的盐度较低，所以其含量也不多，为20～30 mg/L。而流经含硫矿物的水或受海水、温泉水影响的水，硫酸盐含量较高。

硫是构成蛋白质和酶不可缺少的成分。在生物体内，几乎所有蛋白质都含有硫。生物体对硫的需求量不大，天然水体中又普遍含有SO_4^{2-}，故一般不存在缺SO_4^{2-}问题。SO_4^{2-}本身无毒，对鲢鱼的安全浓度达5.6 g/L。但在精养鱼池中，池底有机物多，加之下层水经常缺氧，容易被硫酸盐还原细菌，将SO_4^{2-}还原为有毒的H_2S。因此，池塘应避免大量含硫化物的水流入。

6.铁化合物　天然水体中有二价铁和三价铁，呈溶解、胶体和悬浮等状态，存在形式较复杂。Fe^{3+}是高价铁，在溶氧充足时往往形成胶体状态的氢氧化铁[$Fe(OH)_3$]与氧化铁(Fe_2O_3)。Fe^{2+}是低价铁，仅在缺氧的状态下呈还原状态，形成水溶性的氢氧化亚铁[$Fe(OH)_2$]。

铁是藻类的重要营养元素，对藻类的光合作用，呼吸作用有重要影响。天然水体中铁的含量一般低于0.1 mg/L，但已能满足藻类生长的需要，有时水中铁的含量可高至数毫克(如深井水)。

高浓度的铁能在鱼鳃上沉积一层棕色薄膜，妨碍鱼的呼吸，甚至引

起窒息死亡。镁在呈酸性反应的水中溶解量增加，从而增大了它的有害作用。此外，胶体的氢氧化铁能吸附磷，高价铁能与磷酸生成难溶性的磷酸铁沉淀，从而降低了施用无机磷肥的效果。因此当水中铁过多(5 mg/L 以上)必须进行改良。

地下水，特别是深井水，含铁量往往过高，由于深井水中的溶氧低，水中的铁呈水溶性的二价铁形式存在，为此，可对刚抽出的深井水采用增氧机或抽入晒水池暴气增氧，使低价铁氧化为高价铁沉淀后方可使用。也可以施一定量的生石灰水，以提高池水的 pH 值，促使铁沉淀，同时水中钙离子增加碳酸氢盐含量增多，水中的铁容易转化为难溶性的碳酸盐沉淀。

7. **硅酸盐** 硅是硅藻生长繁殖的必需元素，当水中缺乏硅酸盐时，硅藻细胞不能分裂，其蛋白和叶绿素的合成均受到影响。

养殖水体中溶解的硅以硅酸(H_2SiO_3)和硅酸盐($HSiO_3^-$)的形式存在(少数为胶态硅和低聚硅酸盐)，它们大都可为藻类所利用，故称有效硅。其含量以二氧化硅(SiO_2)的数量来表示。一般养殖水域 SiO_2 含量都在 2～10 mg/L，部分水域为 10 mg/L 以上，少数水体达 20～40 mg/L。硅在天然水域中的含量较氮和磷多，一般不会成为硅藻生长繁殖的限制因子，但在硅藻大量繁殖时，水中有效硅可下降至最低值。

(三)溶解有机物

除碳的氧化物、碳酸及其盐类外，一切含碳的化合物均为有机物质。天然水体内有机物的来源有两类：一是外来有机物，主要是来自人们生活、生产活动以及畜禽产生的废物、废水。二是水体内部生成的有机物，主要是光合作用产物、浮游植物的细胞外产物、水生动物的排泄废物以及生物残骸、微生物等。总之，天然水体内不同来源的有机物质，种类繁多，要一一分别测定极为困难。

养殖水体中有机物主要是由投饵施肥、水中生物的排泄和生物死亡的尸体产生的，它们在水中呈悬浮、胶体和溶解状态。在天然水体中，以溶解有机物的含量占绝对优势。在精养鱼池中，由于水中有机碎屑、细菌以及浮游生物的数量大大增加，溶解有机物同悬浮有机物的比例大约各占一半。而在有机悬浮物中，有机碎屑的含量又占 2/5～4/5。有机物的主要成分是酯类、蛋白质、氨基酸类、脂肪和腐殖酸等。

衡量水体有机物的多少常采用以下几个指标：

1. 化学耗氧量(COD) 化学耗氧量是指在酸性条件下，用强的化学氧化剂将有机污染物氧化成 CO_2、H_2O 所消耗的氧量，以每升水消耗氧的毫克数表示(mg/L)。COD 值越高，表示水受有机污染物的污染越严重。

2. 生化耗氧量(BOD) 生化耗氧量是指在有氧条件下，由于微生物的活动，降解有机物所需的氧量，以每升水消耗氧的毫克数表示(mg/L)。BOD 值越高，表示水中耗氧有机物污染越严重。

3. 总需氧量(TOD) 总需氧量是指有机物在高温条件下充分燃烧所消耗的氧量。

有机物在水中经过微生物、物理和化学作用，通过矿化、絮凝、络合或螯合、气提等一系列变化后，为鱼类和其他水生生物提供了饵料和养料。因此，水体保持一定数量的溶解有机物，是提高养鱼产量的重要一环。但有机物含量过多，氧化分解需消耗大量氧气，易恶化水质，因此池中有机物含量必须控制。以滤食性鱼为主的池塘化学耗氧量保持在 20～30 mg/L 为宜，以草食性鱼为主的池塘化学耗氧量保持在 15～20 mg/L为宜，以人工投饵为主的池塘，为保持较高的溶氧，有机物含量越少越好。对于天然水域，水体有机物含量是富营养化的指标。我国地面水环境质量标准《GB 8338—83》规定，第一、第二、第三级水的 COD 指标分别为≤2 mg/L，≤4 mg/L，≤6 mg/L。目前一些报道认为，当水体的 COD 超过 7.1 mg/L 即属于富营养化等级。

(四)酸碱度(pH)

酸碱度(pH)指的是水体中氢离子的浓度。pH 值对养殖水体的

水质、水生植物、水生动物和鱼类有重要影响，它影响水中氨与铵离子的平衡，从而使水质表现出对鱼类的不同毒性。改变酸碱度可以直接危害鱼类。酸性可使鱼类血液的氢离子浓度上升，削弱他们的载氧能力，造成缺氧症，鱼类生长受到抑制；碱性过强的水会腐蚀鱼类的鳃组织和表面组织。一般鱼类只有在中性或微碱性的水体内才能较好的生长，超出这个范围都是不利的。鱼类安全生活的 pH 值范围为 6.5～9.5，最适范围为 7～8.5。

(五)有毒、有害物质

危害鱼类及其他水生生物的有毒物质种类繁多，较常见的有重金属汞、镉、铬、铅等；农药有滴滴涕、六六六、五氯酚钠、对硫磷等；其他挥发性酚，氯化物、石油类、放射性物质等。

水体中有毒有害物质的来源主要有二：一是水体内部循环失调，所生成并积累的毒物，如硫化氢、低级胺类；二是外来物质的侵入，如工业废水、污水。

鱼类受有害、有毒物质的毒害以后所表现出来的症状，大致可分为三种类型：急性中毒、慢性中毒和积累残毒。急性中毒的特点是毒物浓度高，短时间内(一般不超过 4 天)鱼类和其他水生生物大量死亡。慢性中毒的特点是毒物浓度低，但随着时间的延长，其不良影响就会在细胞、器官、组织的不同部位表现出来，最终影响到鱼体的活动及群体的消长。积累残毒是由于积累性毒物往往不易察觉，它沿着食物链向后转移，浓缩因素也随之增大，人们捕食之后会积累在人体内，达到一定数量以后，就会中毒致病。从长远观点看，慢性中毒和积累残毒对渔业生产及人们健康，具有重大潜在危害。因此，在开发渔业水域之前，或在利用过程中必须对有毒，有害物质进行经常性的监测，保证水体符合渔业水质标准。只有这样才能保证水产品的安全性。

第二节 养殖水域的生物特性

对于不同的水域类型,其生物的种类和数量具有明显差异。总的趋势是水体越大,生物的多样性越显著;水体越小,受人为和自然影响越大,生物的种类明显减少,而种群的生物量则明显增加。养殖水域的生物与养鱼生产的关系十分密切,有的生物是养殖鱼类的天然饵料,有的是鱼类产卵的附着物;有的则是养殖鱼类的敌害。所以,应当充分利用和发展水中有益的生物和有计划地防除有害生物,以促进养鱼生产。

一、湖泊的生物特点

湖泊中浮游生物的种类较多,主要分布在距水面 10 m 以内的水层,而且不同种类分布的深度也有差异。如蓝藻分布在水体最上层,硅藻多分布于较深水层。一般湖泊近岸部分的浮游生物种类和数量比湖心多,浅水区比深水区多,无水草部分比有水草部分多。生态条件未被破坏的湖泊中常滋生大量维管束植物,沿岸带主要有挺水植物和浮叶植物,亚沿岸带主要为沉水植物。湖泊中底栖生物的种类和数量一般较丰富,尤其是老年湖泊。在浅水区,以摇蚊幼虫、螺、蚌等较多,较深处则以寡毛类中的水丝蚓、颤蚓等为主。

二、水库的生物特点

水库的生物区系组成与数量,表现为由河流向湖泊过渡的特征。水库中浮生物的分布以中上游最多,下游较少,河道注水口处最少。浮游植物以绿藻为主,其次为硅藻和蓝藻,浮游动物以桡足类为主。水库由于深度较大,且水位变动大,其底栖生物的种类和数量较湖泊少得

多，一般以寡毛类的水丝蚓、颤蚓为主，其次是摇蚊幼虫，软体动物和甲壳动物则很少。

三、池塘的生物特点

精养鱼池由于大量投饵、施肥，其生物的种类组成和数量变化与天然水体有显著区别。池塘中细菌数量多，且以异养菌为主。水体中以浮游生物为主，高等水生植物和底栖生物很少，浮游生物中又以浮游植物为主，浮游植物的优势种极为显著，其种类少，生物量大，并在夏秋季节往往形成水华。池塘水体小，受环境条件变化较为剧烈，其生物量的变动很大。

池塘生物的变化规律以浮游生物最为显著，具有季节、昼夜、垂直和水平变化规律。产生季节变化的原因主要是温度。早春硅藻、衣藻大量出现，轮虫、桡足类开始大量繁殖，到晚春逐渐减少，此时枝角类达到最高数量，夏季浮游生物量达到最高峰。浮游动物以轮虫和原生动物为主，大型浮游动物很少；浮游植物优势种明显，往往形成“水华”。秋季浮游动物数量逐渐增加但仍大大少于春季。浮游植物中蓝藻、绿藻数量下降，硅藻、甲藻数量上升。冬季浮游生物种类和数量均大大减少。产生昼夜变化和垂直变化的原因主要是浮游生物具有不同的趋光性。白天，上层藻类数量最多，中层次之，下层最少。傍晚后，三者之间差距逐渐缩小，至半夜几乎相等。黎明后，三者差距又逐渐增大。浮游生物的昼夜、垂直变化是造成池塘溶氧昼夜，垂直变化的重要原因之一。也是造成水色和透明度日变化的主要原因。浮游生物水平变化主要是由于受风力影响，一般浮游生物量上风外高于下风处，这也是造成池塘溶氧水平变化的重要原因之一。

第三节 养殖水域的底质特性

与水接融的土壤，从多方面影响养殖水质，特别是像池塘那样的小水体，土质对池塘的影响极为明显。如土壤中含有的氮、磷等无机盐，溶解于水后，增加了水的肥度。土壤中的有机物经过细菌分解作用变为溶解于水的简单有机物和无机盐，也增加了水的肥度。土壤中的一些有毒有害物质也会溶入水中而对鱼类产生一定的毒害。土壤的酸碱度也影响地表泾流和养殖水体的 pH 值，在淡水水域中往往水的 pH 值与当地土壤的 pH 值相近似(特别是新开挖的养鱼池塘)。

养鱼水体经过一定时期的养殖生产，水底淤积了一定厚度的淤泥，使原来的土质对水质的影响逐渐减弱，这种作用被淤泥所代替，淤泥含有大量营养成分(包括有机质、氮、磷、钾等)是养殖水体有机物的“贮存库”，是有机物的“生物加工厂”，对水体的肥度具有缓冲、调节作用。但是淤泥过多易造成下层水长期呈缺氧状态，且产生大量还原物质(如有机酸、氨、硫化氢等)，使 pH 值下降，并且有利于致病微生物的生长繁殖，从而抑制鱼类生长，使鱼体抗病能力下降，甚至危及鱼类生存。因此，进行标准化生产，必须防止池底淤泥过多。一般精养鱼池的淤泥以保持 10～20 cm 为宜。

对于新开挖的鱼池，为防止土壤中有毒有害物质对鱼类产生毒害，应先用水充分浸泡后，将水排掉，经几次排换水基本可使有毒有害物质排除。再往池中投放绿肥，采用沤肥的方法，尽快制造适当的淤泥，覆盖在土壤上，使水体与原来的土质基本隔绝，即可起到供肥、保肥和调肥的作用，也可避免土壤中有毒有害物质溶入水中。对于淤泥过多的池塘，经常采用以下几种措施改良底质：①排干池水，挖除过多淤泥，用以加高池岸、堤埂。②排干池水后使池底日晒和冰冻，可以杀死致病菌和孢子，而且增加了淤泥的透气性，促使淤泥中的中间产物分解矿化，

变成简单的无机物。③施放生石灰，提高淤泥的肥效。④养鱼与作物轮作，利用上半年空闲的一龄鱼种池种植水稻，稗草等高等水生植物，当水稻或稗草长到30 cm以上时，灌水使植物腐烂分解以繁殖浮游生物供鱼类摄食。⑤鱼类生长季节在晴天中午，采用水质改良机将部分淤泥吸出，以减少耗氧因子，或将淤泥喷至池水表层，充分利用上层氧盐，加速淤泥氧化分解，以降低夜间下层水的实际耗氧量，防止鱼类浮头。

第四节 养殖水体的污染

生态学的理论认为，在自然情况下，生态系统的稳定，是由于它在结构与功能上都处于动态平衡，这就是生态平衡。当外来的因素引起生态平衡的波动时，生态系统内部通过物理、化学或生物学的调节，可以使之重新达到平稳。这就是系统的自我调节和自我维持。生物在这一特性中起着主要作用。如果外力冲击强度超过了系统的自我维持范围(阈值)，就会出现生态系统的功能紊乱，结构破坏。

人类活动造成进入水体的物质超过了水体自净能力，导致水质恶化，影响到水体用途，则为水体污染。目前各国制定的水污染标准，都是以某种物质在水中的含量(浓度)为依据的。并根据水体在某些用途上的受损程度，对水质进行评价、分类。衡量水质受污染的程度，也是根据水的用途制定各种水质标准，如饮用水的标准、渔业用水标准等。

一、开放式养殖水体常见有害污染物对食用者的潜在危害

开放式养殖水体主要指水库、湖泊、江河等。这些水体主要是用于从事网箱养殖或粗放式养殖。因为这些水域很大，受人类工农业活动

的影响也很大，所以易受污染。水生生物对许多具有蓄积毒性的毒物有很强的生物富积作用，而其危害又不会在短期表现，所以这种水产品对消费者存在很大的潜在危害。

具有蓄积性毒性的毒物，由于其化学结构上的特点和生物代谢的特点，进入体内后难于转化、排除，而会在生物体内蓄积下来，并不断升高，最终与水环境间形成一种动态平衡。蓄积性毒物可以沿食物链向后转移，且富集倍数也不断加大。表 5-3 列举了某些淡水生物对一些重金属的富集倍数。

$$\text{富集倍数}\frac{\text{生物体内某毒物的含量(mg 毒物/kg 体重)}}{\text{水中该毒物的浓度(mg 毒物/kg 水)}}$$

水中的污染毒物一般有重金属、农药和其他毒物等，以下分别讨论。

表 5-3　某些淡水生物对一些重金属的富集倍数

物质	淡水藻类	无脊椎动物	鱼类	物质	淡水藻类	无脊椎动物	鱼类
汞 Hg	10^3	10^5	10^3	铬 Cr	4×10^3	2×10^3	2×10^2
镉 Cd	10^3	4×10^3	3×10^3	锌 Zn	4×10^3	4×10^4	10^3
铅 Pb	2×10	2×10^2	6×10	镍 Ni	10^2	10^2	4×10
银 Ag	2×10^2	1×10^3	1×10^3	砷 As	3.3×10^2	3.3×10^2	3.3×10^2
铜 Cu	10^3	10^3	2×10^2				

(一)水体的重金属污染

重金属是比重大于 5 的金属的统称，50 多种，污染水体常见的有 Hg、Cu、Fe、Cd 等。重金属污染，具有来源广、残毒时间长、有蓄积性、会沿食物链转移浓缩、污染后不易发觉、难以恢复等特点，对人类健康有长远不良影响，是公认的最危险的一类水体污染物。一般而言，重金属的毒性，最主要是毒害或破坏生物酶系。重金属的离子化倾向越小，所生成的螯合物越稳定，硫化物越难溶，其毒性也往往越强。从化学上看，一些金属的这类性质顺序如下：

某些二价金属的离子化难易顺序为 Hg＞Cu＞Pb＞Ni＞Co＞Cd＞Fe＞Zn＞Mn＞Mg＞Ca；

硫化物难溶性顺序为 Hg＞Cu＞Pb＞Cd＞Co＞Ni＞Zn＞Pe＞Mn＞Mg＞Ca；

螯合物稳定性顺序为 Hg＞Cu＞Ni＞Pb＞Co＞Zn＞Ca＞Fe＞Mn＞Mg＞Ca。

1. 汞　汞是毒性最强、在天然水域中污染最广的一种重金属毒物。天然无污染水系内汞的本底浓度一般＜0.1 μg/L。如按 1 000 倍在鱼体富集，则鱼体内汞量＜0.1 mg/kg 鱼重，如以人每日摄取 200 g 鱼则人每日摄入的汞量＜0.02 mg/(人·日)，基本不会超过成人平均每日允许摄入量，是相对安全的。我国渔业水质标准规定汞≤0.000 5 mg/L。可一旦受污染后，水中汞浓度可以比＜0.1 μg/L 高几个数量级，鱼类富集的汞可达 0.02～0.18 mg/kg 之高。如长期食用这种环境中的鱼是会引起慢性中毒的。更有甚者，有许多鱼病防治书籍，在介绍治疗食用鱼小瓜虫等病时，建议用 0.1～0.3 g/m^3 的硝酸亚汞或醋酸亚汞全池泼洒。这从食品安全上是应禁止的。目前硝酸亚汞或醋酸亚汞已被列为禁用药。

人慢性汞中毒最早出现神经衰弱症候群，表现为头晕、头痛、失眠、多梦、记忆力明显减退，伴有自主神经功能紊乱、心悸、多汗等。易兴奋症，是汞中毒的突出症状，主要表现为精神和情绪易变化。也有患者表现精神沉郁。汞性震颤为意向性，多出现在眼睑、舌和肢体的手指。汞性口腔炎时，出现齿龈硫化物与汞形成深蓝色的汞线，并出现牙龈充血、肿胀、溃疡等。

世界上第一个由环境污染引起的公害病就是日本报道的由汞所致的“水俣病”。

2. 镉　镉是危害性仅次于汞的一种重金属污染物，水生生物对水中镉富集倍数从数千到数万不等。为避免镉污染危害渔业生产及人民健康，各国对渔业用水中镉的最高允许浓度均有要求，一般不超过 0.01 mg/L。我国渔业水质标准规定镉≤0.005 mg/L。但我国国标

GBJ 4—73 规定的镉及其无机物的排放标准为不超过 0.1 mg/L，比渔业水质要高 10 倍，这种受污染水排放入水体小、自净力差的水体很危险。

镉的致癌、致畸胎和致突变作用，已有许多证据支持。慢性中毒早期也表现神经衰弱症，主要表现为无力、消瘦、头晕、失眠、多梦，食欲减退，同时会伴有鼻出血，慢性鼻咽炎，鼻黏膜萎缩和溃疡，嗅觉减退丧失。在门齿和犬齿的齿颈部釉质呈黄色环也为特征。中毒后期会出现肺气肿和肾损伤。日本 20 世纪 40 年代报道了由于食用镉污染食物后，患者发生全身疼痛为特征的"疼痛病"。

3. 铅　水生生物对铅的富集倍数为几百到几千，不过移到清水后，水生生物可排出体内部分铅。进入人体的铅，多以 $Pb(PO_4)_2$ 沉积在骨骼和软组织内，但也可随汗液、粪便排出体外，故铅的危害性较汞、镉为小。

天然水体中铅的本底浓度很低，通常在 0.01～0.05 mg/L 间。污染水体中的浓度可比这个值高出 1 000～10 000 倍。各国渔业水质标准中对铅的最高限量一般不超过 0.1 mg/L。我国渔业水质标准规定铅≤0.05 mg/L。我国国家标准 GBJ 4—73 规定铅的排放标准为 1 mg/L，比渔业水质标准高约 10 倍，要注意防止其危害。

人慢性铅中毒时，有中毒性神经衰弱症候群，表现为头痛、头晕、失眠、多梦，记忆力减退，乏力，肌肉关节酸痛。齿龈的边缘上有蓝色"铅线"。消化不良，口内金属味、食欲不振、恶心呕吐、便秘等。贫血伴有心悸、气短、疲劳、易激动、头痛等。引起高血压、肾炎，严重者合并震颤、麻痹、血管病变、中毒性脑病。

4. 铬　铬是人和多种生物必需的一种微量金属元素，但浓度过高则有毒性，近来还发现铬可能有致癌作用，因而也被作为一种重要的环境污染物。铬是蓄积性毒物，某些鱼类甚至能从含铬仅 1 μg/L 的水中富集铬。水生生物对铬的富集倍数从数百到数千不等。各国渔业水质标准对铬的最高限度要求不一，有的规定六价铬不超过 0.05～

0.1 mg/L,有的规定总铬不超过1.0 mg/L。我国渔业水质标准规定铬≤0.1 mg/L。GBJ 4—73中规定的六价铬的排放标准为0.5 mg/L,超过渔业水质标准的5～10倍,应注意这种排放水的危害。

食源性的铬中毒报道并不多。人慢性铬中毒会出现味觉和嗅觉消退,胃痛、胃炎、胃肠道溃疡,伴有周身酸痛、乏力等。国外报道铬可致肺癌。

5. 铜　铜为生命必需元素,然而铜过量就有毒性。对人和哺乳动物来说,铜的毒性并不强。而对水生生物来说,铜是很毒的。铜对水生生物的毒性取于水中Cu^{2+}、$CuOH^{+}$、$Cu_2(OH)_2^{2+}$浓度,与总铜浓度没有直接相关性。渔业水质标准中对铜的上限要求是从保护水生生物的角度而定的。各国不同,变化范围在0.00 001～0.1 g/L之间,以0.01 mg/L多用。我国渔业水质标准规定铜≤0.01 mg/L。如果水中的Cu^{2+}浓度过高可以用白灰调pH值到9.0,使之形成沉淀而除去。水生生物对水环境中铜的富集倍数也在数百到上千。

人食源性的慢性铜中毒会发生肝豆状核变性病。表现铜大量沉积在各器官中。铜沉积在眼角膜,边上形成黄绿色沉积环。铜在肝脏中沉积,会造成肝硬化、腹水,还会出现贫血,消化道出血。铜在脑中沉积,会造成运动功能障碍。铜在肾沉积会造成肾功能受损。

6. 砷　砷是类金属,而不是重金属。砷沿食物链向更高营养级转移时,富集倍数增大很小。砷对鱼类及其他水生生物有毒,不过致死浓度很高。有研究者认为富集在生物体内砷的形态是低毒的。

食源性慢性砷中毒主要是饮用水中砷浓度过高而致。各国在渔业水质标准中砷的最高允许量差别很大,在0.05～1.0 mg/L之间。我国渔业水质标准规定砷≤0.05 mg/L。

食源性的慢性砷中毒会在早期引发消化道黏膜炎症和损伤,严重时致肝损伤。伴有恶心、呕吐、食欲不振、肝区痛、腹胀、腹泻。白细胞减少和贫血。神经系统会有头晕、头痛、乏力、四肢酸痛、神经衰弱和多发性神经炎。

(二)水体的农药污染

各种天然水受农药污染程度的顺序为:雨水>河水>海水>地下水。积聚在水体内的农药有两种命运:一是为水生生物吸收富集,二是降解转化。自然界捕获的鱼,体内均有农药残留,富集倍数 5～40 000 倍不等,而且,底栖生物的富集要高。

有机磷农药、拟除虫菊酯类农药的降解较快,残效期短,因而污染较少。目前来看,污染严重的是有机氯类农药。这主要是因为,一方面,这类农药杀虫力强,杀虫谱广,价廉易制,曾被大量使用。其次,因为这类农药水溶性低,脂溶性很高,生物富集效应强。更重要的是这类农药的环境的稳定性高,很难降解,其残效期长达几十年之久。有机氯中研究最广泛的是 DDT。有人调查美国密执安湖时发现,湖水中的 DDT 仅为 5×10^{-6} mg/L,经浮游生物转入湖泥后,DDT 为 0.014 mg/L,浓集达 7 000 倍。虾中 DDT 浓度为 0.041 mg/kg,富集达 20 500 倍。鳟鱼、石斑鱼含 DDT 为 3～6 mg/kg,浓集了 150 万～300 万倍。在捕鱼虾的海鸥体内 DDT 含量竟高达 99 mg/kg,浓缩 4 950万倍。如果人长期食用这种水环境中的水产品,会蓄积中毒。

有机氯属于神经毒物和细胞毒物,能经胎盘传递给胎儿。大剂量长期摄取能使实验动物肿瘤发病率增高,损害肝脏,引起遗传突变,影响生殖力。小剂量诱导肝微粒体酶活性。

以下介绍几种对水生生物和食品安全危害大的有机氯农药。

1. DDT　除很少情况发生急性中毒外,对人的主要危害是慢性中毒。慢性中毒表现为,食欲不振,上腹及右胁部疼痛,头痛、头晕,肌肉无力,疲乏,失眠、噩梦,视力及语言障碍,震颤,贫血,四肢深反射减弱等。肝、肾损害,皮肤病变。心脏心律不齐,心音弱,窦性心动过缓,束支传导阻滞及心肌损害等。低浓度的 DDT 可使水生生物行为异常,不利于生存竞争。DDT 积存鱼卵黄内,可使苗成活率下降。我国渔业水质标准规定 DDT 含量不超过 0.001 mg/L。

2. 六六六(BHC)　六六六曾广泛用于我国农业生产。工业制品

是α、β、γ、δ(即甲、乙、丙、丁)多种异构体的混合物。他们的毒性互不相同。急性中毒顺序为$\delta > \alpha > \delta > \beta$,慢性中毒顺序为$\beta > \alpha > \gamma > \delta$。作为杀虫剂,只有$\gamma$是有效成分。精制$\gamma$-BHC(商品名为“林丹”或“灵丹”),几乎不被生物富集,因而污染危害不大。β-BHC脂溶性最高,性质最稳定,易在环境及生物体内积累,残效长,慢性毒性最强。也就是说六六六的污染主要是β-BHC造成的。我国渔业水质标准规定六六六(丙体)含量不超过0.002 mg/L。

人β-BHC慢性中毒表现有,神经衰弱症状:头晕、头痛、头重、食欲减退、恶心、噩梦、失眠、肢体酸痛等。多发性神经炎症状:四肢感觉障碍,松弛性麻痹,吞咽困难,视力调节麻痹等。致肝、肾损伤,心脏营养障碍。血液发生病变、贫血、白细胞增多、淋巴细胞减少。

3.五氯酚钠 曾作为非选择性接触型除草剂被广泛应用。五氯酚钠对水生动物急性毒性很强,在南方血吸虫流行区用于杀钉螺。渔业水质标准中多规定不超过0.01 mg/L。

(三)水体的放射性物质污染

天然水体放射性物质本底浓度很低,不会对水生生物及人类产生不良影响。然而,随着原子科学的发展。各种人造放射性物质的生产日益增多,应用日益广泛。因而放射性废弃物对水体的污染也日益引起人们关注。其中能在体内选择性积累、排放甚慢的放射性物质,常见的有Sr^{90}、Ca^{45}、Fe^{55}、Bi^{210}等,研究较多。这类放射性物质在水体内的行为大多与金属相似。

水生生物可以从水中吸收富集放射性物质。富集机理有二:一是吸附于生物体表;二是进入体内,参与有关物质的代谢过程,造成结构性放射污染。富集倍数随生物、放射性物质种类及水质条件不同而异,几十倍至几万倍不等。水生生物从水中吸收、富集放射性物质达到极限蓄积量所用时间大体上是,植物及低等生物远快于鱼和软体动物。

放射性物质进入体内后,有选择地积累在一些特定的组织内。如放射性 Sr、Ra、Ba，在体内选择性蓄积在骨组织及软体动物甲壳内。放射性铁趋于在血红细胞中积累。放射性碘则趋于甲状腺体内积累。所以，积累部位的放射性损伤会大。

有研究者认为，符合饮水及地面水放射性标准的水域中的放射性物质对于鱼及其他水生生物不会产生不良影响，但鱼虾等由于生物富集作用，作为食物也可能是危险的。

(四)其他毒物

1. *挥发性酚类* 一般指苯酚、甲苯酚等酚类化合物。除耗氧恶化水质外，还会直接危害水生生物。高浓度时直接致死，低浓度会影响鱼类洄游繁殖，妨碍水生生物生长。长期蓄积中毒会致水产品带有异臭味(表 5-4)。我国渔业水质标准规定挥发性酚含量不超过0.005 mg/L。

表 5-4 一些物质对鱼着臭的临界浓度表

化合物名称	着臭临界浓度(mg/L)	化合物名称	着臭临界浓度(mg/L)
苯酚	1.00	苯乙烯	0.25
对特丁基苯酚	0.03	*D*-甲基苯乙烯	0.25
邻苯基苯酚	1.00	乙基苯	0.25
邻氯苯酚	0.05	邻二氯苯	0.25
2,4-二氯苯酚	0.005	甲苯	0.25
二苯基氧化物	0.05	煤油	0.10
乙酰苯	0.50	杀虫油	0.10

2. *石油及石油产品* 进入水域后形成油膜妨碍气体交换，恶化水质，还会直接危害水生生物。研究表明，原油中的水溶性组分对鱼有毒；油膜附在鳃上会妨碍呼吸；油类直接或随食物进入鱼虾、贝体内后，可使之具异臭异味。为确保水产品质量，我国渔业水质标准规定石油类含量不超过 0.05 mg/L。应该注意的是：若要避免石油类对鱼苗孵化的影响，最好不要超过 0.01 mg/L。

3. 氰化物　水体氰化物浓度高时,可使鱼类急性中毒死亡。一般认为中毒原因是:氰化物进入体内后,与高铁型细胞色素氧化酶结合,变为氰化高铁型细胞色素氧化酶,使之失去传递 O_2 的作用,导致组织缺氧中毒死亡。我国渔业水质标准规定氰化物含量不超过0.005 mg/L。

二、封闭养殖水体常用药物对养殖对象和食用者的潜在危害

这里讨论的封闭养殖水体是指水源符合渔业水质标准的池塘养殖或小水体养殖;生产实践中指以无污染的深井水或饮用水为水源。这种水源可以一定程度上避免上节所讨论的环境污染物的影响。传统的淡水养殖业把对鱼病的控制完全放在“全池均匀泼洒”疗法上,特别是在对常见细菌病和寄生虫病的防治上。因而在一个养殖周期中平均10天左右要投一次药,这就对养殖水环境带来了破坏。严重者会影响食用者的健康。以下对常用水产药物对水生动物和人的潜在危害,作一些讨论,以期望对无公害养殖有所指导。

1. 氯制剂与卤化剂　氯制剂因其制备、方法简单,价格便宜,占水产养殖外用杀菌剂很大的比例。以漂白粉、二氯异氰脲酸盐和三氯异氰脲酸盐为代表。近几年来又推出溴制剂与碘制剂。这类药物以HOX(X可代表Cl、Br、I)为杀菌的有效分子。其作用机理为HOX,与含巯基酶中的巯基发生卤化作用,使细菌发生繁殖生长障碍。这类药物的应用受水体pH值及有机物浓度的影响很大,其适用的pH值应小于 $Pka_{(Hox)}$,否则药效大为减弱甚至无作用;其次当水体中有机物浓度高时,很易发生许多副反应,得到三卤甲烷(TCM)和总有机卤(TCO)等致癌物。

卤化剂不仅强烈刺激、伤害水产动物的体表、鳃等组织,而且易形成TCM和TCO等致癌物,这些物质通过富集,被人长期食用是非常危险的。所以,美国环保局以及食品和药品管理局至今仍不准将其用

于渔业生产。

2.二氧化氯(ClO_2) ClO_2属于氧化剂,其化学性质介于O_3与HOCl之间。目前市场上,剂型有液态和固态两种,是近年来兴起的一种水产用消毒剂。其作用机理为使微生物蛋白质中的氨基酸氧化分解,而致微生物死亡。ClO_2的消毒效果受水体pH值及有机物浓度的影响小,且有增加水中溶氧的作用。按正确方法应用时对水环境破坏很小。可以归为环保型消毒剂。

有报告说,大量ClO_2会与环已烯等一些有机物生成TCO,但水中环已烯的浓度太低,这种危险性相对卤化剂而言要低得多。

3.高锰酸钾($KMnO_4$) 本品是强氧化剂。其水溶液与有机物接触,释放新生态氧,氧化酶蛋白和原浆蛋白中的活性基团而呈现杀菌作用。本品还可杀灭原虫、单殖吸虫和锚头蚤等。养殖水环境为中性或微碱性,$KMnO_4$在该条件下被还原后生成MnO_2。MnO_2在高浓度时,对组织呈现刺激甚至腐蚀作用,易鳃组织受损伤,影响水生生物的呼吸作用。本品用完在药效消失后最好换水,以除去二氧化锰,但在大多数养殖池,难以做到。

4.福尔马林 本品能与蛋白质的氨基部分结合,使其烷基化而呈现杀菌作用。对寄生虫、藻类、真菌、细菌、芽孢和病毒均有杀灭效果。本品在治疗疾病时,会引起鳃组织发炎,影响鱼的呼吸;同时本品又是强还原剂,会明显降低水中溶氧,使用过程中应保证池水溶解氧充足。露天池25 mg/L施用后可在48 h内完全降解,50 mg/L施用后可在60 h左右完全降解。食用鱼应在停药1个月后方可食用。近年来因怀疑其具有致癌性,在美国已对食用鱼明令禁止使用。

5.硫酸亚铁 本品一般作为辅助治疗药物,其可以使黏膜表层的黏液脱落,为杀虫剂的作用扫除障碍。同时具有收敛伤口作用,也可用于防治赤潮生物污染。本品因价格便宜,在与拟除虫菊酯合用时,可加大硫酸亚铁的剂量而短期地降低pH值以提高拟除虫菊酯的作用。$FeSO_4$是还原剂,所以使用过程中应保证池水溶解氧充足。过量使用会对水生生物产生不良影响。水环境中Fe^{2+}>1.4 mg/L时抑制浮游

植物生长;且高浓度铁易在鱼鳃上沉淀,妨碍呼吸。

6. 硫酸铜　Cu对水生物及人的潜在危害已在前面讨论。

7. 汞制剂　主要有硝酸亚汞、氯化亚汞、醋酸亚汞及含汞农药,其危害已经在前面讲过,对食用鱼应禁用。

8. 吖啶黄　本品曾用于抗菌、抗病毒、治水霉病和小瓜虫病。在应用时易因光化作用,产生对鱼有较大毒性的物质,故应慎用;同时近来发现其有致畸性,所以对食用鱼也应禁用。

9. 孔雀石绿　曾广泛用于防治鱼受伤后的霉菌病及小瓜虫病等。本品为一种有机合成的染料,为绿色有闪光的结晶,弱碱性。孔雀石绿会引起水产动物消化道、鳃及皮肤轻度发炎,妨碍肠道的胰蛋白酶、淀粉酶等的作用,引起带卵黄囊的鱼苗发生畸形,并有致癌作用。因此对食用鱼应严格禁用。

10. 有机磷类杀虫剂　用于水产的代表品种有敌百虫、敌敌畏、乙酸甲胺磷、二溴磷等。有机磷类农药通常是胆碱酯酶抑制剂,使胆碱酯酶活性受到抑制,失去水解乙酰胆碱的能力,从而使甲壳类、蠕虫等的神经失常而中毒死亡。有机磷中的很多种类(如敌百虫、敌敌畏等)对虾、蟹、章鱼、腹足类、蚌、鳜、虹鳟、白鲳、加州鲈鱼、黄鳝等敏感,不能使用或按说明书慎用。

多数有机磷农药不稳定,易分解,残留期短,在体内不易蓄积,一般来说造成慢性中毒情况不多见。国外有研究者认为,敌敌畏和敌百虫有致突变作用。同时,有机磷的某些品种有免疫抑制作用。但是,目前敌百虫在我国属于常用鱼药。

11. 拟除虫菊酯类杀虫剂　用于水产的代表品种有醚菊酯、溴(氯)氰菊酯。拟除虫菊酯类农药属于神经毒剂,其抗虫谱比有机磷要大,对某些纤毛虫(如小瓜虫、斜管虫、车轮虫等)也有一定的杀灭作用。拟除虫菊酯类农药为轴突毒剂而对突触无作用,不仅对周围神经系统有作用而且对中枢神经系统,甚至对感觉器官也有作用,其中对感觉器官的输入神经的轴突特别有效。这类药在低温下药效增强,高温极易分解。

这类药物对水产动物的安全范围较窄,而且受水体 pH 值的影响很大，在中性或弱酸性条件下药效强。在北方地区应用时要注意调节水体 pH 值后再用。应用时可选晴天中 pH 值低的上午 9 点左右用较好。

拟除虫菊酯类对哺乳纲与鸟纲动物毒性很低，因为温血动物体温高，肝脏内酶对拟除虫菊酸类农药降解速度很快。所以蓄积性毒性的可能性不大。这类药物对人有以下两点潜在的危害：①某些个体存在变态反应；②其制剂中的增效剂对哺乳动物具有潜在毒性。

12. 氨基甲酸酯类杀虫剂　本类药物用于水产养殖相对较少，其杀虫原理一般认为与有机磷杀虫剂相似，抑制胆碱酯酶活性。

13. 鱼藤酮(又叫鱼藤精)　本品用于清塘和灭野。作用机理是通过干扰呼吸链而发挥作用，所以其选择性很低。在应用时应注意人和其他动物的安全。引起中毒多因误服而发生。本品在日光照射或高温，冷冻或与空气接触常可分解并失去毒力。干燥情况下较稳定，遇碱则分解失效。有研究表明，给大鼠注射鱼藤酮会致乳腺癌。在正常使用中不会对人类产生很大危害。

第五节　养殖用水的处理

由于城市污水、工业废水、养殖污水未经处理任意排放，加以农药、化肥的大量使用，使地表水和地面水受到不同程度的污染，水体污染对全球的动、植物乃至人类的危害以及对生态环境的破坏已引起全世界各国人民的忧虑和关注。保护环境已成为 21 世纪可持续发展战略的首要问题。

水体污染首当其冲是对水生生物的生长和生存带来严重影响，比如养殖水域的富营养化对鱼类的生长乃至生存危害极大。但养殖后的废水，有机物含量高，其本身也是引起水域的二次污染的主要原

因之一。比如在湖泊中过度发展网箱养鱼，其有机物的污染超过了水域的自净能力，致使湖泊富营养化。而采用小水体、高密度的饲养方式（如池塘养鱼、工业化养鱼等），其废水中的有机物含量更高，但目前绝大部分都未经处理直接排放，造成二次污染。可见，水产养殖首先是被污染，但也是二次污染的重要污染源。因此，养殖用水和养殖后的废水必须处理，这是21世纪水产养殖发展的必由之路。

一、养殖用水和废水的处理方法

养殖用水和废水处理的目的就是用各种方法将污水中含有的污染物质分离出来，或将其转化为无害物质，从而使水质保持洁净。根据所采取的科学原理和方法，可分为物理法、化学法和生物法。其主要内容见表5-5。

表5-5 养殖用水、废水处理常用方法分类与比较

（鱼类增养殖学）

方法类型	处理方法	处理目的	优缺点
物理法	栅栏、筛网	去除野杂鱼类、敌害生物、大粒径悬浮物、漂浮物	优点：工艺简单，费用低廉 缺点：一般属水质预处理和初级处理
	沉淀、气浮、过滤	去除小粒径块状物、粒状悬浮物及胶体物质	
化学法	中和法	调整 pH 值，属预处理	优点：站地面积小，处理时间短。处理后的水质好 缺点：费用较大
	混凝法	去除、胶体物质及色度	
	氧化法	去除溶解性物质、杀藻、杀菌、脱色	

续表 5-5

方法类型	处理方法	处理目的	优缺点
生物法	好氧生物处理	去除溶解性污染物，BOD_5去除率达85%～95%	优点：利用微生物使溶解有机物其转化为无害的物质，并可大大降低其浓度。且耐冲击，负荷有机物的能力较强
	生物膜法		
	活性污泥法		
	厌氧生物处理	可处理高度污染的废水和带有某些重金属毒物的废水	
	消化池法		缺点：站地面积较大，微生物、藻类（海藻）、水生维管束植物均需培养，处理时间长，并需处理老化物质
	化粪池法		
	水生生物处理	脱氮、脱磷、脱碳	
	藻类（海藻）法		
	水草法		
	氧化塘法		

二、养殖用水的物理处理

在养殖用水和废水中往往含有较多的悬浮物（如粪便、残饵等）或其他水生生物（如鱼、虾、浮游动物、水草等），为了净化或保护后续水处理设施的正常运转，降低其他设施的处理负荷，都要将这些悬浮或浮游有机物尽可能用简单的物理方法除去。物理方法主要是利用物理作用，其处理过程中不改变污染物的化学性质。处理方法包括：栅栏、筛网、沉淀、气浮、过滤等。

（一）栅栏

通常用在养鱼水源进水口，目的是为了防止水中个体较大的鱼、虾类、漂浮物和悬浮物进入进水口。否则，容易使水泵、管道堵塞或将敌

害生物带入养鱼水体。

栅栏通常是用竹箔、网片组成，也有用金属结构的网格组成。

(二)筛网

筛网材料通常为尼龙筛绢。筛网可去除浮游动物(小虾、枝角类、桡足类等和尺寸较小的有机物(如粪便、残饵及悬浮物等)。

生产上，作为幼体孵化用水，往往在水源进水口，在栅栏的内侧再安置筛网，以防小型浮游动物进入孵化容器中残害幼体。为便于清除，往往将部分筛网做成漏斗形口袋状。

在工业化养鱼的水处理设施上，养殖废水的循环使用，第一步就是用筛网将粪便、残饵、悬浮物等有机物清除。为有利于清除，往往将筛网设计成转鼓式、旋转式、转盘式。由于筛绢网在不停地旋转，筛绢主要起拦集有机物的作用，筛绢孔隙不易变形，也不易损坏，而且也有利于筛绢的清洗和脏物的收集。

(三)沉淀

1.沉淀类型　沉淀是借助水中悬浮固体本身重力，使其与水分离。按沉淀物质的性质和浓度主要分为两种类型。

(1)自由沉淀　水中悬浮固体物质的浓度不高，颗粒无凝聚性，在沉淀过程中颗粒间不相互黏合，形状和尺寸均不变，其沉降速度也不变，这种沉淀称自由沉淀。

(2)絮凝沉淀　水中悬浮固体虽浓度不高，但固体颗粒有凝聚性能，在沉淀过程中颗粒能互相黏合，成为较大的絮凝体，且沉降速度在沉淀过程中逐渐增大，称为絮凝沉淀。

2.沉淀池结构

(1)平流式　沉淀池为一长方形水池，砖混结构，其结构简单，造价低，适用于水量和温度变化大的养殖用水(图 5-2(1))。

(2)辐流式　沉淀池为一漏斗形圆形池，池中间进水，由不同高度的进水孔进水。其排污管在沉淀池漏斗最深处(图 5-2(2))。

(3)竖流式　形状同辐流式,但池水由池的中底部进入(图 5-2(3))。

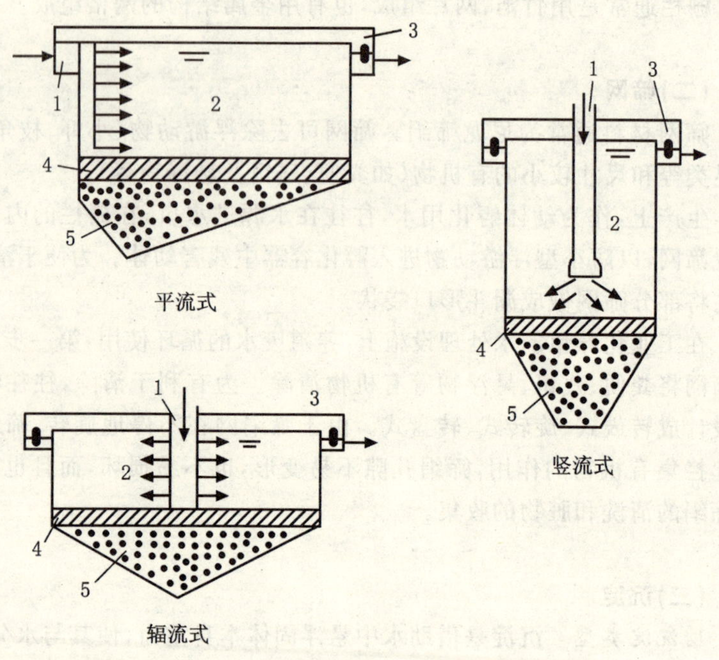

1. 进水区　2. 沉淀区　3. 出水区　4. 缓冲区　5. 污泥区

图 5-2　各类沉淀池

3. 沉淀池无论采用何种形式,其各部分的功能要求如下

(1)进水区　水流要均匀分布,在整个进水截面上要尽量减少搅动。

(2)沉淀区　水中可沉降的固体在此区与水分离。

(3)出水区　与沉淀区的距离要远,以收集澄清水排出池外。

(4)缓冲区　将沉淀区与污泥区分开,防止已沉淀污泥受到搅动而再度浮起。

(5)污泥区　贮存沉淀污泥,要求体积相对较小,以便集污浓缩后排出。

在养殖上应用得较多的是沉淀池上加盖，以便使水中浮游藻类在黑暗中沉淀下来，这种方法称暗沉淀。通常需静止沉淀 48 h 后，方能澄清。

（四）气浮（浮选）

沉淀法只能分离颗粒较大、自由沉降较快的固体污染物，对于颗粒较小、密度较轻（密度接近 1）的固体则往往不能奏效。此时可借助气浮法。气浮法是靠通入空气，以微小气泡作为载体，使水中的悬浮物微粒黏附于气泡上，借助气泡的浮力带动上浮，从而使杂物与水分离。气浮法的布气方式有：射流布气、扩散板布气、叶轮布气、加压溶气（即加压下强制空气溶解于水中，然后突然减压，便产生众多微小气泡）等方法。

1. 气浮法的优点

（1）气浮设备的运行能力比沉淀池高，一般只需 15～20 min，即可完成固液分离，其占地面小，效率高。

（2）采用气浮法可以消除污泥膨胀问题，这对后续水处理装置——过滤曝气池的正常运转十分有利。

（3）气浮时向水中曝气，增加了水中的溶解氧，同时又去除了水中的表面活性物质及臭味，为后处理，特别是好氧性微生物的处理创造了良好条件。

（4）对低温、低浊、含有藻类较多的水源，采用气浮法比沉淀法可取得更好的净化效果。

2. 气浮法的缺点

（1）设备的电耗较大，每吨水需耗电 0.02°～0.04°。

（2）设备维修管理工作量增加，特别是释放器或减压阀容易被堵塞。

（3）气水分离出的浮渣怕大风、大雨袭击，因此气浮设施必须安置在室内。

（4）气浮法只适用于去除水中疏水性固体物质（即与水的润湿度较

小，如油珠等），而对亲水性固体微粒则需要加投浮选剂、混凝剂。

（五）过滤

过滤是养殖用水和废水处理中比较经济有效的方法之一。它既可以作为养殖用水的预处理，也可作为养殖用水的最终处理，如工厂化育苗循环用水的处理等。

过滤是使水通过具有孔隙的粒状滤层（如石英砂等），使微量残留的悬浮物（如胶体絮状物、藻类、细菌等）被截留，从而使水获得澄清。

1. 影响过滤水质的主要因子　水产养殖对过滤水的要求是：水量大、滤速快、出水量大，水质符合养殖标准。因此，养殖用水的过滤池都是快滤池类型。影响过滤水质的主要因子有穿透深度、滤速、滤料种类、粒径与级配、滤层厚度、孔隙率、垫层等，此外，上述因子还与水源或废水本身的污染程度有关。

（1）穿透深度　当养鱼用水穿过滤层，自表层向下层过滤，至某一深度，其水质已符合要求，该深度即为穿透深度。滤速越大，穿透深度越大，滤层中杂质分布越均匀，下层滤料发挥的作用也越大。

（2）滤速　单位时间内单位滤面上的过滤水量称为滤速[$m^3/(m^2 \cdot h)$]。对于养殖用水，过滤池的一般滤速以 5～12 $m^3/(m^2 \cdot h)$为宜。

（3）滤料种类、粒径与级配　滤料是完成过滤作用的基本介质。良好的滤料应满足以下要求：

①具有足够的化学稳定性　滤料不能溶于水，与水中的污染物质不起化学反应，不产生有害或有毒的新污染物。

②具有足够的机械强度　机械强度不够的滤料会在过滤池反冲洗时，因滤料颗粒不断碰撞和摩擦而生成粉末（如活性炭等），随水流失，造成滤料损耗。而在过滤时又会聚积于滤料表层，堵塞滤料孔隙，增加水头损失。而且滤速过大，也容易穿透滤层，恶化出水水质。

③滤料要有适当的级配和足够的孔隙率　所谓级配就是各类滤料

的粒径范围以及在此范围内各种粒径数量的比例(表 5-6)。

表 5-6 育苗用水滤池的滤料种类、粒径及比例模式

滤料种类	孔隙率	粒径(mm)	级配	滤层厚度
石英砂	0.42	2～3	1.0	15
煤渣	0.5	8～12	1.67	25
煤渣	0.6	20～30	1.67	25
砾石	0.6	40～50	1.0	15

所谓孔隙率是指滤料孔隙体积与整个滤层体积(包括孔隙体积与滤料体积)的比值。孔隙体积就是滤层的蓄水能力。滤料粒径越大、颗粒越均匀,其孔隙率越大。在一定范围内,孔隙率大,水头损失小,其滤层的含污能力大。

表 5-6 中如果石英砂改为粒径为 0.5～1 mm 的黄沙,那么其过滤速度变慢,出水水质较好。但水头损失大,水的穿透深度小,下层滤料就不容易发挥作用,而且黄沙滤料的孔隙容易堵塞,滤池的工作周期短。

表 5-6 中如果表层不用石英砂,全部改为煤渣,那么其滤速加快,水头损失少,出水量大,水的穿透深度深,下层滤料发挥作用也大,滤池工作周期长。但出水水质较差。

表 5-6 中如果将四种滤料混合在一起,不同大小的颗粒就互相填充,类似"三合土",滤料的隙率就大大减小,就不成为其滤层。因此滤料必须分层,必须有适当的级配和孔隙率。

④滤料层必须保持一定的厚度　滤料层的厚度与滤料的种类有关。粒径较大的滤料,孔隙率大,其滤料层需厚一些。相反,粒径较小的滤料,孔隙率小,则滤料层可薄一些,但通常最低不能少于0.5～0.6 m。

2. 滤料层的结构

(1)滤料层要求　正确的滤料层结构应满足以下要求:

①含污能力大　在保证出水水质达到养殖用水标准的前提下,当

过滤周期结束后，单位体积的滤料所截留的污染物数量高。

②滤速快　水头损失少，产水能力高。

③有一定重力　在滤池反冲、清洗滤料时可防止滤料浮起。

(2)级配安排　各类滤料的级配安排通常分为上细下粗和上粗下细两种，各有利弊。

①上细下粗　这种结构，滤层稳定，在反冲清洗时滤层不会打乱。滤料的孔隙上小下大，污染物多被截留于表层。但其穿透深度浅，底层滤料的过滤作用难以发挥，整个滤池的含污能力低，水头损失大，过滤周期较短。

②上粗下细　这种结构，滤料的孔隙上大下小，其穿透深度深，整个滤池含污能力高。但反冲清洗时，底层粒径小的滤料容易漏到承托板下，使滤料层变薄，也容易将粒径小的滤料冲至表层。

因此，在生产上往往首先保持滤层稳定，用不同的水流流向来提高其穿透深度。比如，同样是上细下粗的级配，可通过先反滤、后正滤的方法，并通过增加滤池面积和个数来弥补。过滤池的总面积(F)可根据养殖用水需要的流量(Q)和滤速(V)确定。其计算公式为：

$$F=Q/V$$

然后根据滤池面积决定滤池个数。通常滤池个数与滤池总面积之间的关系见表 5-7。

表 5-7　滤池个数与滤池总面积之间的关系

滤池总面积(m^2)	滤池个数	滤池总面积(m^2)	滤池个数
<30	2	200	6～8
30～100	3～4	≥300	≥10
150	5～6		

三、养殖用水的化学处理

养殖用水的化学处理是利用化学作用，以除去水中的污染物。通

常加化学药剂，促使污染物混凝、沉淀、氧化还原和络合。养殖用水的化学处理主要有以下几种：

(一)重金属的去除

养殖用水中不能含有超量的重金属存在(重金属允许含量见渔业水质标准)，否则轻则引起养殖对象畸形，重则危及其生存。

养殖生产上去除水中重金属采用 EDTA 钠盐(EDTA-Na_2)，其作用原理是 EDTA 与钠离子螯合的稳定常数很低(表 5-8)，一旦与水中其他金属离子，如汞、铅、锌、铜等相遇，钠离子位置立刻会被其他重金属离子所取代而形成新的稳定的螯合物(如 EDTA 铜盐等)，从而大大降低了水体内的重金属离子浓度和对幼体的毒害作用。通常根据水源中重金属离子的多少，施用 2～10 mg/L 的 EDTA-Na_2。

表 5-8 EDTA 对各类重金属离子螯合的稳定常数

金属离子	汞 (Hg)	铜 (Cu)	镍 (Ni)	铅 (Pb)	镉 (Cd)	钙 (Ca)	镁 (Mg)	钠 (Na)
EDTA 对各类金属的稳定常数	21.8	18.8	18.6	18.2	16.5	10.6	8.7	1.7

(二)硬水的软化

硬水对养鱼生产并无害处，但在温室育苗中，硬水中含有大量钙、镁离子，它们加热后则形成钙盐和镁盐沉淀，在锅炉内形成锅垢，轻则降低锅炉的导热性，重则因受热不匀导致锅炉爆炸。在加热管道中，它们也会沉积下来，堵塞管道。

在沿海，硬水大多是碳酸盐型(苏打型)的水，它含有大量的 HCO_3^-，加热后，则形成碳酸盐沉淀。在内陆，硬水有不少属于硫酸盐型(石膏型)的水，含有大量的 SO_4^{2-}，它们加热后生成硫酸盐沉淀。

水的软化方法有石灰苏打法和阳离子交替法。养殖生产上通常采用石灰苏打法。即在硬水中加入熟石灰[$Ca(OH)_2$]和苏打(Na_2CO_3)。

必须强调指出，熟石灰不能加过量，过量的 $Ca(OH)_2$ 反而会使水变得更硬。因此，上述方法应事先测定水中的硬度，根据水的硬度，确定熟石灰合适的投加量。硬水加入熟石灰和苏打液搅拌沉淀，上清液则为软水，过滤后即可用于锅炉用水。

(三)氧化还原法

水中的无机物和溶解有机物可通过氧化还原反应转化为无害物质或转化为易于从水中分离的气体或固体，从而达到处理要求。

在养殖生产上最常用的是空气氧化法。该方法对消除因缺氧而产生的还原态的有毒或有害物质简单有效。比如池塘淤泥中的有机物在缺氧环境下(在微生物的作用下)产生大量 H_2S、NH_3 等有毒物质，采用水质改良机械(翻动淤泥或将其吸出暴露在空气中)或干池曝晒，使 H_2S 氧化成 SO_4^{2-}，NH_3 氧化为 NO_2^- 并进一步氧化为 NO_3^-。它们不仅无毒，而且是植物良好的营养。

又如含铁量较高地下水先用增氧机曝氧、增氧，利用空气中的氧气，一方面向水中增氧以供养殖用水本身需要，另一方面，使水中 Fe^{2+} 氧化为 Fe^{3+}，同时 Fe^{3+} 与水中的 OH^- 形成呈絮状沉淀的 $Fe(OH)_3$，而加以除去。

(四)混凝法

水中的悬浮物质大多可通过自然沉淀法去除，而胶体颗粒(大小为 0.001～0.1 μm)则不能依靠自然沉淀法去除，在这种情况下可投加无机或有机混凝剂，促使胶体凝聚成大颗粒而自然沉淀。使用混凝技术，其 BOD_5 的去除率可达 30%～60%，悬浮物和浊度的去除率可提高 30%～95%。

常用混凝剂主要有：铝盐、铁盐、聚丙烯酰胺(PAM)。

1. 铝盐　如明矾[$Al_2(SO_4)_3K_2SO_4 \cdot 24H_2O$]、硫酸铝[$Al_2(SO_4)_3 \cdot 18H_2O$]等，属无机混凝剂。应用的适温范围为 20～40℃，pH=4～8，pH=4～7 时去除有机物效率高，而当 pH=5～7.8 时清除

悬浮物较好。上述两类混凝剂的优点是：凝聚作用快，腐蚀性小，使用方便，卫生条件好。其缺点是：混凝剂呈酸性往往需加碱性助凝剂，其作用温度要求在20～40℃，低温环境效果差，而且除色效果也差。

为克服上述缺点，目前生产上推广一种无机高分子混凝剂，工业上称碱式氯化铝(BAC)，化学上称聚三氯化铝(PAC)，俗称聚合铝或碱式铝。其优点是：用量少，仅为硫酸铝用量的1/4～1/2；反应迅速，水温低时也能很好反应；絮体沉淀快，容易过滤；其pH值的适宜范围为5～9，最佳pH值为6～6.8；加药后，pH值降低值小，一般不必加碱性助凝剂，可以单独使用；其腐蚀性小，具除浊度、除色度、除重金属、除藻类、除细菌、除病毒等功能。因此，PAC已成为前主要的无机混凝剂。

2.铁盐　主要有三氯化铁($FeCl_3 \cdot 6H_2O$)和硫酸亚铁($FeSO_4 \cdot 6H_2O$)等。其中以三氯化铁最为常用。其纯度高，渣量少，易溶解，产生的絮凝体大，沉降快，脱色效果好，而且不受水温影响，pH＝6～11均可。对于pH值较高、水温较低的海水，用三氯化铁作为混凝剂效果往往比硫酸铝好。但缺点是在溶解时会产生一定量的氯化氢气体，会刺激人的鼻黏膜(溶解时人应戴口罩)，高浓度情况下对金属有一定的腐蚀性(溶解的容器应为塑料桶)。

3.聚丙烯酰胺(PAM)　属有机合成高分子混凝剂。目前市售的产品分阳离子型和阴离子型两种。对于含泥量较多的养殖用水，pH值在7以上，土壤黏粒带负电荷，则应采用阳离子型的PAM。使用时，将该混凝剂溶于水中，全池泼洒。PAM对于高浊度水、低浊度水、废水、污泥蜕水均有明显效果，但价格较贵。必须强调指出，聚丙烯酰胺是由丙烯酰胺聚合而成，其中还有少量未聚合的单体，这种单体是有毒的。因此其投加量必须适当限制。如作饮用水，PAM最大投加量为1 mg/L。

(五)消毒法

消毒，主要是杀灭对养殖对象和人体有害的微生物，降低有机物的数量，脱氮、脱色和脱臭。水体消毒的方法较多，常用的方法有：

1. 氯化物消毒　氯化物消毒剂有漂白粉、漂粉精、二氯异氰尿酸钠、二氯异氰尿酸、三氯异氰尿酸、二氧化氯等。氯化物消毒的原理是：氯化物消毒剂水解均产生次氯酸（HClO），次氯酸放出原子态氧，其氧化能力比氯高 10 倍。pH 值稍低些有利于消毒作用。

氯化物的氧化能力可用有效氯来表示。作为消毒剂和水质净化剂的各类氯化物的有效氯含量见表 5-9。

表 5-9　各类氯化物的有效氯含量及使用方法

种类	漂白粉（氯石灰）	漂粉精（次氯酸钙）	二氯异氰尿酸钠（优氯净）	二氯异氰尿酸（防消散）	三氯异氰尿酸（强氯精）
分子式	$3Ca(OCl)_2 \cdot H_2O$	$3Ca(OCl)_2 \cdot 2Ca(OH)_2$	$C_3Cl_2N_3O_3Na$	$C_3Cl_2N_3O_3H$	$C_3Cl_3N_3O_3$
有效氯含量	25%～35%	60%～65%	60%～64%	＜60%	＜85%
用量（mg/L）	消毒：1～3 净化：10～20	为漂白粉的 1/2	为漂白粉的 1/2	为漂白粉的 1/2	为漂白粉的 1/3
特点	稳定性差易潮解	稳定性好，易溶于水，遇光易分解	易溶于水，性能稳定，室内可保持半年	微溶于水，性能稳定，室内可保持半年	微溶于水，性能稳定，室内可保持半年
注意事项	密闭阴凉干燥贮存，即开即用。化学碱性药物	密闭阴凉干燥贮存。化学碱性药物	密闭阴凉干燥贮存。化学酸性药物	密闭阴凉干燥贮存。化学酸性药物	密闭阴凉干燥贮存。化学酸性药物

2. 二氧化氯消毒　二氧化氯是一种广谱杀菌消毒剂和水质净化剂，具高度的氧化能力，可杀灭细菌、病毒、芽孢、原生动物和藻类。生产上往往用作池塘水体、鱼体消毒，如市售的强力杀菌消毒剂等。

二氧化氯也是一种氯化物，但它与通常氯化物又有所不同，其特点是：①二氧化氯只起氧化作用，不起氯化作用；②二氧化氯不与氨作用；

③在 pH 值为 6～10 的范围内杀菌效率几乎不受 pH 值变化的影响；④消毒能力高于氯化物仅次于臭氧，但与臭氧比较，它的优点在于它仍有剩余消毒效果；⑤二氧化氯还有很强的除酚能力。

作为消毒剂其用量通常为 5～10 mg/L。使用前先将原液 10 份与柠檬酸或白醋 1 份充分混合并加盖于暗处活化 3～5 min 后，再全池泼洒。

二氧化氯作为消毒剂使用时应注意以下事项：原液应保存在通风、阴凉、避光处；盛装和稀释的容器应采用塑料、玻璃或陶瓷制品，忌用金属类；原液不得入口；不可与其他消毒剂混用；因其水溶液能被光分解，故户外消毒时不宜在阳光下进行；其杀菌效果随温度的降低而减弱。

3. 臭氧　臭氧（O_3）是 O_2 的三价同素异构体，在常温下是一种不稳定的淡蓝色气体，有特殊的刺激味，顾名思义称为臭氧。

（1）臭氧的特点　①臭氧在水中的氧化能力高于氯化物，它能破坏和分解细菌的细胞壁，并迅速扩散透入细胞杀死病原体。其灭菌速度比氯化物快 300～600 倍。②臭氧在水中分解的中间产物——羟基（OH^-）具有很强的氧化性，不仅有很强的杀菌消毒能力，而且还可以分解一般氧化剂难以破坏有机物，如可对水中污染物：氨、硫化氢、氰化物等进行降解。③臭氧的沸点为－11℃，故对氧可进行低温液化。在标准压力和温度（STP）下，其水中的溶解度比氧气大 13 倍。在蒸馏水中，水温 20℃时其半衰期为 20 min，但在有杂质的水中臭氧即迅速分解。故经臭氧处理后的水，就含有饱和的溶解氧。④臭氧在水中极易分解，故处理后，水中没有残留量，可随即使用。

（2）臭氧在养殖上的应用　由于臭氧具上述特点，它既可迅速及时地杀灭水中的病原微生物，又可以降低氨氮，增加溶氧，而且省去像用氯化物处理后要去除余氯的麻烦，可随即应用。因此在养殖上可用于工厂化育苗的循环水处理、大型水族馆的循环水消毒等。应用时应注意两个技术关键：①通常臭氧由臭氧发生器生成，生产出的臭氧必须在密封的反应室内，与水充分混合，防止臭氧因混合时间短而逸出。因为臭氧是有毒的，对人体有害。②必须确定臭氧的最佳使用量和接触时间。不同的水质，其有机物含量不同。不同的用水要求，消毒的标准也不同。比如游泳池水的消毒，臭氧的最佳用量为1～1.7 mg/L，接触时间为1～2 min；饮用水消毒杀菌，臭氧的最佳用量为1～4 mg/L，接触时间为10～12 min。各类水产养殖用水的水质不同，因此，应用时必须先进行试验，确定最佳用量和接触时间。

(3)用臭氧处理养殖用水的优缺点

优点：①臭氧氧化能力强，即使在低浓度的条件下也能在短期内迅速反应，处理后的水几乎不含颜色和臭味；②臭氧是一种高效杀菌剂，在低于氯的剂量下，对任何病菌都有强烈的杀菌能力，而且作用迅速可靠；③臭氧的氧化产物往往是无毒或生物可降解的物质，不像用氯化物消毒后，产生有一定毒性的氯氨和余氯；④臭氧氧化后，不生成污泥，可大大减少有机物的沉积；⑤处理设备占地面积小，易于控制并实现自动化。

缺点：①用臭氧发生器的电耗较大，处理成本较高；②处理后的水，没有持续灭菌的功能，易遭二次污染。

(六)脱氮

在工业化育苗和养殖过程中，水中氨氮过高是水质恶化的主要原因。在生产上往往对含氨量高的养殖废水(如工厂化养鳖温室废热水)进行脱氨后再利用。先将养殖废水排入脱氨池(水泥池)内，用生石灰(也可以用苛性碱)将废水的pH值调节至10.5以上。与此同时，运转叶轮式增氧机，通过增氧机的曝气作用，可吹脱水中大部分分子氨。通常增氧机的负荷为每千瓦100 m^2，运转时间为9～16 h。然后用盐酸(稀释后用)将水的pH值调回原值。此法废水中加入生石灰，对水也具消毒作用。

四、养殖用水的生物处理

(一)生物处理的原理

自然界存在大量以有机物为食物的微生物。它们具有将有机物氧

化分解成无机物的巨大能力。养殖用水和废水的生物处理就是利用微生物的这种能力来处理水中的有机物。因此必须为微生物在水中创造一个良好的生活环境,使微生物在这个环境中将水中有机污染物氧化分解,从而使水得以净化。

微生物的种类繁多,其中以细菌降解有机物的能力为最强。细菌又分好氧菌、厌氧菌与兼氧菌。根据不同的细菌种类,可分为好氧生物处理与厌氧生物处理两种。

1. 好氧生物处理　借助好氧菌与兼氧菌在有氧的条件下,氧化分解有机物的方法称为好氧生物处理。为此,必须为它们创造以下生活条件:①必须向水中提供充足的溶解氧,以保证好氧细菌氧化有机物的需要;②必须保证水中有足够的营养物质,才能培养出大量的有益细菌,达到降解有机物的预期效果;③在生物处理完毕后,出水时要除去细菌。由于细菌是胶体具有凝聚性能,此时絮凝成较大的絮凝体,可借助二次沉淀池加以去除。

2. 厌氧生物处理　在无溶解氧的条件下,借助厌氧菌使有机物分解的方法即称厌氧生物处理。需要强调指出的是厌氧细菌对有机物的降解并不是不需要氧气,而是不需要游离态的氧气。厌氧细菌可利用有机物中结合态的氧。

3. 两种生物处理的特点　好氧与厌氧生物处理方法,其处理的效率都较高,而运转、管理费用较低,成为水的二级处理的主要方法。但它们各有其特点:

(1)好氧生物处理　采用好氧生物进行水处理,其有机物分解快,需时短,有机物分解较彻底,分解过程中不产生有臭味物质。出水口的水质好。但它需要提供大量氧气。通常对有机物浓度低的水,如养殖用水和废水的处理均采用此法。

(2)厌氧生物处理　采用厌氧生物进行水处理,其有机物分解缓慢,需时长,有机物分解不彻底,分解过程中会产生有臭味物质,如NH_3,H_2S等。但它不需要氧气,而且可获得沼气——甲烷。通常对高浓度的污水(如制革厂污水、印染厂污水、人畜粪尿等)采用厌氧生物处理。关于生物处理法，按处理条件和处理设施不同，可区分如表5-10。

表 5-10 生物处理法

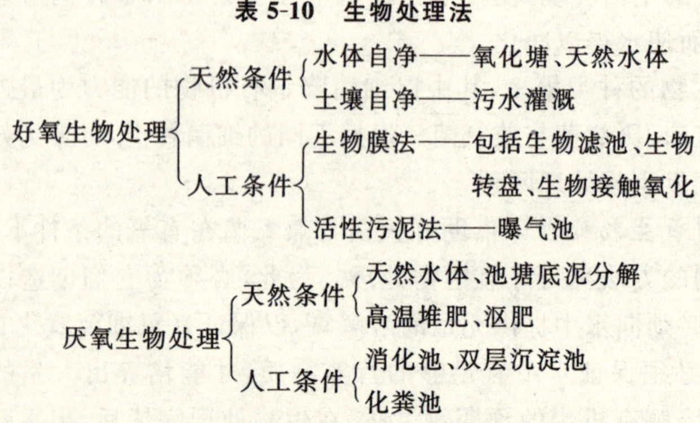

- 好氧生物处理
  - 天然条件
    - 水体自净——氧化塘、天然水体
    - 土壤自净——污水灌溉
  - 人工条件
    - 生物膜法——包括生物滤池、生物转盘、生物接触氧化
    - 活性污泥法—曝气池
- 厌氧生物处理
  - 天然条件
    - 天然水体、池塘底泥分解
    - 高温堆肥、沤肥
  - 人工条件
    - 消化池、双层沉淀池
    - 化粪池

4.影响生物学处理的几个主要因子

(1)温度 温度直接影响微生物新陈代谢的强度，因此对细菌的生长和繁殖影响很大。大多数细菌的适宜温度在 20～40℃之间，在此范围内温度如提高 10℃，微生物的生长速度会增加 1 倍。温度如超过此范围，其处理效果明显下降。

不同微生物生长繁殖的最适温度是不同的。如大多数硝化细菌最适生长温度在 25～30℃之间，低于 25℃，高于 30℃生长缓慢，10℃以下，硝化细菌生长及硝化作用显著减慢。

(2)溶氧 养殖用水和废水的处理均为好氧性生物处理，因此溶氧的高低直接影响水处理的优劣。比如硝化细菌，为了获得足够能量用于生长，必须氧化大量的 NH^{4+} 或 NO_2，它就需要大量氧气。在厌氧环境中则不会发生硝化作用。环境中溶氧浓度的大小会极大地影响硝化反应速度以及硝化细菌的生长速率。在活性污泥法的硝化系统中，大多数学者认为溶氧必须大于 12 mg/L，如水中溶氧低于 0.5 mg/L，则硝化作用停止。而与此相反，厌氧性生物处理则不需要溶解氧。为此，在处理过程中必须密封，使其与空气隔绝。

(3)pH 值 微生物生长都有一个最佳 pH 值范围。对于好氧性微

生物，其 pH 值通常要求在 6～9；而厌氧性生物处理，其 pH 值要求在 6.5～8 之间。这是因为甲烷菌生长的最适 pH 值范围较狭窄，过低或过高的 pH 值对生长均不利。比如硝化细菌，在酸性环境下，当 pH 值 <6 时，硝化作用的速度减慢；pH 值 <5 时。硝化作用接近于零。一般认为亚硝化细菌的最佳 pH 值范围为 8.0～8.4，在这一 pH 值范围内，硝化速率最大；当 pH 值超出这一范围，硝化速率将降低。

(4)营养物质　微生物生长繁殖需要各种营养物质，如碳、氮、磷、钾、硫和微量元素钙、镁、铁以及维生素等。一般养鱼废水以及生活污水中均包括上述营养物质。洁净水或去氯自来水，要培养生物膜等微生物，必须首先配制培养液，以便为微生物的生长提供足够的营养物质。

(5)有毒物质　某些有毒物质(如锌、铜、铝、铅等金属)以及酚、甲醛、氰化物、硫化物等对微生物具抑制作用或毒害作用。不同种类的微生物对有毒物质的抵抗力不一样，而有毒物质的毒性又与废水中的 pH 值、温度、溶氧浓度有关。

(二)微生物净化

目前利用某些微生物将水体或底质沉淀物中的有机物、氨氮、亚硝态氮分解吸收，转化为有益或无害物质，而达到水质(底质)环境改良、净化的目的。这种微生物净化剂具有安全、可靠和高效率的特点。目前这一类微生物种类很多，通称有益细菌(effective microbes，简称 EM 菌)。常用的有光合细菌、“海可发”(aquafine)、东江菌(玉垒菌)、蜡状芽孢杆菌(SOD 菌)、硝化细菌等。在使用这些有益菌时，应注意以下事项：①严禁将它们与抗生素或消毒剂同时使用。②为使水体中保持一定的浓度，最好在封闭式循环水体中应用。或施用后 3 天内不换水或减少其换水量。③为尽早形成生物膜，必须缩短潜伏期，故应提早使用。④液体保存的有益细菌，其本身培养液中所含氨氮较高，也应提前使用。

1. 光合细菌(PSB)　光合细菌种类较多，在分类学上包括 4 个科，即红螺菌科(Rhodospirillaleae)、着色菌科(Chromatiaceae)、绿色菌科

(Cholorobiacae)和曲绿菌科(Chloroflexaceae)。常用的为红螺菌科的细菌。光合细菌生长对溶氧是嫌性的，但必须要有光。利用光能将有机物作为氢的供体，固定CO_2或低脂类有机物作为碳源而生长发育，其生长过程不产生氧气。

光合细菌的效价(细菌含量)应为3×10^9/mL 活菌。使用时可泼洒于水体。用量视不同养殖对象而定。其中：育苗池，首次使用使全池呈 10 mg/L 的浓度，5 天后用 10 mg/L 的浓度，以后每隔 5 天使全池呈2 mg/L的浓度。养鳗池，首次使用使全池呈 15 mg/L 的浓度，3 天后用 7 mg/L 的浓度，以后每隔 7～10 天使全池呈 2 mg/L 的浓度。鱼池，首次使用使全池呈 15 mg/L 的浓度，以后每隔 15 天使全池呈 2 mg/L的浓度。

2.“海可发”(aquafine)　“海可发”是美国养殖水域广泛使用的微生物水处理制剂。是由放线菌、蜡状芽孢杆菌等众多有益细菌组成的复合菌。为浅棕黄色粉末状细颗粒，含3×10^7/g 以上的活菌。pH 值为 6.8～7.2。

经不同浓度的比较试验(王武，2000)，“海可发”用量为 1 mg/L。称重后，加入 20 倍的养殖废水(如用清水，可加入 0.5%的豆浆，作为微生物的营养液)充气 24 h(至少 12 h)，以激活微生物孢子，形成乳白色的悬浊液，然后再将该悬浊液全池泼洒。5～7 天再用同样方法强化一次。补加的剂量同前。为防菌体老化，以后每隔15 天或 1 个月再施一次，具体视水质情况而定。

3. 东江菌(玉垒菌)　东江菌是以放线菌为主体的由许多有益细菌组成的复合菌。由日本学者东江信之研制成功。具降解水底沉积的有机物、脱氨、除臭等功能，是良好的底质改良剂。该菌在我国称玉垒菌，市售为固体菌曲。

通常采用黄沙作为吸附放线菌的基质。黄沙必须过筛、冲洗或日晒消毒。先将菌曲用水浸泡，以激活其孢子。加水量以浸没菌曲为度。浸泡 6～8 h后，将其倒入过滤袋中，挤出菌液(最好采用脱水机)。将干黄沙放入挤出的菌液中，黄沙的数量以吸收完菌液为度。放置(蔽

光)24 h后，让放线菌菌丝体附着在黄沙上，然后将黄沙均匀洒布于池底。通常每80 m^2用菌曲1 kg，加水3～4 kg。剩余的菌渣再按上述操作，重复一次。

(三)水生植物种植法

水体中氮、磷转化的一个重要环节是由水生植物所吸收，在采收这些水生植物产品时从湖中移出氮、磷。如南京莫愁湖从1980年开始在湖内栽藕之后，年产鲜藕250 t左右。如以藕中的氮、磷分别占鲜重2.5%和0.4%计，每年可从湖中取出氮6 250 kg、磷1 000 kg，既美化了环境，又改善了湖水水色、透明度、悬浮物等感官性状(表5-11)。目前，各地已开始在湖泊池塘中人为地种植沉水维管束植物(例如：苦草、轮叶黑藻、菹草、金鱼藻等)；在河沟、池塘内种植水蕹菜、菱、莲藕、茭白、芡实、慈姑等水生蔬菜；在海水池塘、海湾内人为地栽培海藻(如海带、江蓠、红毛菜等)，有效地改善了养殖水体的水质。

表5-11 莫愁湖载藕前后湖水感官性状的变化

时间	透明度(m)	悬浮物
载藕前	0.25	45.0
载藕后	1.00	3.8

无公害养鱼肥料的施用：为了提高养殖的效益，过量地施用化肥，由此带来了较多的负面效应。如施氮肥，会使水中的有机氮、氨氮、甚至硝态氮和亚硝态氮增高，污染水体；在一定条件下硝态氮可转化为亚硝酸盐氮和亚硝态氮，它们可通过水生浮游生物，进入鱼体积累，人食用鱼肉后，亚硝酸盐氮与亚硝态氮可对人类造成危害；亚硝酸盐氮还能与胺类反应，生成的亚硝酸、胺类具有致癌、致畸作用，会对人类造成威胁。如施用磷肥或硫酸钾，因其生产的原料(如磷矿石、硫铁矿等)往往含有砷(如磷矿石平均值为24 mg/kg，硫铁矿高达490～1200 rog/kg)，可使养殖水体造成砷的积累，危害人类健康。此外化肥中往往带有部分挥发性与不挥发性的酚类化合物，它们可对人类的健康造成较

大的危害，如苯酚可使蛋白质发生变性和沉淀，破坏人体组织与器官功能。

肥料使施用准则：养殖水体使用肥料是补充水体营养，提高水体生产能力的重要技术手段，但施用不当（指过量），又可造成养殖水体的水质恶化并污染环境，造成天然水体的富营养化。施肥主要用于池塘养殖，针对的养殖对象主要为鲢、鳙、鲫、罗非鱼等。肥料的种类包括有机肥和无机肥。允许使用的有机肥料有：堆肥、沤肥、厩肥、绿肥、沼气肥、发酵粪等；允许使用的无机肥料有：尿素、硫酸铵、碳酸氢钠、氯化铵、重过磷酸钙、磷酸二铵、磷酸一铵、石灰、碳酸钙和一些复合无机肥料。

本节主要介绍肥料的种类、成分及其施用原则。肥料施用方法及数量可参照 SC/T 1016.5—1995《中国池塘养鱼技术规范，长江下游地区食用鱼饲养技术》要求进行。

（一）肥料的种类及成分

水体施肥所用的肥料种类很多，按其性质可分两大类，即有机肥料和无机肥料。有机肥料是指含有大量有机物的肥料，主要包括绿肥、粪肥、厩肥、生活污水等。有机肥料肥效全面（表 5-12），作用持久，但肥效较迟，且耗氧多，也易污染水质，有机肥料往往被称为“迟效肥料”。无机肥料俗称“化肥”，化肥具有肥分含量高，一般肥效较迅速，可以直接为水生植物吸收利用，分解消耗氧气，但作用时间较短，故无机肥料往往称为“速效肥料”。无机肥料按照其所含成分可分为氮肥、磷肥、钾肥和钙肥等。根据化学反应和生理反应可以分为酸性肥料、碱性肥料和中性肥料。

表 5-12　有机肥料的肥分含量

肥料种类		水分（%）	有机物（%）	氮（N，%）	磷（P_2O_5，%）	钾（K_2O，%）	钙（Ca，%）
绿肥	黄花苜蓿（鲜）	75		35.78	35.11	35.40	
	蚕豆（鲜）	81.5		35.51	35.15	35.52	

续表 5-12

肥料种类		水分(%)	有机物(%)	氮(N,%)	磷(P_2O_5,%)	钾(K_2O,%)	钙(Ca,%)
	水草(鲜)			35.71	35.06		
	稗草(鲜)	75		35.34	35.05	35.28	
	甘薯藤(干)			35.18	35.57	35.28	
粪肥	人粪尿(新鲜)	93.5	49	0.85	0.26	0.21	
	牛粪	83.3	14.5	0.32	0.21	0.16	0.34
	羊粪	65.5	31.4	0.65	0.47	0.23	0.46
	猪粪	81.5	15.0	0.56	0.45	0.44	0.09
	鸡粪	50.0	25.5	1.63	1.54	0.85	
	鸭粪	56.6	23.4	1.55	0.50	0.95	
	鹅粪	71.1	26.2	1.10	1.40	0.62	

(二)有机肥的施用

有机肥料既可作基肥,也可作追肥。固有机肥施用后,需经微生物分解、矿化转为简单有机物和无机盐才发生肥效,即肥效较迟。

有机肥料施用后分解矿化需消耗水中大量溶氧,因此,有机肥料最宜先经发酵腐熟处理,然后施用。施用原则是“勤施、少施”,同时根据天气、水质、鱼的活动情况灵活掌握,以防引起水体缺氧。

对于新开挖的鱼池、水质清瘦或池底淤泥少的池塘,宜多用有机肥料,尤其是绿肥和粪肥,且施用量可适当大一些。一般池塘仅在冬春季作为基肥施用,而在鱼类主要生长季节,为防止水体缺氧气,往往只施无机肥料,而不施耗氧量大的有机肥料。

(三)无机肥料的施用

1.氮肥 水体中有效氮的浓度以保持在 0.3 mg/L 以上对藻类繁殖有利,而低于此值则需施肥。施肥的方法采用少量多次的原则。生产上常根据透明度和水色来掌握施肥量,一般维持透明度在 30 cm 左右，水色较浓呈黄绿色或褐绿色说明施肥量适当。但是在选用氮肥时必须注意肥料的酸碱反应和残留的副成分。

2.磷肥　水体中有效磷的浓度维持在0.03～0.05 mg/L或以上对繁殖浮游植物有利。不同磷肥其溶解特性不同，施肥方法也不相同。一些弱酸性和难溶性磷肥，一般宜作池塘的基肥；过磷酸钙等可溶性磷肥，肥效较快，可用作追肥。但由于磷很易受到化学固定和吸附固定而沉积池底，因此，磷肥的施用必须做到勤施、少施。施肥时间要选择晴天上午至中午，利用"磷饥饿"的浮游植物具有奢吸贮磷的特点，提高磷的利用率。在施肥后当天，不能搅动池水，减少磷的吸附。水体浑浊度大，或pH值高时不易施用磷肥。

（四）有机肥料与无机肥料配合使用

有机肥料和无机肥料各有其优缺点（表5-13）。如单一使用，均可带来不同程度的副作用，达不到合理施肥的要求，因此，要求有机肥料和无机肥料配合使用。

表5-13　有机肥料和无机肥料比较表

项目	有机肥料	无机肥料
肥料养分	含多种营养元素，肥分全面，但每种营养元素含量相对较低	营养元素单一，只含1～2种营养元素，但相对含量高
肥效速度	迟效	大多为速效，一部分磷肥为迟效
对水质的作用	耗氧量大，易引起池水缺氧	耗氧小，增殖藻类快，池水溶氧高
对底质的作用	对新开挖的池塘、瘦水池改良底质具有明显作用	除钙肥外，对改良底质效果不明显
培育饵料生物效果	培育细菌、浮游动物、底栖生物效果好，部分可作为鱼类饵料	培育浮游植物效果好，不能直接作为鱼类饵料

续表 5-13

项目	有机肥料	无机肥料
毒性	一般无毒性	铵(氮)态氮肥、生石灰等对鱼类有一定毒性,特别是在水温高、pH 值高时
使用方法	基肥、追肥均宜,但以基肥为佳	一般宜作追肥
对各类池塘的施肥效果	对各类池塘的施肥效果均好	对肥水池施肥效果好,对瘦水池效果往往不佳
来源	来源广,可就地取材	靠购买商品肥
施肥操作	施肥量大,操作麻烦	施肥量小,操作方便

池塘合理施肥即要求保持水中营养盐类平衡。据测定,浮游植物对水中常见营养元素组成的比例是:碳∶氮∶磷=4.1∶7.2∶1。而水体中有效氮和有效磷的具体含量与养殖模式、投饵施肥的类型有关。因此,应根据池塘中各种营养元素的含量合理搭配肥料的配比。

有机肥料入池后分解需要消耗池水中大量的溶氧,但其肥效长,因此宜在早春或晚秋水温低时用作基肥或追肥。此时生物的新陈代谢较低,有机物分解缓慢,其耗氧量较少,且保持池水肥力持久。在鱼类主要生长季节,由于大量投饵,池水有机物含量较多,耗氧量大,而此时池水一般不缺氮,而主要缺磷,所以此时应施无机磷肥。

(五)肥料的配伍

池塘施用的肥料种类很多,其性质、肥力各异,同一种肥料,亦由于来源不同,贮藏方法不同,会有一定的差别。因此,在使用肥料前,要根据它们的性质决定是否可以混合(图 5-3)。可以混合是指两种以上的肥料混合后,不但养分没有损失,而且还能改善物理性状,加速养分转化,防止养分损失或减少对植物的副作用,从而提高了肥效。可以混合使用但不易久存,是指有些肥料混合后,若立即施用,尚无不良影响。但混合后长期放置,会引起有效成分的减少或物理性状的变坏,增加施肥困难等。不可混合是指有些肥料混合后会引起养分损失。

	硫酸铵、氯化铵	碳酸氢铵、氨水	尿素	硝酸铵	石灰氮	过磷酸钙	钙镁磷肥	磷矿粉肥	硫酸钾、氯化铵	窑灰钾肥	人粪尿	石灰、草木灰	堆肥、厩肥
硫酸铵，氯化铵													
碳酸氢铵，氨水	△												
尿素	○	○											
硝酸铵	○	○	○										
石灰氮	×	×	△	×									
过磷酸钙	○	○	○	○	×								
钙镁磷肥	×	×	△	×	○	△							
磷矿粉肥	○	×	○	○	○	△	○						
硫酸钾、氯化铵	○	○	○	○	△	○	○	○					
窑灰钾肥	×	×	×	×	○	×	○	○	△				
人粪尿	△	△	○	△	×	○	×	○	○	×			
石灰、草木灰	×	×	×	×	○	×	×	×	○	○	×		
堆肥、厩肥	△	×	△	×	○	○	○	○	○	○	○	×	

△ 表示混合后要立即施用，不宜久存

○ 表示可以混合施用

× 表示不能混合施用

图 5-3 各种肥料混合施用情况

提示问答

1. 您知道下面这些名词吗?

补偿深度、透明度、碱度、硬度、化学耗氧量、生化耗氧量、总需氧量、酸碱度。

2. 如何看水色鉴别水质？什么样的水色较好？

3. 水体的运动和鱼类养殖有什么关系？您的池水运动吗？

4. 溶解氧的来源有哪几方面？

5. 溶解氧的消耗有哪几方面？

6. 增加池塘溶氧条件应采取哪些措施？

7. 降低池塘有机物耗氧应采取哪些措施？

8. 水体中溶解氧有哪些变化？

9. CO_2对水生生物和鱼类有哪些影响？

10. 水体中 NH_3有哪些变化？

11. NH_3对鱼类养殖有哪些影响？

12. 硫化氢对鱼类有哪些毒害作用，如何防止？

13. 简述氮化合物在水中流向和变化情况。

14. 磷对鱼类养殖有哪些影响？

15. 溶解有机物对鱼类养殖有哪些影响？

16. 酸碱度对鱼类养殖有哪些影响？

17. 湖泊、水库、池塘有哪些生物特点？

18. 池塘底质对鱼类养殖有哪些影响？

19. 如何改良池塘底质？

20. 污染物有哪些来源与危害？

21. 汞、镉、铅、铬、铜、砷等重金属对水生动物和人类有哪些危害？

22. 我国渔业水质标准对汞、镉、铅、铬、铜、砷等重金属有何要求？

23. 农药污染对水生动物和人类有哪些危害？

24. 开放式养殖水体常见有害污染物对食用者有哪些潜在危害？

25. 封闭式养殖水体常见有害污染物对食用者有哪些潜在危害？

26. 养殖用水的物理处理方法有哪些？如何处理？

27. 养殖用水的化学处理方法有哪些？如何处理？

28. 养殖用水的生物处理方法有哪些？如何处理？

29. 有机肥有何特点，如何合理的施用？

30. 无机肥有何特点，如何合理的施用？

第六章

无公害饲料的选择与配制

阅读指南 水产养殖过程中成本最高的不是苗种、场地、病害而是饲料，一般饲料占养殖成本的70%～80%。因此，降低养殖成本最大的空间就是饲料，同时饲料也是养殖成败的关键。只有合理选择饲料才能保证养殖成功。鱼类的摄食、消化有何特点？鱼类对营养有哪些需求？无公害饲料原料如何选择？如何配制？如何保证饲料高效利用，减少副作用？本章将重点讨论这些问题。

饲料是一切养殖业的物质基础。水产养殖用饲料是影响水产养殖成败的三大要素（苗种、饲料、病害）之一。从水产养殖粗放性放养到高密度、集约化精养的转变，饲料的使用频率与数量也越来越大，它对水环境所造成的直接干扰与污染也越来越不可低估：①饲料可对环境造成直接的干扰与污染，这种污染除了吃剩的饲料与养殖动物的排泄物外，还有饲料的养分与颗粒进入水底所造成的污染。②以杂鱼作饲料或配合饲料中大量鱼粉的应用，导致养殖水体磷含量过高；饲料中蛋白质的含量过高，会造成水体氮的污染，这些都会引起养殖水体的富营养化。③饲料中抗生素不合理的添加，不仅导致了水产品中的药物的残留，使病原微生物产生耐药性，而且还破坏了动物机体内的微生态平衡，甚至会损害水产动物的实质器官及其功能。因此，无公害水产品的生产离不开无公害饲料的正确合理的使用。

第一节　无公害水产饲料概述

一、无公害水产饲料的内在含义

所谓无公害饲料，应是由无公害产品概念延伸而得。就广义而言，无公害水产饲料包括三层意思：一是对水产养殖品种无毒害作用；二是在水产品中无残留，对人类健康无危害作用；三是养殖品种排泄物对水环境无污染作用。同时符合这3个条件的，才是广义上的无公害水产饲料。据此，无公害水产饲料的定义，是指饲料中含有的物质、种类和数量控制在安全允许范围内，不危害水产养殖品种、不构成对水环境的污染，进而不影响人体健康的饲料。就狭义而言，凡是对水产养殖品种无毒害作用的饲料就是无公害水产饲料。

二、无公害水产饲料的重要性

饲料是水产养殖最重要的生产资料，它不仅直接关系到水产品的质量与安全，而且还直接关系到水产养殖过程对水环境的影响。如果饲料产品中存在不安全因素，譬如含有毒副作用和违禁物质，必然影响养殖品种正常、健康生长，其残留转移、积蓄，不仅污染环境，不利于渔业环境的可持续发展，而且也会影响到人类健康。饲料无公害也即饲

料安全，其重要性主要体现在以下几个方面。

（一）饲料安全关系到水产品的质量与安全

从水产品的生产过程来看，水产品的质量和安全，受到饲料的组成、养殖品种的健康、水环境、产品的加工和运输方式等诸多因素的影响。因此，对水产品质量与安全性的控制，必须实施“从养殖场到餐桌”的全程监控，即针对水产品生产过程当中的养殖、加工、运输和储存（上市）的每个生产环节，均实行相应的质量保证，来确保其生产过程的安全性，从而最终满足消费者获得安全水产品的需求。但由于养殖是第一环节，而饲料是这第一环节中的主要源头，因此，在饲料生产上的安全控制措施，无疑是产出安全水产品的关键环节。

（二）饲料安全关系到人体的健康

如饲料中添加的促生长剂喹乙醇，一方面引起鱼体发红，甚至死亡，同时其残留对人体造成不良反应；激素类添加剂的使用，其在水产品中的残留会引起青少年肥胖和性早熟，严重危害人体健康。

（三）饲料安全关系到水产养殖过程对环境的污染

饲料添加剂及各种药物被养殖品种摄食后，一些性质稳定的药物或超量添加后残留的物质被排泄到水环境中，构成对水环境的破坏作用，如砷制剂、高铜添加剂的使用对水体的污染等。另外，消化吸收率低的饲料中70％以上的氮和磷随粪尿排到水体中，造成对水环境的污染。

（四）饲料安全关系到水产品的出口

使用违禁药物或滥用药物，必然导致水产品的药物残留超标。药物残留问题严重影响了我国水产品的对外出口。2001年香港市场的螃蟹“氯霉素事件”，严重影响了螃蟹的销售。我国已加入WTO，各国之间的关税壁垒将逐步取消，而绿色壁垒则将成为产品出口的必然障碍之一；很显然，药物残留超标的产品是没有国际市场的。

(五)饲料安全关系到社会和政治的稳定

生活经验告诉人们,食品卫生是非常重要的,因此受到了普遍的重视。但对饲料安全问题,因为感受不那么直接,便不像对待食品那样高度重视了。近年来,由饲料安全问题引发的食品安全问题的事件此起彼伏,消费者至今心有余悸。尤其是1999年5月比利时发生的仅次于英国疯牛病的大灾难——饲料中“二恶英”污染引起的鸡肉、蛋、奶中毒事件,不仅造成直接经济损失25亿欧元,而且导致了一届政府的垮台。由此,饲料安全即食品安全,也即政治安全。

第二节 无公害饲料原料的选择与饲料配制

一、饲料安全性

饲料的安全性是指饲料在转化为动物产品的过程中,对动物健康、生态环境的可持续发展及人类正常生活不产生负面影响的特性。饲料安全即食品安全的理念在全世界已成为共识。

饲料安全是一个全球性问题。近年来,饲料安全引发的经济、政治问题屡屡发生,为社会公众和新闻媒体广泛关注。美国、日本先后实施饲料安全与食品计划,修订饲料安全法。我国是世界饲料生产大国,总产量居世界第二位,饲料产量结构也发生了很大的变化,但饲料安全卫生质量还有待进一步提高。目前饲料安全性存在主要问题有以下几方面。

(一)饲料中的天然有毒有害物质

一些饲料原料中含有一种或多种有毒有害物质,如某些植物性饲料中的生物碱、生氰糖甙、皂甙、棉酚、蛋白酶抑制因子及有毒硝基化合

物等；某些动物性饲料中的组胺、抗硫胺素及抗生素等。这些有毒有害物质因其性质的不同，可对动物机体造成多种危害和不良影响，轻者降低饲料的营养价值，影响动物的生长和生产性能；重者引起动物急性或慢性中毒，诱发癌肿，甚至死亡。同时，这些有毒有害成分可进入动物产品，从而对人类健康构成潜在的危害。

（二）饲料生物性污染

饲料生物性污染是指由微生物，包括细菌（致病菌和相对致病菌）及霉菌与霉菌毒素等引起的污染。致病菌可直接进入消化道引起消化道感染而发生感染型中毒性疾病，如沙门氏菌中毒等；相对致病菌是某些细菌在饲料中繁殖并产生细菌毒素，通过相应的发病机制等引起的细菌毒素型饲料中毒，如由肉毒梭菌毒素等引起的细菌外毒素中毒。动物性饲料原料如肉粉、骨粉、肉骨粉和鱼粉中常常污染有沙门氏菌。

霉菌和霉菌毒素对饲料的污染在我国饲料生物性污染中占据十分显著的位置。饲料霉变造成的危害极大，可引起中毒、诱发癌肿及降低饲料的营养价值。霉变过程产生的代谢产物还可使饲料感官性质恶化，如产生刺激性气味、颜色异常、黏稠及结块等，结果导致饲料适口性下降。

（三）饲料非生物污染

饲料非生物污染主要包重金属、农药残留、多氯联苯及某些有机化合物和无机化合物污染物等，这些污染物一般是通过环境污染和生物富集作用等途径进入饲料中。

1. 重金属　重金属一般是通过“工业三废”污染和生物富集作用而进入饲料中。重金属几乎不能被动物体排出体外而最终蓄积在动物体中，水体中的汞可被鱼贝类富集数千倍。蛋白质饲料中的鱼粉、矿物质饲料中的贝壳粉、蛋壳粉和动物骨粉的重金属含量最高，其次是来自污染水域的粗饲料，如干草和青贮饲料以及能量饲料和谷实类饲料。工业废水污染严重水域生产的鱼粉，汞含量是非污染区的5倍。

2. *农药残留*　目前世界各国生产和使用的农药品种有500余种，年产量400万t左右，世界各地的农药污染极其严重。农药可通过水体、土壤和空气而进入动植物体中。水产动物经食饵、体表接触和鳃呼吸等途径吸收水体中的农药，并通过食物链的浓集作用达到较高浓度而蓄积在水产动物体中。

3. *多氯联苯(PCBs)*　多氯联苯是氯联二苯及其异构体的复杂混合物，由于性质稳定和导热性好，工业用途很广，为全球性环境污染物之一。PCBs随工业废水进入江河湖泊，可很快被小球藻、鱼类摄取并富集。可能污染有PCBs的饲料主要有鱼粉以及动物来源的饲料成分。

4. *违禁药物*　违禁药物包括影响生殖的雌激素、具有激素样作用的物质、催眠镇静剂及肾上腺素激动剂等。科学研究已证实，人类常见的癌肿、胎儿畸形、青少年早熟、男人雌性化、中老年人心血管疾病等问题及某些食物中毒均与动物性食品中的激素及其他合成药物的滥用及残留有关。药物残留是影响水产品品质最重要的因素。

5. *超越规定使用饲料添加剂*　添加剂的不合理使用，不但没有充分发挥它最大的积极作用，反而产生毒副作用。较为普遍的现象是：①过量使用矿物质添加剂，高铜、高锌等添加剂应用，有机砷的大量应用，给环境带来了污染。以砷为例，厂家宣传时对有机砷试剂如对氨基苯砷酸的介绍有片面强调其促生长及医疗效果的一面，而忽视其致毒及可能导致环境污染的一面。②过磷酸钙或磷酸氢钙中的氟超标。③滥用抗生素。抗生素的使用在水产动物生长发育、增重和防病等多方面均起到了重要作用，但这必须以按规定使用为前提，长期使用或滥用会带来负面效应。

二、饲料原料的选用和鉴别

鱼用配合饲料是根据鱼对各种营养素的需求，选用不同的饲料原料配合起来，经加工而成的营养全面均衡的饲料，因此饲料原料的营养

价值和品质直接影响到配合饲料的质量。饲料原料种类繁多，分布广泛。一般可分为植物性饲料、动物性饲料、矿物质饲料和其他饲料。由于实践中不可能选用太多的饲料原料，因此为了使饲料营养全面均衡，经常在饲料中添加饲料添加剂。下面仅介绍饲料添加剂的合理选用。

1. 饲料添加剂的概念　饲料添加剂其定义为：为满足特殊需要而加入的少量或微量营养性或非营养性物质（见《饲料工业通用述语》）；在《饲料和饲料添加剂管理条例》中，其定义为：在饲料加工、制作、使用过程中添加的少量或微量物质。两者的定义不完全一样，前者重在目的和用途，后者则从行为的角度对饲料添加剂下定义；但两者均突出了其微量性的特点，反映了饲料添加剂在饲料总组分中所占的比例很小。

饲料添加剂的主要用途是完善配合饲料的营养成分，提高饲料的利用率，促进鱼的生长发育，预防和治疗各种疾病，减少贮存期间饲料营养成分的变质损失，改进饲料的适口性以及鱼的品质。

按《饲料和饲料添加剂管理条例》第二条，饲料添加剂分为营养性饲料添加剂和一般饲料添加剂两类，但从广义范围上则应包括药物饲料添加剂（药物饲料添加剂属于《兽药管理条例》管理范围）。在本书中饲料添加剂均包括营养性饲料添加剂、一般饲料添加剂和药物饲料添加剂三大类。

营养性饲料添加剂是指用于补充饲料营养成分的少量或者微量物质，包括饲料级氨基酸、维生素、矿物质微量元素、酶制剂、非蛋白氮等。一般饲料添加剂是指为保证或者改善饲料品质、提高饲料利用率而掺入饲料中的少量或者微量物质。药物饲料添加剂是指为预防、治疗动物疾病而掺入载体或者稀释剂的兽药的预混物，包括抗球虫药类、驱虫剂类、抑菌促生长类等。

各种饲料添加剂，其功能和作用虽然不同但都必须达到以下要求：①作用效果明显，能达到预期的效果。②稳定性好，可保持相对较长时间的有效性。在饲料和水体内具有较好的稳定性，不影响水产动物对饲料的摄食。③可配伍性强，与多数常用其他饲料添加剂品种不产生抵抗作用。④使用剂量合理,使用较为方便、可行。⑤经济性强,又确实的经济和生产效果,性能价格比较优。⑥安全性好,长期使用或在使用期间,对动物没有急性或慢性的毒害作用,不能有致癌、致畸、致突变等不良影响。⑦残留量和耐药性低,在水产品中的残留量不得超过法定标准,不能对人和动物的健康构成威胁。⑧重金属等有害物质的含量必须符合国家有关标准。⑨包装完整,有生产厂家名称、生产日期、产品执行标准和生产许可证。⑩必须标明产品的主要成分、有效成分、有效含量、适用范围和合用期限。

2. *饲料添加剂的层次* 饲料添加剂种类不同,作用各异,其对环境污染程度、对动物产品及人类的危害程度不同,因此,各种饲料添加剂使用的范围和受限制程度有一定差别。一般可将饲料添加剂的使用分为三个层次。

(1)禁止使用的添加剂 此类添加剂主要指药物饲料添加剂、兽药等。此类添加剂可通过饲料或饮水途径进入动物机体,产生药物残留,或产生“三致”性而危害人体健康,因而禁止其在食品动物中的使用,这是对所有饲料生产企业的基本要求,必须在生产、经营活动中严格执行。

①农业部、卫生部、国家药品监督管理局联合发布公告(农业部公告 176 号),公布了《禁止在饲料和动物饮水中使用的药物品种目录》,该目录收载了 5 类 40 种禁用药物品种。

A 肾上腺素受体激动剂

a. 盐酸克仑特罗(Clenbuterol Hydrochloride) 中华人民共和国药典(以下简称药典)2000 年二部 P605。β_2 肾上腺素受体激动药。

b. 沙丁胺醇(Salbutamol) 药典 2000 年二部 P316。β_2 肾上腺素受体激动药。

c. 硫酸沙丁胺醇(Salbutamol Sulfate) 药典 2000 年二部 P870。β_2 肾上腺素受体激动药。

d. 莱克多巴胺(Ractopamine) 一种 β 兴奋剂,美国食品和药物管理局(FDA)已批准,中国未批准。

e. 盐酸多巴胺(Dopamine Hydrochloride)　药典 2000 年二部 P591。多巴胺受体激动药。

f. 西马特罗(Cimaterol)　美国氰胺公司开发的产品,一种 β 兴奋剂,FDA 未批准。

g. 硫酸特布他林(Terbutaline Sulfate)　药典 2000 年二部 P890。β_2 肾上腺受体激动药。

B 性激素

a. 己烯雌酚(Diethylstibestrol)　药典 2000 年二部 P42。雌激素类药。

b. 雌二醇(Estradiol)　药典 2000 年二部 P1005。雌激素类药。

c. 戊酸雌二醇(Estradiol Valerate)　药典 2000 年二部 P124。雌激素类药。

d. 苯甲酸雌二醇(Estradiol Benzoate)　药典 2000 年二部 P369。雌激素类药。中华人民共和国兽药典(以下简称兽药典)2000 年版一部 P109。雌激素类药。用于发情不明显动物的催情及胎衣滞留、死胎的排除。

e. 氯烯雌醚(Chlorotrianisene)　药典 2000 年二部 P919。

f. 炔诺醇(Ethinylestradiol)　药典 2000 年二部 P422。

g. 炔诺醚(Quinestrol)　药典 2000 年二部 P424。

h. 醋酸氯地孕酮(Chlormadinone Acetate)　药典 2000 年二部 P1037。

i. 左炔诺孕酮(Levonorgestrel)　药典 2000 年二部 P107。

j. 炔诺酮(Norethisterone)　药典 2000 年二部 P420。

k. 绒毛膜促性腺激素(绒促性素)(Chorionic Gonadotrophin)　药典 2000 年二部 P534。促性腺激素药。兽药典 2000 年版一部 P146。激素类药。用于性功能障碍、习惯性流产及卵巢囊肿等。

l. 促卵泡生长激素(尿促性素主要含卵泡刺激 FSHT 和黄体生成素 LH)(Menotropins)　药典 2000 年二部 P321。促性腺激素类药。

C 蛋白同化激素

a. 碘化酪蛋白(Iodinated Casein)　蛋白同化激素类,为甲状腺素

的前驱物质，具有类似甲状腺素的生理作用。

b. 苯丙酸诺龙及苯丙酸诺龙注射液（Nandrolone phenylpropionate） 药典 2000 年二部 P365。

D 精神药品

a.（盐酸）氯丙嗪（Chlorpromazine Hydrochloride） 药典 2000 年二部 P676。抗精神病药。兽药典 2000 年版一部 P177。镇静药。用于强化麻醉以及使动物安静等。

b. 盐酸异丙嗪（Promethazine Hydrochloride） 药典 2000 年二部 P602。抗组胺药。兽药典 2000 年版一部 P164。抗组胺药。用于变态反应性疾病，如荨麻疹、血清病等。

c. 安定（地西泮）（Diazepam） 药典 2000 年二部 P214。抗焦虑药、抗惊厥药。兽药典 2000 年版一部 P61。镇静药、抗惊厥药。

d. 苯巴比妥（Phenobarbital） 药典 2000 年二部 P362。镇静催眠药、抗惊厥药。兽药典 2000 年版一部 P103。巴比妥类药。缓解脑炎、破伤风、士的宁中毒所致的惊厥。

e. 苯巴比妥钠（Phenobarbital Sodium） 兽药典 2000 年版一部 P105。巴比妥类药。缓解脑炎、破伤风、士的宁中毒所致的惊厥。

f. 巴比妥（Barbital） 兽药典 2000 年版一部 P27。中枢抑制和增强解热镇痛。

g. 异戊巴比妥（Amobarbital） 药典 2000 年二部 P252。催眠药、抗惊厥药。

h. 异戊巴比妥钠（Amobarbital Sodium） 兽药典 2000 年版一部 P82。巴比妥类药。用于小动物的镇静、抗惊厥和麻醉。

i. 利血平（Reserpine） 药典 2000 年二部 P304。抗高血压药。

j. 艾司唑仑（Estazolam）。

k. 甲丙氨脂（Meprobamate）。

l. 咪达唑仑（Midazolam）。

m. 硝西泮（Nitrazepam）。

n. 奥沙西泮(Oxazepam)。

O. 匹莫林(Pemoline)。

p. 三唑仑(Triazolam)。

q. 唑吡旦(Zolpidem)

r. 其他国家管制的精神药品。

E 各种抗生素滤渣

a. 抗生素滤渣　该类物质是抗生素类产品生产过程中产生的工业三废,因含有微量抗生素成分,在饲料和饲养过程式中使用后对动物有一定的促生长作用。但对养殖业的危害很大,一是容易引起耐药性,二是由于未做安全性试验,存在各种安全隐患。

②随后农业部又于 2002 年 3 月 5 日发布了《食品动物禁用的兽药及其他化合物清单》的通知,该清单中共列出了 21 类(种)药物(表 6-1)。

表 6-1　食品动物禁用的兽药及其他化合物清单

序号	名　称	禁止用途	禁用动物
1	β-兴奋剂类:克仑特罗、沙丁胺醇、西马特罗及其盐、酯及制剂	所有用途	所有食品动物
2	性激素类:己烯雌酚及其盐、酯及制剂	所有用途	所有食品动物
3	具有雌激素样作用的物质:玉米赤霉醇、去甲雄三烯醇酮、醋酸甲孕酮及制剂	所有用途	所有食品动物
4	氯霉素及其盐、酯(包括琥珀氯霉素)及制剂	所有用途	所有食品动物
5	氨苯砜及制剂	所有用途	所有食品动物
6	硝基呋喃类:呋喃唑酮、呋喃它酮、呋喃苯烯酸钠及制剂	所有用途	所有食品动物
7	硝基化合物:硝基酚钠、硝呋烯腙及制剂	所有用途	所有食品动物
8	催眠镇静类:安眠酮及制剂	所有用途	所有食品动物
9	林丹(丙体六六六)	杀虫剂	所有食品动物
10	毒杀芬(氯化烯)	杀虫、清塘剂	所有食品动物
11	呋喃丹(克百威)	杀虫剂	所有食品动物

续表 6-1

序号	名　　称	禁止用途	禁用动物
12	杀虫脒(克死螨)	杀虫剂	所有食品动物
13	双甲脒	杀虫剂	水生食品动物
14	酒石酸锑钾、锥虫胂胺	杀虫剂	所有食品动物
15	锥虫胂胺	杀虫剂	所有食品动物
16	孔雀石绿	抗菌杀虫剂	所有食品动物
17	五氯酚酸钠	杀螺剂	所有食品动物
18	各种汞制剂:包括氯化亚汞(甘汞)、硝酸亚汞、醋酸汞、吡啶基醋酸汞	杀虫剂	所有食品动物
19	性激素类:甲基睾丸酮、丙酸睾酮、苯丙酸诺龙、苯甲酸雌二醇及其盐、酯及制剂	促生长	所有食品动物
20	催眠、镇静类:氯丙嗪、地西泮(安定)及其盐、酯及制剂	促生长	所有食品动物
21	硝基咪唑类:甲硝唑、地美硝唑及其盐、酯及制剂	促生长	所有食品动物

(2)条件性使用的饲料添加剂　《饲料药物添加剂使用规范》把用于防治动物疾病,并规定疗程,仅是通过混饲给药的饲料药物添加剂(包括预混剂或散剂)品种收载于《规范》附录二中,这一部分添加剂品种为条件性使用的饲料添加剂,仅通过混饲给药,各畜禽养殖场及养殖户须凭兽医处方购买、使用,所有商品饲料中不得添加《规范》附录二中所列的兽药成分(表 6-2)。兽药不得直接加入饲料中使用,必须制成药物预混剂。养殖单位可自行加工,或委托具有生产和质量控制能力并经省级饲料管理部门认定的饲料厂代加工生产为含药饲料,但须遵守以下规定:a. 动物养殖场(户)须与饲料厂签订代加工生产合同一式四份,合同须注明兽药名称、含量、加工数量、双方通讯地址和电话等,合同双方及省兽药和饲料管理部门须各执一份合同文本。b. 饲料厂必须按照合同内容代加工生产含药饲料,并做好生产记录,接受饲料主管部门的监督管理;含药饲料外包装上必须标明兽药有效成分、含量、饲料厂名。c. 动物养殖场(户)应建立用药记录制度,严格按照法走兽

药质量标准使用所加工的含药饲料，并接受兽药管理部门的监督管理。d. 代加工生产的含药饲料仅限动物养殖场（户）自用，任何单位或个人不得销售或倒买倒卖，违者按照《兽药管理条例》、《饲料和饲料添加剂管理条例》的有关规定进行处罚。

在该部分条件性使用饲料药物添加剂中可应用于水产动物的有6种。

表 6-2 混饲给药的饲料药物添加剂

序号	名称	适用动物	序号	名称	适用动物
1	磺胺喹噁啉、二甲氧苄啶预混剂	鸡	13	氟苯咪唑预混剂	猪、鸡
2	越霉素 A 预混剂	猪、鸡	14	复方磺胺嘧啶预混剂	猪、鸡
3	潮霉素 B 预混剂	猪、鸡	15	盐酸林可霉素、硫酸大观霉素预混剂	猪
4	地美硝唑预混剂	猪、鸡	16	硫酸新霉素预混剂	猪、鸡
5	磷酸泰乐菌素预混剂	猪、鸡	17	磷酸替米考新预混剂	猪
6	硫酸氨普霉素预混剂	猪	18	磷酸泰乐菌素、磺胺二甲嘧啶预混剂	猪
7	盐酸林可霉素预混剂	猪、禽	19	甲砜霉素散	鱼
8	赛地卡霉素预混剂	猪	20	诺氟沙星、盐酸小檗碱预混剂	鳗鱼、鳖
9	伊维菌素预混剂	猪	21	维生素 C 磷酸酯镁、盐酸环丙沙星	鳖
10	呋喃苯烯酸钠粉	鱼	22	盐酸环丙沙星、盐酸小檗碱预混剂	鳗鱼
11	延胡索酸泰妙菌素预混剂	猪	23	噁喹酸	散鱼、虾
12	环丙氨嗪预混剂	鸡	24	磺胺氯吡嗪钠可溶性粉	肉鸡、火鸡、兔

①呋喃苯烯酸钠粉（Nifurstyrenate Sodium Powder）

[有效成分]呋喃苯烯酸钠

[含量规格]每 1 000 g 中含呋喃苯烯酸钠 100 g。

[适用动物]鱼

[作用与用途]用于鲈形目鱼类的类结节菌及鲽形目鱼的滑行细菌的感染。

[用法与用量]混饲。每千克体重，鲈形目鱼类每日用本品 0.5 g，连用 3～10 天。

[注意]休药期 2 天。

[商品名称]尼福康

注：摘自《进口兽药质量标准》(1999 年版)。

②甲砜霉素散(Thiamphenicol Powder)

[有效成分]甲砜霉素

[含量规格]每 1 000 g 中含甲砜霉素 50 g。

[适用动物]鱼

[作用与用途]用于治疗鱼类由嗜水气单胞菌、肠炎菌等引起的细菌性败血症、肠炎、赤皮病等。

[用法与用量]混饲。每 150 kg 鱼加本品 1 000 g，连用 3～4 天，预防量减半。

注：摘自《兽药质量标准》(第二册)。

③诺氟沙星、盐酸小檗碱预混剂(Norfloxacin and Berberine Hydrochloride Premix)

[有效成分]诺氟沙星和盐酸小檗碱

[含量规格]每 1 000 g 中含诺氟沙星 90 g 和盐酸小檗碱 20 g(鳗用)或诺氟沙星 25 g 和盐酸小檗碱 8 g(鳖用)。

[适用动物]鳗鱼、鳖

[作用与用途]用于鳗鱼嗜水气单胞菌与柱状杆菌引起的赤鳍病与烂鳃病；用于鳖红脖子病，烂皮病。

[用法与用量]混饲。每 1 000 kg 饲料，鳗鱼添加本品 15 kg，连用 3 天；鳖 15 kg。

注:摘自《兽药质量标准》(第二册)。

④维生素C磷酸酯镁、盐酸环丙沙星预混剂(Magnesium Ascorbic Acid Phosphate and Ciprofloxacin Hydrochloride Premix)

[有效成分]维生素C磷酸酯镁和盐酸环丙沙星

[含量规格]每1 000 g中含维生素C磷酸酯镁100 g和盐酸环丙沙星10 g。

[适用动物]鳖

[作用与用途]用于预防细菌性疾病。

[用法与用量]混饲。每1 000 kg饲料添加本品5 kg,连用3～5天。

注:摘自《兽药质量标准》(第二册)。

⑤盐酸环丙沙星、盐酸小檗碱预混剂(Ciprofloxacin Hydrochloride and Berberine Hydrochloride Premix)

[有效成分]盐酸环丙沙星和盐酸小檗碱

[含量规格]每1 000 g中含盐酸环丙沙星100 g和盐酸小檗碱40 g。

[适用动物]鳗鱼

[作用与用途]用于治疗鳗鱼细菌性疾病。

[用法与用量]混饲。每1 000 kg饲料添加本品15 kg,连用3～4天。

注:摘自《兽药质量标准》(第二册)。

⑥噁喹酸散(Oxolinic Acid Powder)

[有效成分]噁喹酸

[含量规格]每1 000 g中含噁喹酸50 g或100 g。

[适用动物]鱼、虾

[作用与用途]用于治疗鱼、虾的细菌性疾病。

[用法与用量]混饲。每千克体重,每日添加按有效成分计:a.鱼类:鲈形目鱼类,类结节病0.01～0.3g,连用5～7天。b.鲱形目鱼类,疮病0.05～0.1 g,连用5～7天。c.弧菌病0.05～0.2 g,连用3～5

天。d.香鱼，弧菌病0.05～0.2 g，连用3～7天。e.鲤形目类，肠炎病0.05～0.1 g，连用5～7天。f.鳗鱼类，赤鳍病0.05～0.2 g，连用4～6天；赤点病0.01～0.05 g，连用3～5天；溃疡病0.2 g，连用5天。g.虾类：对虾，弧菌病0.06～0.6 g，连用5天。

[注意]休药期香鱼21天，虹鳟鱼21天，鳗鱼25天，鲤鱼21天，其他鱼类16天；鳗鱼使用本品时，食用前25日间，鳗鱼饲育水日交换率平均应在50%以上。

[商品名称]旺速乐

注：摘自《进口兽药质量标准》(1999年版)。

(3)可常规使用的饲料添加剂

①营养性饲料添加剂和一般饲料添加剂　为加强对饲料添加剂的管理，农业部于1999年7月26日公布了《允许使用的饲料添加剂品种目录》(农业部公告第105号)，该目录共收录了允许使用的饲料添加剂12大类173种，包括：饲料级氨基酸7种，饲料级维生素26种，饲料级矿物质、微量元素43种，饲料级酶制剂12种，饲料级微生物添加剂12种，饲料级非蛋白氮9种，抗氧化剂4种，防腐剂、电解质平衡剂25种，着色剂6种，调味剂、香料6种(类)，黏结剂、抗结块剂和稳定剂13种(类)，其他类10种(表6-3)。

表6-3　允许使用的饲料添加剂品种目录

类别	饲料添加剂名称
饲料级氨基酸7种	*L*-赖氨酸盐酸盐；*DL*-蛋氨酸；*DL*-羟基蛋氨酸；*DL*-羟基蛋氨酸钙；*N*-羟甲基蛋氨酸；*L*-色氨酸；*L*-苏氨酸
饲料级维生素26种	β-胡萝卜素；维生素A；维生素A乙酸酯；维生素A棕榈酸酯；维生素D_3；维生素E；维生素E乙酸酯；维生素K_3(亚硫酸氢钠甲萘醌)；二甲基嘧啶醇亚硫酸甲萘醌；维生素B_1(盐酸硫胺)；维生素B_1(硝酸硫胺)；维生素B_2(核黄素)；维生素B_6；烟酸；烟酰胺；*D*-泛酸钙；*DL*-泛酸钙；叶酸；维生素B_{12}(氰钴胺)；维生素C(*L*-抗坏血酸)；*L*-抗坏血酸钙；*L*-抗坏血酸-2-磷酸酯；*D*-生物素；氯化胆碱；*L*-肉碱盐酸盐；肌醇

续表 6-3

类别	饲料添加剂名称
饲料级矿物质、微量元素 43 种	硫酸钠；NaCl；磷酸二氢钠；磷酸氢二钠；磷酸二氢钾；磷酸氢二钾；碳酸钙；氯化钙；磷酸氢钙；磷酸二氢钙；磷酸三钙；乳酸钙；七水硫酸镁；一水硫酸镁；氧化镁；氯化镁；七水硫酸亚铁；一水硫酸亚铁；三水乳酸亚铁；六水柠檬酸亚铁；富马酸亚铁；甘氨酸铁；蛋氨酸铁；五水硫酸铜；一水硫酸铜；蛋氨酸铜；七水硫酸锌；一水硫酸锌；无水硫酸锌；氧化锌；蛋氨酸锌；一水硫酸锰；氯化锰；碘化钾；碘酸钾；碘酸钙；六水氯化钴；一水氯化钴；亚硒酸钠；酵母铜；酵母铁；酵母锰；酵母硒
饲料级酶制剂 12 类	蛋白酶（黑曲霉，枯草芽孢杆菌）；淀粉酶（地衣芽孢杆菌，黑曲霉）；支链淀粉酶（嗜酸乳杆菌）；果胶酶（黑曲霉）；脂肪酶；纤维素酶（reesei 木霉）；麦芽糖酶（枯草芽孢杆菌）；木聚糖酶（insolens 腐质霉）；β-聚葡糖酶（枯草芽孢杆菌，黑曲霉）；甘露聚糖酶（缓慢芽孢杆菌）；植酸酶（黑曲霉，米曲霉）；葡萄糖氧化酶（青霉）
饲料级微生物添加剂 12 种	干酪乳杆菌；植物乳杆菌；粪链球菌；屎链球菌；乳酸片球菌；枯草芽孢杆菌；纳豆芽孢杆菌；嗜酸乳杆菌；乳链球菌；啤酒酵母菌；产朊假丝酵母；沼泽红假单胞菌
饲料级非蛋白氮 9 种	尿素；硫酸铵；液氨；磷酸氢二铵；磷酸二氢铵；缩二脲；异丁叉二脲；磷酸脲；羟甲基脲
抗氧剂 4 种	乙氧基喹啉；二丁基羟基甲苯（BHT）；丁基羟基茴香醚（BHA）；没食子酸丙酯
防腐剂、电解质平衡剂 25 种	甲酸；甲酸钙；甲酸铵；乙酸；双乙酸钠；丙酸；丙酸钙；丙酸钠；丙酸铵；丁酸；乳酸；苯甲酸；苯甲酸钠；山梨酸；山梨酸钠；山梨酸钾；富马酸；柠檬酸；酒石酸；苹果酸；磷酸；氢氧化钠；碳酸氢钠；氯化钾；氢氧化铵
着色剂 6 种	β-阿朴-8′-胡萝卜素醛；辣椒红；β-阿朴-8′-胡萝卜素酸乙酯；虾青素；β,β-胡萝卜素-4,4-二酮（斑蝥黄）；叶黄素（万寿菊花提取物）
调味剂、香料 6 种（类）	糖精钠；谷氨酸钠；5′-肌苷酸二钠；5′-鸟苷酸二钠；血根碱；食品用香料均可作饲料添加剂

续表 6-3

类别	饲料添加剂名称
黏结剂、抗结块剂和稳定剂 13 种(类)	α-淀粉；海藻酸钠；羧甲基纤维素钠；丙二醇；二氧化硅；硅酸钙；三氧化二铝；蔗糖脂肪酸酯；山梨醇酐脂肪酸酯；甘油脂肪酸酯；硬脂酸钙；聚氧乙烯 20 山梨醇酐单油酸酯；聚丙烯酸树脂Ⅱ
其他 10 种	糖萜素；甘露低聚糖；肠膜蛋白素；果寡糖；乙酰氧肟酸；天然类固醇萨洒皂角苷(YUCCA)；大蒜素；甜菜碱；聚乙烯聚吡咯烷酮(PVPP)；葡萄糖山梨醇

②饲料药物添加剂　为了促进养殖动物生长，预防、治疗疾病发生等经常在饲料中添加一些药物，由于各种药物对养殖动物、环境、人类所带来的副作用各不相同，其在饲料中的添加量、添加次数、添加事件有一定差异。为加强对兽药的使用和管理，规范和指导饲料药物添加剂的合理使用，防止滥用饲料药物添加剂，农业部于 2001 年 9 月 4 日发布了《饲料药物添加剂使用规范》(农业部公告第 168 号)，根据其使用情况，将饲料药物添加剂分为两类：

一类是具有预防动物疾病、促进动物生长作用，可在饲料中长时间添加使用的饲料药物添加剂(品种收载于《规范》中)，其产品批准文号须用“药添字”，共 33 种(表 6-4)。生产含有《规范》附录一所列品种成分的饲料，必须在产品标签中标明所含兽药成分的名称、含量、适用范围、停药期规定及注意事项等。

表 6-4　可长时间添加使用的饲料药物添加剂

序号	名称	适用动物	序号	名称	适用动物
1	二硝托胺预混剂	鸡	18	洛克沙胂预混剂	猪、鸡
2	马杜霉素铵预混剂	鸡	19	莫能霉素钠预混剂	牛、鸡
3	尼卡巴嗪预混剂	鸡	20	杆菌肽锌预混剂	牛、猪、禽

续表 6-4

序号	名称	适用动物	序号	名称	适用动物
4	尼卡巴嗪、乙氧酰胺苯甲酯预混剂	鸡	21	黄霉素预混剂	牛、猪、鸡
5	甲基盐霉素、尼卡巴嗪预混剂	鸡	22	维吉尼亚霉素预混剂	猪、鸡
6	甲基盐霉素预混剂	鸡	23	喹乙醇预混剂	猪
7	拉沙诺西钠预混剂	鸡	24	那西肽预混剂	鸡
8	氢溴酸常山酮预混剂	鸡	25	阿美拉霉素预混剂	猪、鸡
9	盐酸氯苯胍预混剂	鸡、兔	26	盐霉素钠预混剂	牛、猪、鸡
10	盐酸氨丙啉、乙氧酰胺苯甲酯预混剂	家禽	27	硫酸黏杆菌素预混剂	牛、猪、鸡
11	盐酸氨丙啉、乙氧酰胺苯甲酯、磺胺喹啉预混剂	家禽	28	牛至油预混剂预混剂	猪、鸡
12	氯羟吡啶预混剂	家禽和兔	29	杆菌肽锌、硫酸黏杆菌素预混剂	猪、鸡
13	海南霉素钠预混剂	鸡	30	吉它霉素预混剂	猪、鸡
14	赛杜霉素钠预混剂	鸡	31	土霉素钙	猪、鸡
15	地克珠利预混剂	畜禽	32	金霉素预混剂	猪、鸡
16	复方硝基酚钠预混剂	虾、蟹	33	恩拉霉素预混剂	猪、鸡
17	氨苯砷预混剂	猪、鸡			

《规范》附录一中所列饲料药物添加剂大部分是针对畜禽使用，而应用于水产动物饲料的只有即复方硝基酚钠预混剂（Compound Sodium Nitrophenolate Premix）一种，下面对其作一简单介绍。

复方硝基酚钠预混剂（Compound Sodium Nitrophenolate Premix）：

［有效成分］邻硝基苯酚钠、对硝基苯酚钠、5-硝基愈创木酚钠、磷酸氢钙和硫酸镁。

[含量规格]每 1 000 g 中含邻硝基苯酚钠 0.6 g、对硝基苯酚钠 0.9 g、5-硝基愈创木酚钠 0.3 g、磷酸氢钙 898.2 g 和硫酸镁 100 g。

[适用动物]虾、蟹

[作用与用途]主用于虾、蟹等甲壳类动物的促生长。

[用法与用量]混饲。每 1 000 kg 饲料添加本品 5～10 kg。

[注意]休药期 7 天。

[商品名称]爱多收

注：摘自《进口兽药质量标准》(1999 年版)。

3. 无公害食品的饲料添加剂使用准则　无公害水产品饲料中使用的营养性饲料添加剂和一般性饲料添加剂应是农业部公布的《允许使用的饲料添加剂品种目录》所规定的品种和取得试生产产品批准文号的新饲料添加剂品种，这些产品应是取得饲料添加剂产品生产许可证的正规企业生产的、具有产品批准文号的产品，其使用应遵照产品标签所规定的用法、用量使用。药物饲料添加剂的使用应按照农业部发布的《饲料药物添加剂使用规范》执行。在使用饲料添加剂前应注意添加剂的效价(质量)、有效期、限用、禁用、用量、用法、配合禁忌等的规定，不能用畜用、禽用添加剂代替水产动物用添加剂。

三、无公害饲料配制

无公害饲料配制准则：饲料配制中使用的促生长剂、维生素、氨基酸、脱壳素、矿物质、抗氧化剂或防腐剂等添加剂种类及用量应符合有关国家法规和标准规定；饲料中不得添加国家禁止的药物作为防治疾病或促进生产的目的。不得在饲料中添加未有农业部批准的用于饲料添加剂的兽药。饲料的营养成分配比要合理，以使鱼类充分消化吸收，促进生长，避免饲料成分对水环境造成污染。

(一)无公害水产饲料的安全要求

无公害水产饲料安全要求的基本内容是无公害水产饲料安全性的

具体体现。

1.饲料原、辅料的安全要求　饲料原、辅料的采用应符合饲料卫生标准的规定。2001 年 10 月 1 日起实施的新颁《饲料卫生标准》GB 13078—2001 对 66 种饲料产品的 17 个卫生项目制定了允许的含量指标，并指明了特定的试验方法。水产用饲料原、辅料安全卫生要求应符合表 6-5 的规定。

表 6-5　水产用饲料、饲料添加剂安全卫生要求*

序号	卫生指标项目	产品名称	指标	实验方法
1	砷(以总砷计)的允许量(mg/kg)	石粉	≤2.0	GB/T 13079
		硫酸亚铁、硫酸镁磷酸盐	≤20.0	
		沸石粉、膨润土、麦饭石	≤10.0	
		硫酸铜、硫酸锰、硫酸锌、碘化钾、碘酸钙、氯化钴	≤5.0	
		氧化锌	≤10.0	
		鱼粉、肉粉、肉骨粉	≤10.0	
2	铅(以 Pb 计)的允许量(mg/kg)	鱼粉、骨粉、肉骨粉、石粉	≤10	GB/T 13080
		磷酸盐	≤30	
3	氟(以 F 计)的允许量(mg/kg)	鱼粉	≤500	GB/T 13083
		石粉	≤2 000	
		磷酸盐	≤1 800	
		骨粉、肉骨粉	≤1 800	
4	霉菌的允许量(每千克产品中)霉菌总数×10³个	玉米	<40	GB/T 13092
		小麦麸、米糠		
		豆饼(粕)、棉籽饼(粕)、菜籽饼(粕)	<50	
		鱼粉、肉骨粉	<20	
5	黄曲霉毒素 B_1 允许量(μg/kg)	玉米、花生饼(粕)、棉籽饼(粕)、菜籽饼(粕)	≤50	GB/T 17480 或 GB/T 8381
		豆粕	≤30	
6	铬(以 Cr 计)的允许量(mg/kg)	皮革蛋白粉	≤200	GB/T 13088

续表 6-5

序号	卫生指标项目	产品名称	指标	实验方法
7	汞(以 Hg 计)的允许量(mg/kg)	鱼粉	≤0.5	GB/T 13081
		石粉	≤0.1	
8	隔(以 Cd 计)的允许量(mg/kg)	米糠	≤1.0	GB/T 13082
		鱼粉	≤2.0	
		石粉	≤0.75	
9	氰化物(以 HCN 计)的允许量(mg/kg)	木薯干	≤100	GB/T 13084
		胡麻饼、粕	≤350	
10	亚硝酸盐(以 $NaNO_2$ 计)的允许量(mg/kg)	鱼粉	≤60	GB/T 13085
11	游离棉酚的允许量(mg/kg)	棉籽饼、粕	≤1 200	GB/T 13086
12	异硫氰酸酯(以丙烯基异硫氰酸酯计)的允许量(mg/kg)	菜籽饼、粕	≤4 000	GB/T 13087
13	六六六的允许量(mg/kg)	米糠、小麦麸、大豆饼(粕)鱼粉	≤0.05	GB/T 13090
14	滴滴涕的允许量(mg/kg)	米糠、小麦麸、大豆饼(粕)鱼粉	≤0.02	GB/T 13090
15	沙门氏杆菌	饲料	不得检出	GB/T 13091
16	细菌总数的允许量(每克产品中)细菌总数 $\times 10^6$ 个	鱼粉	<2	GB/T 13093

*注:①所列允许量均为以干物质含量为88%的饲料为基础计算。
②资料来源《饲料卫生标准(GB 13078—2001)》。

2. 水产配合饲料安全要求

(1)无公害水产配合饲料安全限量必须符合表 6-6 的要求。

(2)作为无公害水产饲料生产,不得添加砷制剂(如氨苯砷酸);不准使用抗生素药渣;严禁使用违禁药物(包括肾上腺类药、激素及激素类样物质和催眠镇静类药等)。

(3)无公害水产饲料生产中不得使用转基因动、植物产品。

表 6-6　无公害渔用配合饲料的安全卫生要求*

序号	卫生指标项目	产品名称	指标	实验方法
1	铅(以 Pb 计,mg/kg)	各类渔用配合饲料	≤5.0	GB/T 13080
2	汞(以 Hg 计,mg/kg)	各类渔用配合饲料	≤0.5	GB/T 13081
3	无机砷(以 As 计,mg/kg)	各类渔用配合饲料	≤3	GB/T 5009.45
4	镉(以 Cd 计,mg/kg)	海水鱼类、虾类配合饲料	≤3	GB/T 13082
		其他渔用配合饲料	≤0.5	
5	铬(以 Cr 计,mg/kg)	各类渔用配合饲料	≤10	GB/T 13088
6	氟(以 F 计,mg/kg)	各类渔用配合饲料	≤350	GB/T 13083
7	游离棉酚(mg/kg)	温水杂食性鱼类、虾类配合饲料	≤300	GB/T 13086
		冷水性鱼类、海水鱼类配合饲料	≤150	
8	氰化物(mg/kg)	各类渔用配合饲料	≤50	GB/T 13084
9	多氯联苯(mg/kg)	各类渔用配合饲料	≤0.3	GB/T 9675
10	异硫氰酸酯(mg/kg)	各类渔用配合饲料	≤500	GB/T 13087
11	噁唑烷硫酮(mg/kg)	各类渔用配合饲料	≤500	GB/T 13089
12	油脂酸价(KOH)(mg/kg)	渔用育苗配合饲料	≤2	SC/T 3501
		渔用育成配合饲料	≤6	
		鳗鲡育成配合饲料	≤3	
13	黄曲霉毒素 B_1(mg/kg)	各类渔用配合饲料	≤0.01	GB/T 17480 或 GB/T 8381
14	六六六(mg/kg)	各类渔用配合饲料	≤0.3	GB/T 13090
15	滴滴涕(mg/kg)	各类渔用配合饲料	≤0.2	GB/T 13090
16	沙门氏杆菌(cfu/25 g)	各类渔用配合饲料	不得检出	GB/T 13091
17	霉菌(cfu/g)	各类渔用配合饲料	≤3×10^4	GB/T 13092

注:* 资料来源《无公害食品　鱼用配合饲料安全限量(NY 5072—2002)》。

(二)饲料配方的科学设计

饲料配方设计的目的是为了合理的选用营养好,成本低的原料,科学的生产出优质配合饲料，以使养殖生产获取最大的经济效益。设计饲料配方必须遵循以下原则：

①以饲养标准为依据　饲养标准是鱼类对各种营养物质的需求量。鱼类对饲料中的营养物质是按一定比例进行吸收利用的，营养物质过多或过少都会造成饲料的浪费。不同鱼类对营养物质的需求量不同，因此设计配方时，必须根据鱼类饲养标准规定的营养成分的种类、数量和比例合理搭配各种营养物质。

②充分考虑养殖对象的生长和消化生理特点　鱼类的不同生长阶段对饲料的营养需求不同。如幼鱼阶段新陈代谢旺盛，生长速度快，对蛋白质需要量较高。因此幼鱼阶段的饲料配方应增加蛋白质含量，鱼类消化酶系统比较简单原始，肠道内微生物种类和数量不多，即便是草食性鱼类对纤维素的消化和利用也十分有限，因此，必须选用易为鱼类消化、吸收的饲料原料，不同食性的鱼类利用糖和脂肪作为能量的能力也不相同。添加能量饲料时要防止引起营养性脂肪肝。

③选用饲料原料尽可能多样化　饲料营养价值表所提供的单一饲料营养价值是进行配合饲料设计的重要参考依据，饲料原料不同其营养值也各不相同，在满足鱼类营养需求的同时，尽可能将多种原料按一定比例配合使用，这样既可以使各种营养物质取长补短，提高养殖效果，又可因地制宜多使用当地自然饲料，以降低饲料成本。

④设计配方时还应考虑机械加工对营养成分的特殊要求，如维生素在饲料加工过程中易被分解破坏，因此，配方中的维生素含量应高于鱼类的需求量。

⑤设计配方所选用的饲料原料对鱼类及其产品应无毒无害，在设计配方时除了要计算鱼类所需求的营养物质达到平衡外，还要考虑各种原料中所含的有毒、有害物质的限量，严禁超标。

(三)几种常规养殖鱼类的配合饲料营养标准见表6-7。

表6-7　几种常规养殖鱼类的配合饲料营养标准

	饲料种类	粗蛋白(%)	粗脂肪(%)	粗纤维(%)	粗灰分(%)	含硫氨基酸(%)	赖氨酸(%)	总磷(%)	总能(MJ/kg)
草鱼	鱼苗饲料	≥40	6～8	≤3	≤14	≥1.5	≥2.5	≥10	16.0
	鱼种饲料	≥30	4～7	≤8	≤13	≥0.9	≥1.5	≥10	15.6
	食用鱼、亲鱼饲料	≥25	4～7	≤12	≤12	≥0.7	≥1.25	≥0.9	15.2
鲤鱼	鱼苗饲料	37～45	8～15	≤3	≤15	≥2.6	≥1.4	≥1.1	≥16.9
	鱼种饲料	31～39	5～12	≤8	≤14	≥2.2	≥1.2	≥1.0	≥15.2
	食用鱼、亲鱼饲料	27～35	4～10	≤10	≤12	≥1.5	≥0.8	≥0.9	≥14.7
尼罗罗非鱼	鱼苗饲料	≥40	6～9	≤3	≤14	≥1.5	≥2.5	≥1.0	16.0
	鱼种饲料	≥30	5～8	≤8	≤13	≥0.9	≥1.6	≥1.0	15.8
	食用鱼、亲鱼饲料	≥28	5～8	≤10	≤12	≥0.8	≥1.4	≥0.9	15.5

(四)饲料配方实例

饲料配方是水产动物营养与饲料研究成果的运用,也是渔业经济价值规律的体现。国内外各地饲料原料来源不同,其营养价值和价格不同。养殖对象种类不同,其摄食习性、消化吸收能力、对饲料的营养需求等均不相同。即使同一种类其生长阶段、养殖方式不同、对饲料的营养需求也不同。因此,鱼用配合饲料配方必须根据养殖场实际情况经常调整,不断更新。

1. 草鱼饲料配方

(1)特点　草鱼饲料配方原则上适宜于鳊、团头鲂等草食性水产动物。

自然条件下，草鱼以水生植物为食，营养水平要求不高，一般低于鲤鱼等杂食性水产动物。草鱼对植物蛋白利用较好，对粗纤维耐受性较大(10%～20%)，其配合饲料可适当加大植物蛋白原料和粗饲料的比例，动植物蛋白比以1∶(5～8)为宜。

(2)饲料配方(%)

①鱼粉2，豆饼30，菜饼35，麸皮15，混合粉14，矿物质2，食盐2，另外每生产1 kg草鱼和团头鲂投喂18 kg水草。

②鱼粉3，豆饼(粕)15，菜粕35，棉粕15，小麦粉10，清糠10，蚕沙8，矿物预混剂1.5，磷酸氢钙2，氯化胆碱0.3，食盐0.2。

③鱼粉2，豆饼30，菜饼35，麸皮15，小麦粉15，骨粉1，食盐0.5，植物油1.5。

④鱼粉3，玉米4，菜饼40，麸皮8，四号粉25，棉籽饼8，混合糠10，骨粉1，食盐1。

⑤鱼粉4，蚕蛹4，豆饼10，菜饼22，棉籽饼10，麸皮22，次粉10，胚芽饼12，混合添加剂6。

2.鲤鱼配合饲料

(1)特点　鲤鱼饲料配方原则上适宜于鲤、鲫等杂食性水产动物。

鲤鱼是典型的杂食偏动物食性底栖水生动物，是世界上淡水养殖最早最普遍的鱼类，对其营养需要研究比较清楚。鲤鱼饲料配方的蛋白质及营养水平高于草食性水产动物，而低于肉食性水产动物，对饲料的总利用率较高。鲤鱼也能较好的利用碳水化合物和饼类等植物性蛋白饲料，同时也需搭配一定比例的动物性蛋白质。从营养与经济两方面考虑，动植物蛋白比以1∶(4～6)为宜。饲料中适量添加油脂、青绿饲料或多种维生素、微量元素，可节约饲料蛋白质、提高饲料效率、增产防病和改善鱼肉品质。

(2)饲料配方(%)

①鱼粉5，豆饼70，玉米面10，麸皮10，稻草3，矿物质1，食盐1。

②鱼粉30，蚕蛹12，豆饼10，芝麻饼5，米糠10，麸皮10，小麦粉15，玉米5，油脂1.5，添加剂1.5。

③鱼粉15,酵母5,豆饼30,棉仁饼5,黄玉米10,尾粉10,麸皮17,血粉5,多种维生素1,矿物质2。

④鱼粉15,豆饼15,麸皮22,玉米粉10,贻贝粉5,蛋氨酸0.3,赖氨酸0.2,多种维生素1,矿物质2。

⑤蚕蛹10,豆饼30,菜饼10,大麦10,麸皮12,米糠10,酒糟15,骨粉2,食盐、多种维生素。

3.罗非鱼配合饲料

(1)特点　罗非鱼饲料配方也适用于脂鲤、美国鮰、露斯塔野鲮、太阳鱼、银鲃与密鲴等其他杂食、腐食,甚至滤食性水产动物。

罗非鱼是仅次于鲤鱼的世界上养殖最广泛的杂食偏植食性水产动物。罗非鱼饲料蛋白质营养水平是介于鲤鱼与草食性水产动物之间,对碳水化合物利用较好,对粗纤维耐受力也较强,但并非越粗越好。据试验,罗非鱼饲料动、植物蛋白比以1∶(3.1～5.1),粗纤维低于12%为好。罗非鱼对无机盐尤其是对鳞的要求量很高,饲料中无机盐添加量是鲤鱼的2～2.5倍。在高密度集约养殖条件下,因缺乏天然饵料几乎完全依赖配合饲料,需相应提高配合饲料的营养水平,否则养殖效果不及鲤鱼。

(2)饲料配方(%)

①鱼粉8,豆饼5,芝麻饼35,米糠30,玉米8,麸皮12,矿物预混剂2。

②鱼粉10,豆饼35,麸皮25,肉骨粉10,干豆渣20。

③鱼粉5,豆粕30,麸皮40,玉米粉23,添加剂2。

④鱼粉10,豆饼20,麸皮38,酵母5,棉仁饼15,小麦粉10,矿物预混剂2,另加维生素混合剂少量。

⑤豆饼30,麸皮50,玉米面10,贝肉粉10。

4.特种水产动物饲料配方

(1)特点　要求饲料蛋白质含量高,保形性和加工质量要求高。

(2)饲料配方(%)

①黑仔鳗:鱼粉68,酵母粉5,淀粉25,复合维生素0.1,无机盐0.5,另加维生素E0.004。

②幼鳗:鱼粉54,蚕蛹18,肉粉6,膨化玉米7.92,α-淀粉12.0,水产

粘结剂 0.5,蛋氨酸 0.1,食盐 0.08,多种维生素 0.5,矿物预混剂 1.0。

③成鳗:鱼粉 44.2,蚕蛹 13.9,肉粉 6,膨化豆粕 6,膨化玉米 12,α-淀粉 15.84,水产黏结剂 0.5,蛋氨酸 0.3,食盐 0.06,多种维生素0.5,矿物预混剂 1.0。

④加州鲈鱼:鱼粉 60,麦麸 10,小麦粉或玉米粉 25,酵母、维生素、矿物质 5。

⑤虹鳟:秘鲁鱼粉 45,虾头粉 10,发酵血粉 5,豆饼 15,玉米蛋白 10,麦麸 10,次粉 4,酵母 1。

⑥史氏鲟仔鲟:鱼粉 55,水蚤干粉 18,丰年虫卵 1,饲料酵母 8,豆饼 9,小麦粉 3,豆油 5,复合维生素 1。

⑦史氏鲟幼鲟:鱼粉 50,干乳 10,饲料酵母 5,豆饼 5,面粉 10,玉米面 5,复合无机盐 2,复合维生素 1,磷脂 2,引诱剂 8,复合氨基酸 2。

⑧史氏鲟成鲟:鱼粉 50,豆饼 30,面粉 8,玉米面 8,豆油 3,复合添加剂 1。

第三节　配合饲料的选择与投饵技术

一、配合饲料的选择

基于目前精养池均以配合饲料为主,对养殖者而言选择生产厂家和产品就至关重要。以下就一些表观的浅显问题做些归纳,以利于用户在做选择时参考。

1. 选择厂家　最好选择有一定规模、技术力量雄厚、售后服务到位、养殖效果好(主要以价效比高和成活率高为参数)。

2. 产品选择

(1)产品应适宜养殖对象。许多用户认为饲料蛋白高就好,鱼长得

快就好，一定要科学对待这两个问题。选择的饲料营养配比不与养殖对象相匹配，易发生营养代谢病，一旦发生继发的病毒或细菌病就会发生很大损失。

(2)料的径粒要适合鱼的口大小。

(3)料的整齐度和一致性好。鉴别方法有：料的表观颜色均一；尝几粒，味道差异不大；放入透明玻璃瓶中浸软发散后，残留颗粒大小差异小。

(4)黏合糊化程度好。要求有：料袋中无粉尘集中现象，放在水中至少1 h不散开。

(5)标示清楚。主要内容有：组分质量参数，保存要求，出厂日期与保质期，使用方法及注意事项。

二、投饵技术

投饵是项操作性较强的工作，投饲技术水平的高低直接影响鱼、虾养殖的产量和经济效益的高低，因此，必须对投饲技术予以高度的重视，要求饲养者有较强的责任心和丰富的经验，要认真贯彻四定(定质、定量、定位、定时)和三看(看天气、看水质、看鱼情)的投饲原则。

(一)投饲场所

遵循“四定”投饲原则，应选择好投饲场所，特别是池塘养鱼，食场应选择向阳、滩脚坚硬、最好有螺蛳壳的地方，以利鱼类摄食。塘泥较多的地方，当饲料落入塘底，由于鱼争食时搅动池水，饲料会很快混入底泥中，而造成浪费。根据养殖的实际情况，也可搭设各种饲料台(架)，做到定位投饲是十分必要的。

(二)鱼池中载鱼量的估算与投饵量确定

投饲率表只能查出某种规格的鱼在某一水温条件下的投饲率，而具体投多少饲料，还要取决于饲养在水体(池塘或网箱等)中的载鱼量。

估算载鱼量的方法很多，有抽样法、生长法、饲料系数法等，现将抽样法估算载鱼量介绍如下：从鱼池（或网箱）中捕出部分鱼，分别称重（W）并记录，然后把所称鱼体总重（$\sum W$）除以所称鱼的总尾数（$\sum N$）得出鱼体的平均重量（$W=\sum W/\sum N$），然后从放养尾数中减去死亡数所得的尾数，乘以抽样所得的平均体重，即可估算出水体的载鱼量，一般抽样合理，操作熟练，部可获得较满意的结果。根据估算出的某期间水体中载鱼量，然后依不同养殖方式，再按当时水温条件和鱼的规格，运用投饲率表即可计算出日投饲量。

影响投饵量的因素很多，且复杂，以下仅介绍一些原则。总的原则是：让鱼形成"四定"习惯后，观察鱼的采食状况而定。

（1）种类　不同种类采食量差异较大。如草鱼大于团头鲂。

（2）体重　一般幼鱼投饵率可达 5％～10％，成鱼多为 3％～5％。

（3）水环境　水温度适宜、溶氧量丰富，水中有毒害物质少则采食多，否则少。

（4）生物钟　自然状态下，在一天的 24 h 中，水生动物的采食量差异较大，投饵的原则是尊重动物的生活习性。

（三）投饲方法

配合饲料养鱼的投饲方式有人工手撒投饲和机械投饲两种方式。

（1）人工手撒投饲　即利用人工将饲料一把一把地撒入水中，投料时掌握撒料的速度，即"慢—快—慢"，这样可以清楚看到鱼的实际摄食状况，对每个池塘每个网箱灵活掌握投喂量，做到精心投喂，有利于提高饲料效率，但是费工、费时。对于中、小型渔场，劳力充足，或者养殖名、特、优水产动物，此种投饲方式值得提倡。

（2）机械投饲　即利用自动投饲机投饲，这种方式可以定时、定量、定位，同时也具有省工、省时等优点。

机械投饲的设备，目前国产颗粒饲料投饲机，有上海 78-2 型投饲机（图 6-1）和 78-4 型投饲机（图 6-2）。

上海 78-2 型投饲机由鼓风机、电振器、下料喉口链、电气控制器、

喷料管、机壳等部件组成。电机起动后，鼓风机也开始工作，为了确保喷料管通道流畅，电振器经过 2 s 后才开始打开喉口。喉口打开后，饲料进入喷料管，被风送出。由于电振器工作的周期是关 2 s 开 4 s，因而投饲可断续进行，饲料散落呈圆形。

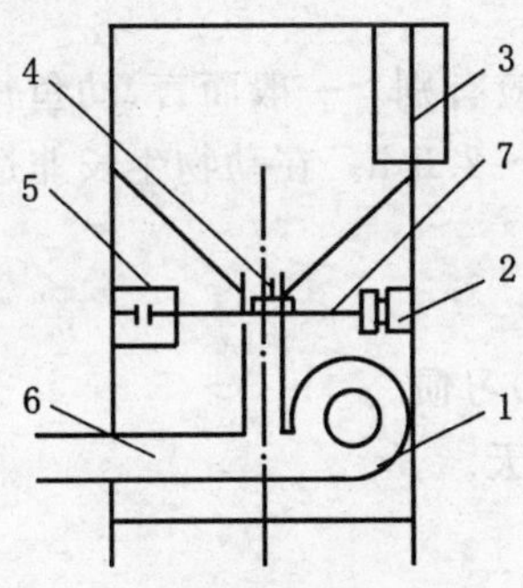

图 6-1　上海 78-2 型投饲机结构示意图

1. 鼓风机　2. 电振器　3. 控制器　4. 下料喉口链　5. 复位弹簧　6. 喷料管　7. 轴

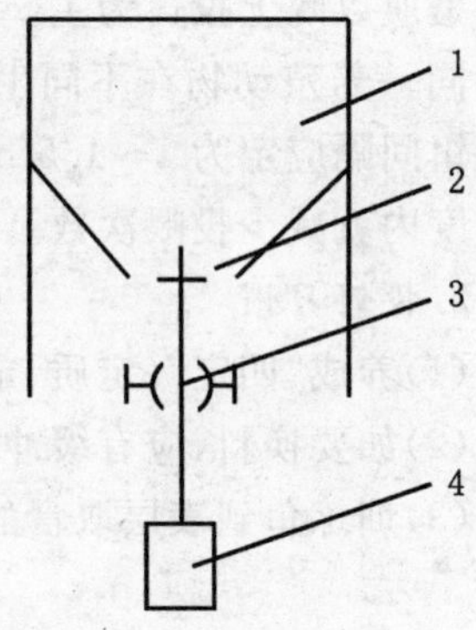

图 6-2　上海 78-4 型投饲机结构示意图

1. 筒身　2. 挡板　3. 万向节　4. 撞料板

电机功率为 60 W，投距 3 m 以上，投饲量为 0.2～0.5 kg/min，投饲周期为 1～5 h，6 档可调；每次投饲时间为 5～20 min，3 档可调。

78-4 型投饲机为鱼动式，系利用鱼类游动，碰动撞料板而投饲，对 15 cm 以上的贪食性鱼类最为有效。该机由万向节、撞料板、筒身和挡板组成。在无鱼碰撞料板时，饲料被挡板挡住不能下落；当鱼类碰动撞料板时，挡板即对料筒作相对运动，饲料就通过变化的间隙直落入水中。另外，北京仿制的日产 ZTII 型自动投饲机采用电子钟控制，定时、定量，每昼夜可动作 6～24 次，每次按选择的频率撒出饲料，直径达 1 m，工作效率较高。但是，利用机械投饲机不易掌握摄食状态，不能灵活控制投饲量，机械成本高。

(四)投饵注意事项

1.投饵时间和次数　不同水产动物的生活习性有较大差异，投饵时间也应有所差异。大多数鱼以白天投饵为主，少数鱼(如泥鳅、黄鳝)及虾蟹应以晚上投饵为主。

同一养殖动物在不同生长时段投饵也应有别。一般而言，幼鱼每次投饵间隔应定为1～1.5 h，成鱼应定为2～2.5 h。在动物生长非适宜温度内就减少投喂次数。

2.投饵习惯

(1)养成"四定"(定质、定量、定时、定位)习惯。

(2)如要换料，应有缓冲过渡时间2～3天。

(3)训练鱼到表层取食的习惯。

提示问答

1.概念：饱食量、再摄食量、摄食率、等级化摄食行为。

2.什么是无公害水产饲料？

3.无公害水产饲料有哪些重要性？

4.目前饲料安全性存在主要问题有哪几方面？

5.什么是饲料添加剂，对饲料添加剂有何要求，它有什么作用，如何选择？

6.无公害饲料配制准则是什么？

7.设计饲料配方必须遵循的原则是什么？

8.如何估算池塘载鱼量？如何确定具体投饵量？

第七章

淡水鱼类无公害繁殖技术

阅读指南 苗种生产是水产养殖生产的第一个环节,也是源头。亲体质量、苗种质量的好坏直接关系到养殖生产的成败,并在一定程度上关系到水产品质量的好坏。如何选择、培育亲鱼,如何催产、孵化是本章要重点阐述的问题。

长期以来,我国水产品苗种的生产一直是自由市场行为,即各生产单位自主决定所生产的品种、数量、规格、生产时间及自主销售,一直是自主经营,从而形成了各自为政、分散经营的生产管理体制,渔业行政部门干预得不多甚至没有干预,使得苗种的质量得不到保证,在一定程度上造成了水产品质量上的问题。按无公害水产养殖标准要求,用于生产良种良苗的亲本和卵、苗孵化与培育应达到以下条件。

(一)亲本

1. 亲本来源可为野生原种、人工培育或国外引进,具有该种明显形

态等特征，经济性状（产量、生长、食用价值）良好　若为国外引进新种，必须严格检疫，避免携带病原体的亲本进口；未经审批的亲本不得入境。

2.亲本的遗传性状稳定和良好，生长和性成熟年龄正常　遗传质量高的野生亲本为最佳选择，人工培育的亲本要改变就地采集的方法，避免近亲交配，确保种源的优质。

3.亲本的暂养、培育及越冬池水环境良好，水质符合国家规定渔用水质标准　推广采用内循过滤及“零交换”（即养殖循环用水不与自然水体的水交换）技术。

4.提供合理的优质亲本用饲料，以利性腺正常发育；尽量提供天然生物饵料。

5.采用稀养方法，严格管理，控制疾病的发生和用药，不用或慎用促熟激素等药物。

6.除技术必须外，以自然产卵为主，人工授精为辅的方法获得受精卵。

7.规范操作，减少或杜绝应激反应。

（二）卵、苗的孵化和培育

1.孵化和育苗用水符合国家渔业用水标准，推广采用内循环和“零交换”技术。

2.使用绿色消毒剂和杀菌剂　禁止使用孔雀石绿等“三致”（致癌、致畸、致突变）药物和化学药品。

3.提供优质开口和培育饵料，最好为生物饵料。

4.规范操作，减少或杜绝应激。

5.未经审批的卵、苗不得上市，若属于SPF（无特定病原体）苗，应查明特定病原体种类、特征和产生非特定病原体病的可能性及种类、防治方法。

6.从国外引进的卵、苗应严格检疫；严防携带病原体的卵、苗入境；运输过程中禁止使用麻醉剂。没有审批的卵、苗不得入境。

为此，近年来，我国各省、直辖市相继出台了各自的种苗检疫管理办法，制订了严格检疫制度和检疫程序，作为每一个养殖单位，应牢固树立防重于治的观念，重视检疫，把好各种苗质量关，提高自我保护意识。

对新购入的貌似健康的种苗，特别是来自疫区的种苗必须进行隔离暂养观察。暂养期的长短视疾病的潜伏期而定，一般为3～4周。暂养期间，必须牢记注意观察暂养鱼类的体色、行动、摄食等一系列情况。如发现病症，要立即进行治疗或扑杀。

在整个检疫和暂养过程中，必须严格注意隔离和消毒灭菌，以便杜绝病原的传播扩散。检疫和暂养的结合使用，可以有效地杜绝病害的传染，是养殖成功的关键一步。

第一节　无公害亲鱼的选择与培育

亲鱼指已达到性成熟并能用于人工繁殖的种鱼，亲鱼的优劣将直接影响到怀卵量、产卵率、受精率、孵化率、成活率等指标。

一、无公害亲鱼的选择

（一）品种选择

虽然“四大家鱼”的养殖历史很长，但从育种角度看还尚未形成人工选育的优质品系。目前由于近亲交配，逆向选择等引起家鱼经济性状衰退和基因库萎缩。因此选择亲鱼或后备亲鱼必须首先进行种质鉴定。其鉴定标准主要根据家鱼的形态构造特征、生长与繁殖、遗传学特性。亲鱼的来源主要有二：一是江河水域中的天然苗种或持有国家原种生产许可证的原种场的苗种经专门培育成亲鱼。二是

从鲢、鳙、青、草鱼天然种质资源库或江河、水库、湖荡等未经人工放养的天然水域择优收集的食用鱼培育成亲鱼。选择亲鱼时严禁近亲繁殖的后代作亲鱼。一般生产单位(非原种场)繁殖的雌雄鱼不得同时留作本单位的亲鱼。为保持大量的有效群体,引进的后备亲鱼必须有较大的数量,一般每种每批至少有 200 尾以上(鱼种在 1 000 尾以上),使遗传基因在群体内起到互补作用。在培养过程中还必须按种质标准和亲鱼质量标准对后备亲鱼作进一步筛选,以获得稳定的具有优良性状的纯系。

(二)性成熟年龄和体重

在同一水体中,年龄和体重在正常情况下存在正相关关系,即年龄越大,体重也越大。但由于水域的地域气候、水质、饵料等因素的差异,同一种鱼在不同水域的生长速度存在一定差异。达到性成熟时间也不相同,体重标准也不一致。

南方成熟较早,个体较小;北方成熟较迟,个体较大。但不论南方、北方雄鱼较雌鱼早成熟一年。但在相同地域,虽然由于自然环境不同,个体的重量有明显差异,但性腺的发育水平是一致的,因此选择亲鱼时首先考虑是否达到性成熟年龄,然后再要求体重的标准。对于年龄相同的亲鱼,应尽量选择个体较大的,因个体大,怀卵量也大,产卵较多,繁殖的后代体质健壮。虽然亲鱼第一年性腺成熟就可以催情产卵,以催情产卵,但是从育种角度看,第一次性成熟不能用作产卵亲鱼,但年龄又不能过大,青鱼亲鱼可使用到 20 足龄;草鱼亲鱼在珠江流域、长江流域可使用到 14 足龄,黄河流域使用到 15 足龄,黑龙江流域使用到 16 足龄;鲢亲鱼在珠江流域、长江流域可使用到 12 足龄,黄河流域、黑龙江流域可使用到 14 足龄;鳙亲鱼可使用到 15 足龄。若超过这个限度必须淘汰。因此,对于育苗场每隔 6~10 年,应重新引进原种培育成亲鱼。青鱼、草鱼、鲢、鳙的性成熟年龄,允许繁殖的最小年龄和最小体重分别见表 7-1。

表 7-1　青鱼、草鱼、鲢、鳙的性成熟年龄，允许繁殖的最小年龄和最小体重
（数据来源于 GB/T 5055－1997）

项目		珠江流域		长江流域		黄河流域		黑龙江流域	
		雌	雄	雌	雄	雌	雄	雌	雄
性成熟年龄（以足龄表示）	青鱼	5	4	6	5				
	草鱼	4	3	4	3	5	4	6	5
	鲢	3	2	3	2	4	3	4	3
	鳙	4	3	5	4	6	5	7	6
允许繁殖最小年龄（以足龄表示）	青鱼	6	5	7	6				
	草鱼	5	4	5	4	6	5	7	6
	鲢	4	3	4	3	5	4	5	4
	鳙	5	4	6	5	7	6	8	7
允许繁殖最小体重(kg)	青鱼	13	10	15	13				
	草鱼	6	5	7	5	8	6	8	6
	鲢	4	3	5	3	5	3	5	3
	鳙	8	8	10	8	10	8	13	8

（三）体质选择

亲鱼的体质与性腺发育、怀卵量及卵的质量有很大关系。因此，应选择鱼体肥满、体大、体表光滑、完整无伤、无疾病、无畸形、体色正常有光泽的鱼作亲鱼。鲢、鳙、草鱼、青鱼的肥满度分别为：2.18±0.24、2.12±0.36、1.96±0.22、2.17±0.31 为宜（李思发，1997）。

（四）雌雄鉴别

在亲鱼培育或人工催产时，必须掌握恰当的雌雄比例，一般以雌1，雄 1.5 为适，避免雌多，雄少。家鱼雌雄主要根据其性腺发育的外观特征和副性征来鉴别。在繁殖季节，可根据副性征和体型来鉴别，一般比较容易；非生殖季节则主要是依据胸鳍的形状和长短来判别。一般来讲，雄鱼的胸鳍狭长，雌鱼胸鳍相对较短而呈扇形。几种常规养殖鱼类的雌雄鉴别方法见表7-2,图3-10,图7-1至图7-3。

表7-2　几种常规养殖鱼类雌雄亲鱼的外部形态特征

鱼类	生殖季节		非生殖季节	
	雄鱼	雌鱼	雄鱼	雌鱼
鲢	胸鳍的前面几根鳍条上有骨质的锯齿状突起,手摸有粗糙感	鳍条光滑,仅鳍条末端有少数锯齿状突起	同生殖季节	同生殖季节
鳙	胸鳍内侧有骨质的刀刃状突起,用手横摸有割手的感觉	手摸胸鳍光滑	同生殖季节	同生殖季节
草鱼	胸鳍内侧有排列很密的"追星"手摸有粗糙感	胸鳍上没有"追星",手摸光滑	胸鳍狭长,其长度超过胸鳍基部到腹鳍基部间距的1/2。腹部鳞片小而尖,排列紧密	胸鳍略宽而短,其长度小于胸鳍基部到腹鳍基部间距的1/2。腹部鳞片略大而圆,排列疏松
青鱼	胸鳍内侧有排列很密的"追星",手摸有粗糙感	胸鳍上没有"追星",手摸光滑	胸鳍一般较长而大	胸鳍一般较雄鱼短小
鲮	胸鳍第1～6根鳍条上有"追星",手摸有粗糙感	胸鳍光滑无"追星"	腹部狭小	腹部膨大
鲤	体狭长,头较大,腹部狭小而硬,成熟后能挤出精液,胸、腹鳍和鳃盖有"追星",手摸有粗糙感,生殖孔略凹下	背高体宽,头较小,腹部膨大而柔软,胸鳍没有或很小有"追星",肛门和生殖孔略红肿凸出	体狭长,头较大,无"追星",肛门略向内陷,肛门前区无平行褶皱	背高体宽,头较小,腹部大而柔软,无"追星",肛门略向后凹进,孔周围有辐射褶,肛门前区有平行纵褶

续表 7-2

鱼类	生殖季节		非生殖季节	
	雄鱼	雌鱼	雄鱼	雌鱼
斑点叉尾鮰	头部宽而扁平，两侧有发达的肌肉，灰黑色；生殖器呈乳头状突起，具两个孔：肛门和生殖乳突（图 7-1）	头部小于雄鱼近于圆形，淡灰色；生殖器长圆形，具三个孔：肛门尿孔和生殖乳突，微红肿（图 7-1）	用麦秆或挖卵器从生殖器试探，无生殖孔者为雄鱼	用麦秆或挖卵器从生殖器试探，有生殖孔者为雌鱼
鳜	下颌前端呈尖角形，超过上颌较多，即尖而长，泄殖区只有肛门和泄殖孔两个孔	下颌前端呈圆弧形，超过上颌不多，即短而圆；肛门后具“一”字形的生殖孔和较小的泌尿孔而具三个孔	同生殖季节	同生殖季节
方正银鲫	头较大而体狭长，腹部狭窄，轻压有精液；胸、腹鳍和鳃盖有追星；泄殖孔内凹，无红点	头小而体狭长，腹部膨大而柔软；胸、腹鳍和鳃盖上无追星；泄殖孔突出，有红点	头大而体狭长，腹部狭窄而硬；泄殖孔狭长、内凹	头小而体高；腹部大而柔软；泄殖孔圆形、突出
罗非鱼	体大鳍长，鳍色鲜艳；泌尿孔和生殖孔合一（图 7-2），下颌不突出	体小鳍短，鳍色不鲜艳；泌尿孔和生殖孔分离（图 7-2）；下颌突出	同生殖季节	同生殖季节

续表 7-2

鱼类	生殖季节		非生殖季节	
	雄鱼	雌鱼	雄鱼	雌鱼
虹鳟	头小吻尖，下颌向上弯曲呈尖沟形；体高腹部不膨大，尾叉较浅；生殖孔乳白色，不突出（图3-10）	头细长而吻圆，上下颌等长，下腹部膨大，尾叉较深，色鲜艳；生殖孔粉红色，突出（图 3-10）		
斑鳢	腹部狭小而硬，生殖孔不突出	腹部膨大、柔软、生殖孔突出	腹部和腹鳍条呈蓝黑色，胸部具黑色斑点（图 7-3）	腹部和腹鳍条呈白色，胸部无黑斑点（图 7-3）
团头鲂	胸鳍、眼眶、头顶、尾柄上出现大量的颗粒状珠星，手摸有明显粗糙感	胸鳍上没有珠星，手摸滑腻，仅眼眶及身体背部有少量珠星	第一根鳍条较粗，稍尖，呈波浪形弯曲	第一根鳍条较细而平直

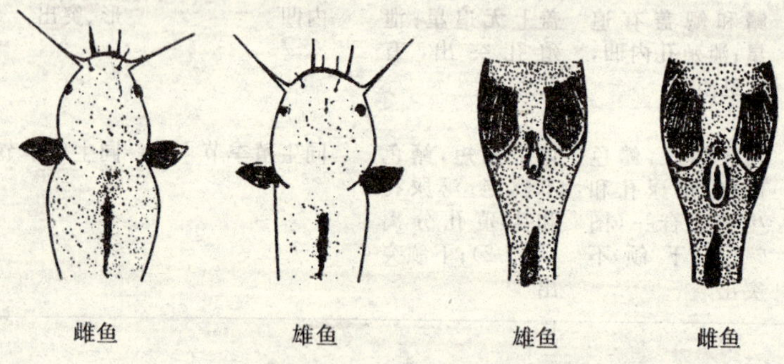

图 7-1　雌雄斑点叉尾鮰亲鱼形态区别

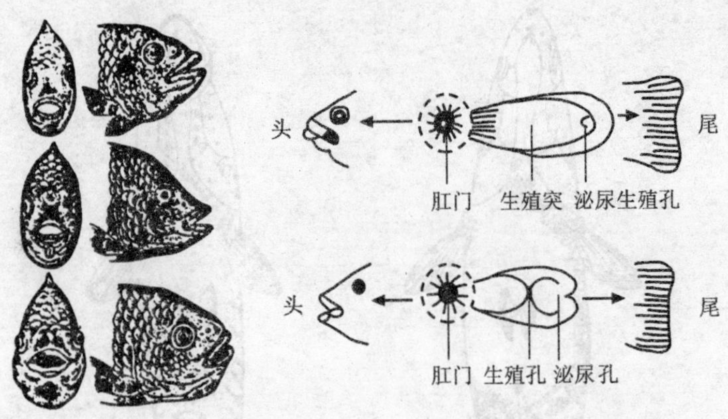

图7-2 雌雄罗非鱼亲鱼形态区别

左图：上：雄鱼 中：雌鱼 下：口中含卵的雌鱼 右图：上：雄鱼 下：雌鱼

二、无公害亲鱼培育标准化

亲鱼是鱼类人工繁殖的物质基础，性腺发育是人工繁殖的关键，而亲鱼培育则是关键中的关键。亲鱼培育的好坏，直接影响到性腺的成熟度、催产率、鱼卵的受精率以及孵化率。唯有培育出性腺发育良好的亲鱼，注射催情剂才能使其完成产卵、受精过程，只强调催产和孵化技术忽视亲鱼培育，只强调春季强化培育，而忽视产后培育，即所谓"产前攻，产后松"的做法是搞不好鱼类人工繁殖的。

亲鱼性腺发育的优劣直接与饲养管理有关。饲养管理得当，可以获得性腺发育良好的亲鱼；反之，性腺就发育不好。整个亲鱼培育的过程，就是一个创造条件使亲鱼性腺向成熟方面转化的过程。因此，必须使亲鱼培育的方法符合鱼类性腺发育的基本规律。

(一)亲鱼培育池标准化

亲鱼培育池是亲鱼生活的环境。池塘的条件如位置、面积、底质、

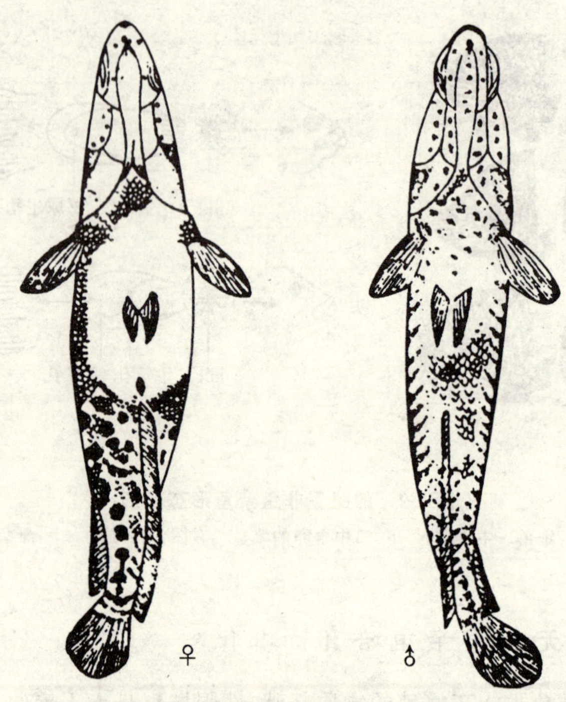

图 7-3 雌雄斑鳢亲鱼形态区别

水质、水深都会直接或间接地影响亲鱼的生长发育。

亲鱼池要靠近水源，注排水方便，环境开阔向阳，交通便利。亲鱼培育池、产卵池和孵化场所的位置应靠近。周围环境应安静，以减少亲鱼应激。亲鱼池面积以 0.13～0.27 hm^2（2～4 亩）为宜。池形以东西长，南北宽的长方形为好，即可以增加光照，便于保温，又便于饲养管理和捕捞。若池塘过大，水质不易掌握，且由于鱼多，往往只能分批催产，而多次拉网捕鱼会影响催产效果。培育池的水深应长年保持 1.5～2.5 m。北方寒冷地区，人工繁殖前，可采取降低水位的方法提高水温。水质应符合 GB 11607 的规定，水质清新，溶氧丰富，无污染，晴天中午池水透明度要求保持在 20～25 cm。池底平坦，便于捕捞，并

具有良好的保水性。鲢、鳙鱼池以壤土并稍带一些淤泥为佳；草鱼、青鱼池以砂壤土为好；鲮鱼池以砂壤土稍有淤泥较好。

亲鱼池应每年清塘一次。宜在家鱼人工繁殖生产结束后抓紧完成。清塘的工作内容包括挖除池底过多淤泥，维修和加固塘埂，割除杂草，清除野杂鱼，杀死敌害生物、细菌，并改良水质。清池的方法同鱼苗饲养池。

（二）亲鱼的放养标准化

在人工繁殖前，应制定好池塘的清理、亲鱼周转和放养计划，使产后亲鱼及时按计划定池放养。如需调整宜在秋冬季节，水温 10℃左右进行。此时亲鱼活动力减弱，以免亲鱼受伤。亲鱼放养密度与池塘条件（主要是水源）、饲养管理水平有关。池塘条件好，技术水平高则可多放，否则应减小放养密度。放养方式一般采用混养方式以充分利用水体和天然饵料。混养种类要根据各类鱼的习性适当搭配。

鲢亲鱼一般每公顷放养 1 500～2 250 kg，鳙亲鱼每公顷放养1 200～1 500 kg，草鱼亲鱼每公顷放 2 250～3 000 kg，鲮亲鱼每公顷放养 2 000 kg 左右，雌雄搭配为 1∶(1～1.25)。青鱼一般每公顷放养 120～150 尾，总重量在 3 000 kg 以内，雌雄比例为 1∶1。

放养方式一般采取主养亲鱼和不同种的后备亲鱼混养方式。主养鲢鱼亲鱼池每公顷搭养鳙鱼后备亲鱼 30～45 尾，主养鳙鱼亲鱼池不搭养鲢鱼。为了清除鲢鳙鱼亲鱼培育池中的水草、螺蛳和野亲鱼，可搭养适量草鱼、青鱼和其他肉食性鱼类。主养草鱼亲鱼池每公顷搭养鲢或鳙鱼后备亲鱼 45～60 尾，肉食性鱼类（鳡鱼、乌鳢、鳜鱼、鲌鱼等）30～45 尾，池内螺蛳多可搭养 30～45 尾青鱼。主养青鱼亲鱼池每公顷搭养鲢鱼亲鱼 60～90 尾或鳙亲鱼 15～30 尾，不准搭养其他规格的小青鱼，也不能搭养鲤、鲫或其他底栖肉食性和杂食性鱼类。主养鲮鱼亲鱼池不能搭养鲢鱼，可搭配鳙亲鱼和部分食用鳙、草鱼。

（三）亲鱼饲养管理标准化

应根据各种亲鱼的生活习性，不同季节的食量变化和性腺发育的规律性，进行合理的饲养管理，其中心环节是投喂、施肥（鲢、鳙、鲮）调节水质和防病等。一年中根据亲鱼性腺发育的特点和生理变化，可将亲鱼的培育划分为产后恢复期，秋冬培育期和春季强化培育期三个阶段。

产后恢复期，一般从 5 月底至 7 月上旬，约 40 天（长江流域、南方较早，北方较迟些）。产卵后的亲鱼体质虚弱，身体常带伤，容易感染疾病，容易死亡。因此，除给鱼体涂擦或注射抗菌药物防病外，应加强营养，创造良好的环境条件。池塘水质肥度要适中，溶氧要充足，饲料要新鲜适口，并给予微流水。在亲鱼体质恢复前，不要动网，待鱼体质恢复后，结合清塘再分塘归类，调整放养比例。

秋冬培育期是亲鱼育肥和性腺发育的关键时期，亲鱼怀卵量的大小，与此阶段的培育有关。这段时期较长，以 7 月中旬到翌年 2 月份，约 7 个月。这一时期又可分为两个阶段，一是 7 月中旬到 9 月中旬，约 2 个月，鱼体已恢复健康，而水温仍较高，鱼大量摄食，为越冬和性腺发育打基础。因此饲料要充足、适口，水质要肥，并要适时加注新水，保持充足的水量和良好的水质；二是从 10 月份至翌年 2 月份，4～5 个月的时间。这是秋冬育肥保膘时期，此时要适当施肥，培肥水质，保持肥水和满水越冬。在天气晴好时，适量投喂精饲料以保膘。

春季强化培育期，从立春后至 5 月上旬，临产前约 2.5 个月，随着水温的回升，鱼的卵细胞进入大生长期，卵黄开始大量积累而充满整个细胞。在这段时间内，所供营养不仅用于自身生长代谢，而更多的是供性腺发育，所以，亲鱼需要的食物在数量和质量上都超过其他阶段。若管理的好，亲鱼就能表现较高的繁殖力；否则，性腺发育便会停滞，甚至退化吸收。强化培育虽不能增加怀卵量，但能使已形成的卵母细胞正常发育成熟，提高受精率，孵化率和成活率。

第二节　亲鱼的催产

家鱼人工繁殖生产季节性很强、时间短而集中。因此，在催产前务

必做好各方面的准备，才能不失时机地进行催产工作。

一、产卵池

产卵池的设备包括产卵池、排灌设备、收卵设备（收卵网、网箱）等。

产卵池是给亲鱼提供一定生态条件、供亲鱼产卵和收集鱼卵的场所。因此，产卵池应设在离亲鱼培育池、孵化设备较近和注排水方便的地方，以减少亲鱼和鱼卵运输的伤亡。各地使用的鲤科鱼类产卵池的形状一般为圆形（图 7-4）或椭圆形（图 7-5），由冲水装置，产卵池和集卵池组成，其中圆形产卵池的水域宽阔，水流畅通，收卵方便，使用效果较好，而椭圆形产卵池内往往有洄水，收卵较慢。因此，大多数养殖场均采用圆形产卵池。

二、常用催产工具

常用催产工具包括亲鱼网、亲鱼夹、采卵夹及注射时的小工具。

亲鱼网要求网目小（1.5～2.0 cm），网线粗且柔软，常用 3×7 的尼龙线或维尼龙线等，网高 6～7 m，网长随池塘宽度而定，一般为池塘宽度的 1.4 倍左右。亲鱼夹、采卵夹用柔软的细帆布或尼龙布做成。挖卵器（图 7-6）表面要光滑，顶端钝圆形，以免取卵时损伤卵巢。

其他催产用具还有白瓷盆（捞卵或人工授精时放鱼卵用）、捞卵小捞子（在集卵箱内捞卵及鱼卵过数时用）、消毒锅、注射器（1 mL、5 mL、10 mL、15 mL、20 mL）、注射针头（7、8 号）、研钵、镊子、温度计（0～50℃）、玻璃吸管、生理盐水（1 000 mL 蒸馏水加 7 g NaCl 或精盐，也可用市售注射用水）、毛巾、大羽毛（鸡毛或鹅毛等）、量杯或量筒、粗天平或中药小秤（称量 5 g 或 10 g）、大秤、集卵缏网或集卵箱。

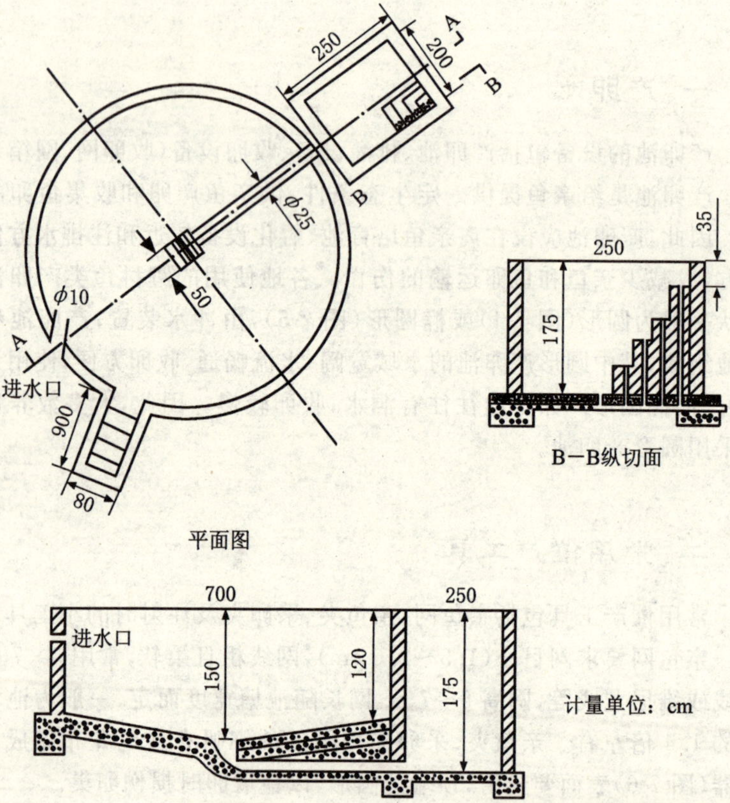

平面图

B—B纵切面

A—A纵切面

计量单位：cm

图 7-4　圆形产卵池

（引自《中国池塘养鱼学》，1989）

三、催产药物

目前用于鱼类繁殖的催产剂主要有绒毛膜促性腺激素（HCG），鱼类脑垂体（PG），促黄体素激素类似物（LRH-A）。另外，还有一些提高

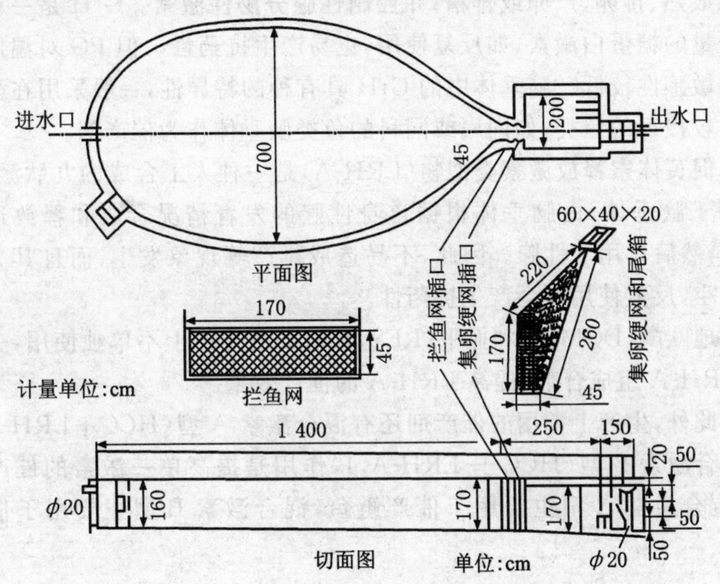

图 7-5　椭圆形产卵池

（引自《中国池塘养鱼学》,1989）

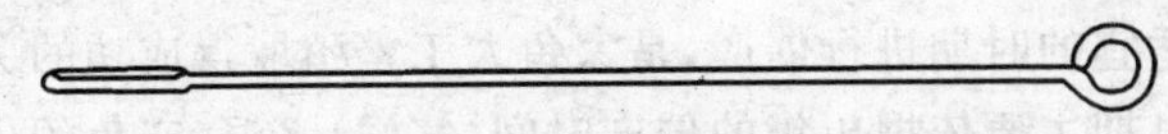

图 7-6　挖卵器

催产剂效果的辅助剂，如多巴胺排除剂，利血平（RES）和多巴胺拮抗物地欧酮（DOM）。

绒毛膜促性腺激素（HCG）直接作用于性腺，具有诱导排卵的作用；同时也具有促进性腺发育，促使雌雄激素产生的作用。HCG 是分子量大的蛋白质激素，若反复使用，易产生抗药性。

鱼类脑垂体（PG）含有多种激素，对鱼类催产最有效的成分是促性腺激素（GtH）。GtH 直接作用于性腺，可以促使鱼类性腺发育；促进性腺成熟、排卵、产卵或排精;并控制性腺分泌性激素。GtH 是一种大分子量的糖蛋白激素,如反复使用,也易产生抗药性。但 PG 对温度变化的敏感性较低。脑垂体中的 GtH 具有种的特异性,一般采用在分类学上较接近的鱼类,如同属或同科的鱼类脑垂体作为催产剂。

促黄体素释放激素类似物(LRH-A)是一种人工合成的九肽激素,作用于脑垂体,由脑垂体根据自身性腺的发育情况合成和释放适度 GtH,然后作用于性腺。因此,不易造成难产等现象发生,而且其分子量较小,反复使用不会产生抗药性。

地欧酮(DOM)和利血平(RES)是辅助剂生产上不单独使用,一般和 LRH-A 组成合剂,提高 LRH-A 的催产效果。

此外,生产上常用的催产剂还有混合激素 A 型(HCG+LRH-A_2)和混合激素 B 型(HCG+ LRH-A_3),作用是提高单一激素的催产效果,混合激素 A 型主要用于催产鲢鱼,混合激素 B 型主要用于催产鳙鱼。

四、催产季节

从性腺成熟到精卵开始退化之间就是鱼的催产期。

在最适宜的时期进行催产,是家鱼人工繁殖取得成功的关键之一。确定催产日期主要依据历年的催产时间、气候、水温、亲鱼的成熟情况,养殖周期和物候标志等。

五、亲鱼的捕捞、选择与配组

1. 亲鱼的捕捞与运送　保护亲鱼完好无伤是促使亲鱼顺利产卵、受精的重要一环。在捕捞和运送亲鱼时,应做好以下几项工作。

(1)工作人员要明确分工　在人力安排上,如拉网、选鱼、运鱼、配药、打针、产卵池验收亲鱼和记录等工作都有明确分工。

(2)选好网基　下网捕鱼前,应先选好下网和起网的地点,并清除

附近的污泥，杂物等，以便拉网操作。

(3)细心操作，避免鱼体受伤　一个亲鱼池的亲鱼，最好拉网一二次就全部催产完毕。因为拉网次数多，会使亲鱼的性腺退化，也容易使亲鱼受伤，从而影响催产效果。

2.亲鱼的选择　经人工培育的亲鱼并非都能用于人工繁殖生产，必须经过选择。选择的首要条件是性腺发育良好，其次是无病无伤。在此主要介绍亲鱼成熟度的鉴定。

(1)雌亲鱼的选择　目前生产上主要是通过外形观察的方法来判断雌鱼性腺发育好与否。其次可用挖卵观察的方法辅助鉴别。

外形观察：选鱼可概括为“看、摸”两个字。看，就是看亲鱼腹部大小，卵巢在体内流动情况和生殖孔颜色和形状；摸，就是腹部柔软程度，腹壁的厚薄和卵巢的弹性。如成熟较好的鲢鳙鱼腹部比较膨大，两侧有明显卵巢轮廓，下腹部松软有弹性，生殖孔附近饱满；将鱼体前后倾斜时，卵巢轮廓也随着向前、后略有移动；生殖孔松弛而略有突出，呈微红色。

挖卵观察：利用挖卵器直接挖出卵粒观察，其发育状况，可更准确地判断亲鱼成熟的程度。若卵粒大小整齐，大卵占绝大部分，有光泽，较饱满或略扁塌，全部或大部分核偏位，表明性腺成熟较好。不同成熟度的卵子外观和核象位置比较见表7-3。

表7-3　不同成熟度的卵子外观和核象位置比较

观察项目	第Ⅳ期初的卵	第Ⅳ期末的卵	退化卵
形状	不饱满，粘连在一起	饱满，张力大，光泽强，分散	张力小，扁塌，卵膜皱，光泽弱
卵粒组成	小卵数较多，不整齐	卵粒大小整齐，大卵占卵巢体积大部分	大卵比例大，但不规则，不整齐
大卵直径	较小，直径1 mm或不足1 mm	直径在1.1 mm以上	直径大，在1.1 mm以上
卵核位置	全部核在正中	全部或大部分核偏位	无卵核，卵黄糊状
颜色	青灰色或白色	黄绿色或青灰色	深黄色

(2)雄亲鱼的选择　雄亲鱼成熟度鉴别的主要方法是“挤”。就是用手轻轻挤压生殖孔前的腹部两侧，看是否有精液外流，肛门有否粪便(有粪便说明鱼还吃食，应晚几天催产)。性腺成熟较好的雄鱼，挤压腹部有乳白色精液流出，入水后能迅速均匀散开。若流出的精液量少，入水后呈细线状不散，说明还未完全成熟；若挤不出精液表明成熟度很差；若挤出的精液稀薄而带黄色，说明精巢已退化。

3.雌雄亲鱼的配组　同一批催产的亲鱼，首先其性腺发育程度要求基本一致。第二，为了保证鱼苗的质量，防止种质退化，催产时应选择无亲缘关系或亲缘关系较远的雌雄亲鱼配组，严禁近亲配组交配。第三，如果采用催产后由雌雄鱼自由交配产卵方式，雄鱼要稍多于雌鱼。一般以1∶(1～1.2)。如果采用人工授精方式，雄鱼可少于雌鱼，一般一尾雄鱼的精液可供2～3尾同样大小的雌鱼受精。第四，同一批催产的雌雄鱼，其个体重量应大致相同，以保证繁殖动作的协调。第五，每次催产亲鱼的组数，应根据产卵的大小，孵化设备的容量，需要鱼苗的数量、亲鱼个体大小等情况灵活掌握。

六、催情注射

(一)注射次数和时间

注射次数分一次注射和两次注射。一次注射就是把预定药量，一次全量注入鱼体。两次注射就是把预定的药量，分两次注入鱼体，第一次注射预定药量的10%左右，若干小时后进行第二次注射，将剩余的药量全部注入。两次注射有利于卵母细胞成熟的准备和成熟过程的进行和完成。更符合鱼类生理的客观规律，亲鱼发情的时间比较稳定，催产率、受精率和孵化率都比较高。但是，采用两次注射必须控制好第一针的剂量，特别是成熟较好的鱼，若第一针剂量高了，容易造成亲鱼早产，而且产不好。另外，两次拉网易使得亲鱼受伤。青鱼采用一次注射几乎不能产卵，多采用二次或三次注射。因此，生产上注射次数应根据

亲鱼的种类，催产剂的种类，催产季节和亲鱼成熟度等来决定。如果一次注射就可达到成熟排卵，就不宜分两次注射，以避免亲鱼受伤。成熟较差的亲鱼可采用两次注射，尤以注射 LRH-A 为佳，以利于促进性腺进一步成熟提高催产效果。雄鱼一般只注射一次，即在雌鱼进行最后一次注射时进行。

注射时间应根据工作方便，天气和水温情况以及催产剂的效应时间灵活掌握。一般要求在注射催产剂后，让亲鱼在第二天清早产卵较好。一次注射的时间，水温较低时，一般在下午 15～16 时注射；水温较高时，则在晚上 20～22 时注射。两次注射的时间，水温较低时，第一次可在上午 9～10 时注射，第二次在下午 15～16 时注射；水温较高时，第一次可在下午 15～16 时进行，第二次在晚上 21～22 时注射。两次注射相距时间一般为 6～12 h。对成熟较差的亲鱼，可适当延长两次注射相距时间。

(二)注射催产剂的剂量

催产时，亲鱼单位体重的用药量叫剂量(以 mg/kg 或 μg/kg 或 IU/kg 表示)，影响剂量大小的因素有：性腺发育成熟情况、催产期、水温、催产药物的质量等。性腺发育好、催产盛期，水温适宜(家鱼在 22～26℃)时，剂量可稍低些；性腺发育差，催产初期和末期，水温较低和较高时，剂量应稍高一些。北方采用剂量比南方稍高。几种家鱼常用剂量如下：

1. 鲢、鳙　可以采用一次注射也可采用两次注射。

采用两次注射时第一次注射：LRH-A 1～2 μg/kg 或鲤鱼脑垂体 0.3～0.5 mg/kg；第二次注射鲤鱼脑垂体 3～5 mg/kg 或 HCG1 000～1 200 IU/kg 或 LRH-A 15～20 μg/kg＋鲤鱼脑垂体 1 mg/kg 或 LRH-A 15～20 μg/kg＋HCG200 IU/kg。或鲤鱼脑垂体与 HCG 按任何比例混合使用，剂量同前。

采用一次注射时催产剂种类和剂量同第二次注射。

雄亲鱼一般采用一次注射，剂量为雌亲鱼的一半。与雌亲鱼最后一注射同时进行。

2. 草鱼　可以采用一次注射也可采用两次注射。

采用两次注射时第一次注射 LRH-A 1～2 μg/kg 或鲤鱼脑垂体 0.3～0.5 mg/kg。第二次注射 LRH-A 15～20 μg/kg 或鲤鱼脑垂体 3～5mg/kg 或鲤鱼脑垂体与 LRH－A 混合使用,剂量同前。

采用一次注射,催产剂的种类和剂量同第二次注射

雄亲鱼一般采用一次注射,剂量为雌亲鱼的一半,与雌亲鱼最后一次注射同时进行。

3. 青鱼　由于其个体大,要求饵料条件较高,性腺发育成熟度往往较差。一般采用三次注射。

第一次注射称促熟注射,也称打预备针。若使用 LRH-A 水剂,一般在催产前 1～5 天注射,若使用 LRH-A 乳剂,一般在催产前10～15天注射。注射剂量均为 2～5 μg/kg。第二次注射 HCG1 000～1 250 IU/kg,隔 12 h,第三次注射鲤鱼脑垂体 0.5～1 mg/kg;或第二次注射 LRH-A 5 μg/kg,隔 12 h,第三次注射 LRH-A 10 μg/kg＋鲤鱼脑垂体 0.5～1 mg/kg;或第二次注射 LRH-A 5 μg/kg,隔 12 h,第三次注射 LRH-A 10 μg/kg＋HCG500 IU/kg＋鲤鱼脑垂体0.5～1 mg/kg。

雄亲鱼与雌亲鱼的注射时间和方法相同,但剂量减半。

4. 鲮鱼　鲮鱼一般采用一次注射 LRH-A 30～50 μg/kg 或 PG 3～5 mg/kg。雄亲鱼剂量减半。

(三)注射方法

家鱼注射分腹腔注射和肌肉注射,腹腔注射又分为胸鳍基部腹腔注射和腹鳍基部腹腔注射。生产上一般都采用胸鳍基部腹腔注射的方法。注射前,应将注射液摇匀,排除注射器中的空气。注射时,使鱼夹中的亲鱼侧卧在水中,把鱼上半部托出水面,擦干胸鳍基部无鳞处的水,用 75％的酒精或碘酒消毒后,在凹入部分,将针头朝向头部前上方与体轴成 45°～60°角刺入 1.5～2.0 cm,然后徐徐注入药液。针头不能刺入过深,以免伤及内脏。注射完毕迅速

拔出针头。在注射过程中，当针头刺入后，若亲鱼突然挣扎扭动，应迅速拔出针头，不要强行注射，以免针头弯曲，或划开皮肤造成出血发炎，可待亲鱼安定后再行注射。

(四)效应时间

亲鱼从末次注射催产剂到发情产卵的时间间隔叫做效应时间。效应时间包括发情效应时间和产卵效应时间两类，前者指亲鱼自末次注射催产剂到发情的这段时间间隔；后者指亲鱼末次注射到产卵的这段时间间隔，准确推算效应时间对预计亲鱼发情产卵，合理安排生产，搞好人工授精具有重要意义。

效应时间的长短与水温、注射次数、催产剂种类，亲鱼的种类，年龄、性成熟度以及水质条件等有密切关系。鱼类是变温动物，效应时间与水温关系最大。因此，可根据当时的水温条件预测产卵时间。

鲢、鳙、草鱼、鳜鱼二次注射催产剂和一次注射催产剂的效应时间分别见表 7-4 至表 7-6。

表 7-4 鲢、鳙、草鱼二次注射催产剂的效应时间

(SC/T 1015—1989;SC/T 1021 — 1989)

水温(℃)	从第二次注射到发情的时间(h)	从第二次注射到产卵的时间(h)
20～21	10～11	11～12
22～23	9～10	10～11
24～25	7～8	8～10
26～27	6～7	7～8
28～29	5～6	6～7

表 7-5 鲢、鳙、草鱼一次注射催产剂的效应时间

(SC/T 1015—1989;SC/T 1021 — 1989)

水温(℃)	20～21	22～23	24～25	26～27	28～29
从注射到产卵的时间	16～18	14～16	12～14	10～12	10左右

表 7-6　鳜鱼水温与效应时间关系

(SC/T 1032.3—1999)

水温(℃)	效应时间(h)	水温(℃)	效应时间(h)
22～23	26～29	26～28	22～24
24～25	23～26	29～32	20～23
25～27	22～25		

七、产卵与受(授)精

(一)自然产卵、受精

成熟的亲鱼注射适量的催产剂后，在正常情况下，经过一定时间，就会出现产卵、排精现象。整个产卵过程持续时间的长短，随鱼的种类、催产剂的种类和生态条件等而有差异。

自然产卵、受精时，必须注意产卵池的管理。要有专人值班，观察亲鱼动态，保持环境安静。一般在催产池中每 2～3 h 换水一次；发情前 2 h 左右开始连续冲水。发情后水流要适当减小，产完卵加大水流冲卵。发情约 30 min 后，应不时检查收卵箱，观察是否有卵出现。鱼卵大量出现后要及时捞卵，并计数，然后，运送到孵化设备中孵化。

(二)人工授精

人工授精就是通过人为的措施，使精子和卵子混合在一起而完成受精作用的方法。在进行杂交育种等科研工作时，或在雄鱼少或性腺发育差时，或在鱼体受伤较重及产卵时间已过而未产卵的情况下，可采用人工授精。人工授精的核心是要保证卵子和精子的质量。人工授精的关键在于准确掌握效应时间。

家鱼人工授精方法有三种：即干法、半干法和湿法。

1. 干法人工授精　即采用挤压采卵法(图 7-7)或空气采卵法使成

熟的卵粒被排出而落入接卵盆中。采卵结束后，用同样的方法立即向脸盆内挤入雄鱼精液，用手或羽毛轻轻搅拌 1～2 min，使精、卵充分混合，然后徐徐加入清水，再轻轻搅拌 1～2 min。静置 1 min 左右，倒去污水。如此重复洗卵 2～3 次，即可移入孵化设备孵化。

2. 半干法人工授精　即把精、卵迅速挤入盛水盆中，带水受精，然后再按干法人工授精方法操作，因精、卵遇水后很快就会丧失受精能力，（卵遇水后 60～90 s即基本失去受精能力，精子遇水后，60 s 即丧失受精能力）。因此，采用半干法或湿法人工授精技术必须熟练。

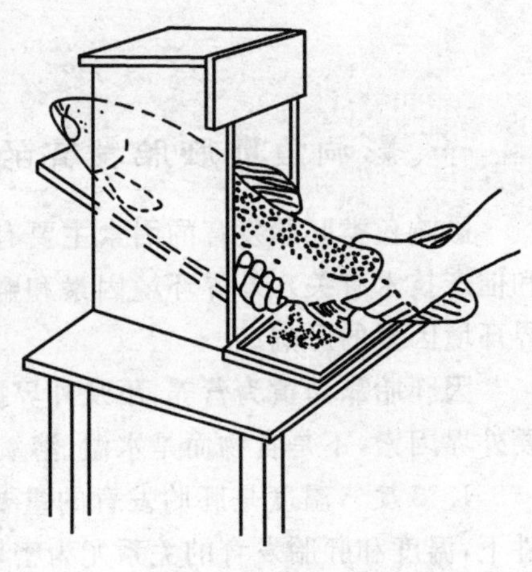

图 7-7　虹鳟手工挤压采卵法

在进行人工授精过程中，应避免精、卵阳光直射。操作人员要协调配合，动作要轻避免亲鱼受伤。

(三)受精率的计算

受精率的高低是衡量鱼类人工繁殖技术水平高低的指标之一。计算受精率的准确性取决于受精卵的发育形态特征和取样的代表性（取样时间，地点和数量）。

家鱼未受精卵一般不会超过多细胞期而进入高囊胚期，另外，生产中孵化设备中的卵往往不是同一尾鱼所产，发育速度不尽相同，因此，以受精卵由多细胞期至高囊胚期取样为准。在水温 22～28℃时，受（授）精后 2.0～3.5 h，取样为宜。受精率一经确定，应立即填入孵化记录，作为计算出苗率的依据。

第三节 鱼卵的孵化

一、影响鱼卵胚胎发育的因素

影响鱼类胚胎发育的因素主要有精卵的质量(这主要与亲鱼培育和催产技术有关),外界环境因素和孵化管理技术水平,在此只讨论外界环境因素的影响。

因胚胎靠卵黄为营养,不从外界摄食取物,所以影响胚胎发育的主要外界因素,不是食物而是水温、溶氧、敌害生物和酸碱度等。

1. 温度 温度是胚胎发育的重要因素之一,在其他因素适宜的条件下,温度和胚胎发育的关系尤为密切。养殖鱼类的胚胎发育,只有在一定水温范围内才能正常进行,过高或过低的温度都会引起不良的后果。家鱼胚胎发育的水温范围是 18～30℃,适宜温度范围为(25±3)℃,最适宜温度为(26±1)℃,低于 18℃或高于 30℃就会引起胚胎发育停滞或不健全。即使有少量孵化,畸形怪胎也较多,多半在发育中途夭折。

在一定温度范围内,胚胎发育速度与水温的关系是:温度高,发育快:温度低,发育慢。

2. 溶氧 不同鱼类胚胎发育各个时期耗氧量不同。家鱼原肠期前的胚胎耗氧率低,当胚胎心脏出现时,特别是血液中出现红血球时,胚胎的耗氧量增加,水中溶解氧对胚胎呼吸的影响较大。另外,一粒死卵腐烂到卵膜消失,耗氧量比胚胎发育耗氧较高时(尾芽出现)呼吸的氧量大 9～11 倍。因此,孵化时应根据胚胎发育时期的耗氧变化,卵质、水温等条件来决定放卵密度。在生产上,孵化用水含氧量应大于 4 mg/L,最好为 6～8 mg/L。

3. pH 值　胚胎发育过程中要求清新的水质，以中性或弱碱性的水为好。pH 值在 6.4 以下或 9.4 以上都不能孵出鱼苗，即使是孵出也是畸形。因此，偏酸或过于偏碱性的水必须经过处理后才可用来孵化鱼苗。

4. 敌害生物　小鱼、小虾、蝌蚪、枝角类、桡足类以及许多昆虫等对鱼卵和鱼苗都有严重的危害。敌害生物的危害程度与卵的密度、敌害生物的数量和接触时间有密切关系。敌害生物对胚胎和仔鱼的残害是极度其严重的。因此，人工孵化时，水源必须经筛绢过滤，防止敌害生物进入孵化设备。

二、孵化设备

目前生产上常用的孵化设备主要有孵化桶、孵化缸、孵化环道和孵化槽。

1. 孵化桶　孵化桶(图 7-8)由三部分组成：桶身、桶罩和附件。孵化桶的优点是结构简单，移动方便，孵化率高，适合中小型生产。缺点是大量使用时，操作管理较麻烦。

2. 孵化缸　由家用陶土制成的水缸改制而成，由进水管、缸体和缸罩三部分组成(图 7-9)。缸体内壁要光滑，便于卵、苗能随水流轻轻翻滚而不下沉。

孵化缸的特点与孵化桶相似。

3. 孵化槽　孵化槽(图 7-10)是用砖(石)和水泥砌成的一种长方形水槽，大小根据生产需要而定。较大的长 300 cm，宽 150 cm，高 130 cm。槽底装鸭嘴喷头进水，在槽内形成上下环流。在进水端装有筛网(50 目)。

孵化槽建造施工简单，孵率高，生产量大，适宜于较大规模生产。

4. 孵化环道　常用的流水式孵化环道有圆形和椭圆形两种(大多采用圆形)，其中又可分为单环，双环和三环 3 种方式。孵化环道(图7-11)的构造及附属设施有：环道、筛绢闸、出苗孔、集苗池、内池和进水系统。

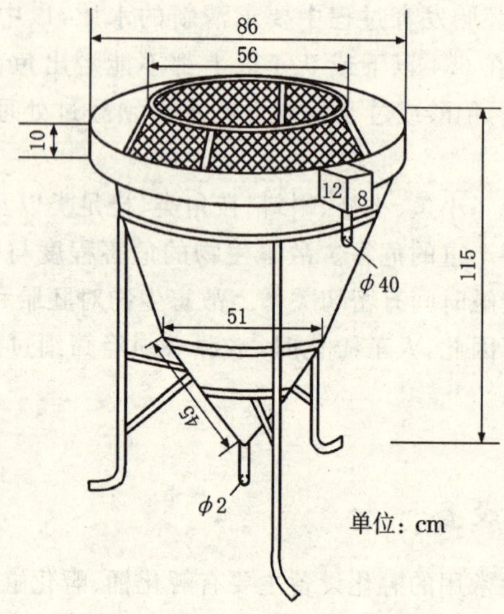

图 7-8　孵化桶

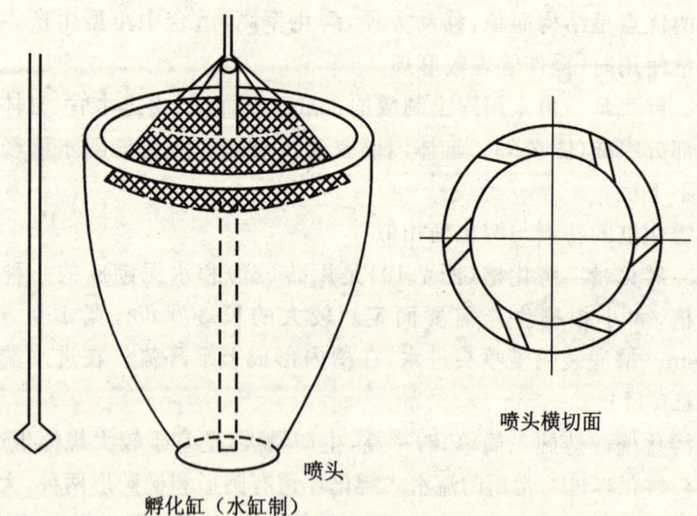

图 7-9　孵化缸

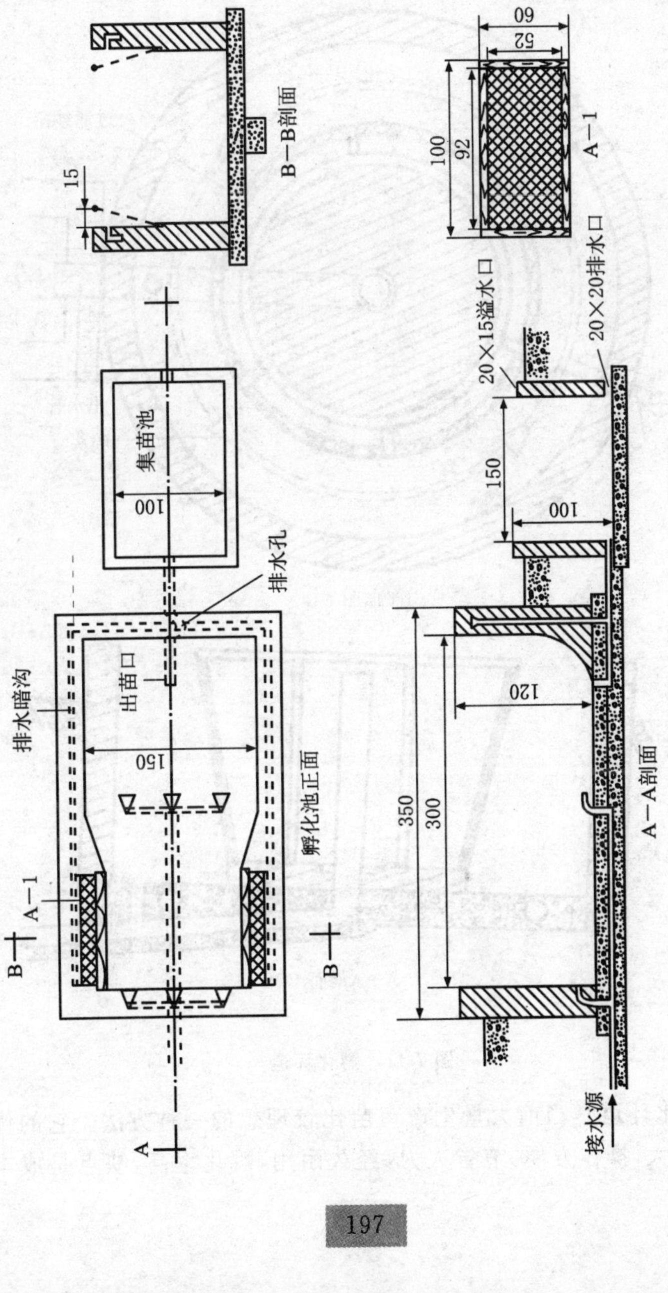

图 7-10 孵化槽（单位：cm）

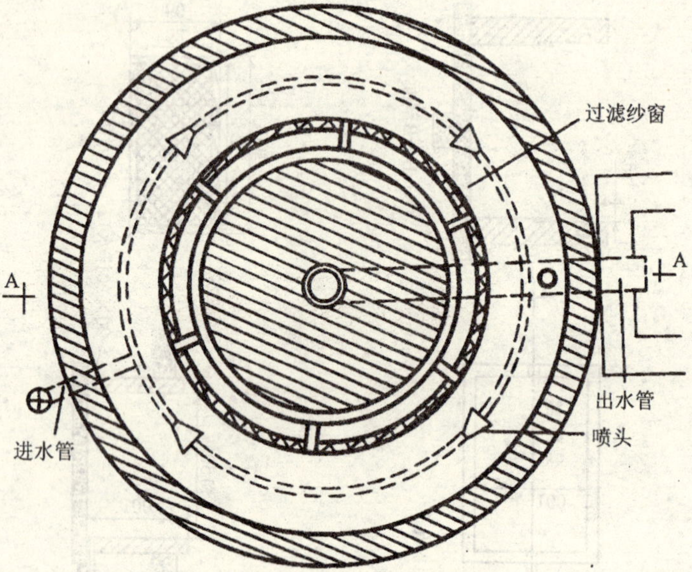

图 7-11　孵化环道

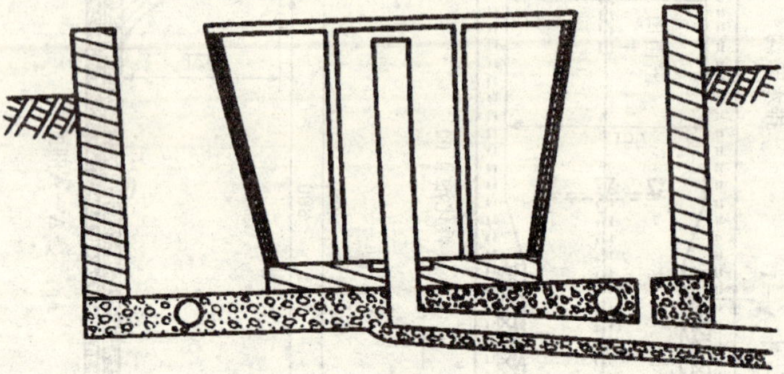

孵化环道是当前大量生产鱼苗比较理想的一种方法。它的优点中:容量大,操作方便,节省人力,经久耐用,孵化率高,缺点是成本较

高，建造比较复杂，一旦孵化出了问题则损失严重。

三、孵化管理

孵化管理是一项技术性很高的工作，精心管理是提高孵化度的关键。鱼类胚胎发育期间以卵黄为营养。因此，孵化管理的中心，是为卵提供优越的环境条件，即着重抓好水质，水流量，防敌害、防跑苗和水霉等。

(1)放卵前必须把所有孵化设备安装好，洗刷干净，并进行彻底消毒，仔细检查进、排水系统是否畅通，特别是过滤纱窗，要确保无破损，无缝隙，不漏卵、逃苗。

(2)进卵时，要将混在鱼卵中的敌害生物及其他杂质清除干净，在环道上操作也要防止带入泥污等。放卵的密度要根据水质、水温、流速、管理技术水平和孵化设备确定，以鱼卵能均匀分布为宜。一般孵化桶的放卵密度为3 000～4 000粒/L，环道中放卵密度为40万～80万粒/m^3。

(3)孵化期间要根据不同胚胎发育期分别给予不同流量。进卵以后到鱼苗出膜前，流速不应太快。只需能冲起卵粒，使鱼卵均匀分布于水中，随水流上下翻滚，不致下沉即可，流量一般为7.5～12 L/min。发现大部分鱼苗已经出膜后，可略加大流速。因为刚出膜的鱼苗身体嫩弱，缺乏游泳能力，容易下沉窒息，要有较大的流速，才能把它们冲起。当鱼苗能顶水平游时，应降低流速。此时鱼苗喜欢顶水游泳，此时适当降低流速，可防止鱼苗过分消耗体力。该时期流速一般可降到5 L/min。

(4)孵化期间严禁水温大幅度的波动。水质要清新，有机质含量少，酸碱度适中，没有被污染。严禁敌害生物随水流进入孵化池，定期检测胚胎发育情况，出现问题及时处理。

(5)在孵化过程中，孵化设备的过滤纱窗经常会附着一些污物或卵膜碎片，特别是鱼苗大量出膜期间纱窗容易被卵膜堵塞。若不及时清理，就会使水流不畅而压破鱼卵，压死鱼苗或水位上涨使卵、苗溢出池外。因此，必须经常用软毛刷在没有卵、苗的一面洗刷纱窗，或用水直接冲洗，尤其在鱼苗出膜期间，要增加洗刷纱窗的次数，以保持水流畅通。

(6)未受精的鱼卵，或质量较差的鱼卵、鱼苗在孵化过程中，当水温较低或水质不良时最容易患水霉病，因此，必须做好水霉病的防治工作。孵化设备使用前必须认真彻底清洗消毒，当发现患病鱼卵时要尽早治疗，用 1 g/m^3 的漂白粉全池泼洒。

四、生产实例

江苏省国营靖江水产养殖场 1996—1998 年进行了鳜鱼的人工繁殖和夏花培育。催产 3 批 16 组亲鱼，共产卵 161 万粒，产苗 64.1 万尾，育成鳜鱼夏花 33.38 万尾。现将主要技术介绍如下。

1.人工繁殖　1994 年起结合冬季捕捞，从长江边收集 1.5 龄的野生鳜鱼，套养在该场四大家鱼亲鱼池中，投喂鲢、鳙鱼种，进行鳜鱼亲鱼的培育。1996 年开始对成熟鳜亲鱼进行人工催产，亲鱼注射激素后放入圆形催产池内，采用自然产卵方式，10 h 后进行流水刺激，以促进亲鱼发情产卵。效应时间与水温呈负相关，水温 24℃、26℃、27℃，效应时间分别为 28 h、24.5 h、23 h。产卵后及时进行收集清洗，并经消毒、过后放入孵化环道中，采用流水孵化。因鳜鱼卵体积小，密度大，易沉水底而窒息死亡，所以流速略比孵化家鱼卵时大些。

2.夏花培育　出苗后，仍以采用孵化环道流水培育法为主。为减少体能消耗，需降低流速，同时使用电磁式空气泵增氧，视鱼苗密度逐渐分稀培育。选用团头鲂苗作为开口饵料鱼，并在催产鳜鱼 60 h 左右催产团头鲂，使鳜鱼苗开口时能及时投喂出膜后 24 h 的团头鲂苗。在环道培育半个月后，鳜鱼苗已近 2 cm 左右，摄食能力和抵抗力增强，可直接进入池塘培育。

提示问答

1. 如何区分常规养殖鱼类鱼苗?

2. 生产良种良苗对亲本有何要求?

3. 生产良种良苗对卵、苗孵化与培育有何要求?

4. 掌握几种常规养殖鱼类雌雄亲鱼的外部形态特征?

5. 培育亲鱼对水域生态环境有何要求?

6. 掌握亲鱼饲养管理标准。

7. 亲鱼催产前应准备哪些工具和设备,并掌握其结构和作用?

8. 如何合理安排亲鱼的捕捞、选择与配组?

9. 如何判断亲鱼成熟度?

10. 产卵过程中可能会出现的问题,如何解决?

11. 孵化设备有哪些,其结构原理是什么?

第八章

无公害鱼苗的培育

阅读指南 鱼苗培育是水产养殖的开始,“无公害”观念一刻不能放松。如何鉴定鱼苗、夏花的质量?无公害鱼苗培育有哪些环境标准?放养前应做哪些准备?鱼苗下塘应注意哪些问题?日常管理包括哪些内容?本章将一一为您阐述。

鱼苗指卵黄囊基本消失,鳔充气,能平游和主动摄食的仔鱼,又称水花、鱼花、海花。鱼苗培育是指将鱼苗经15~20天的饲养,培育成全长3 cm左右的稚鱼,习惯上把这时的稚鱼称为“夏花”,又称寸片或火片。

一、鱼苗的生物学特性

(一)鱼苗种类鉴别

主要养殖鱼类的鱼苗可根据其体型大小,眼睛的大小和位置,鳔的

形状和大小、体色和色素的分布情况，尾鳍鳍褶的形状，游泳的状态等特征来进行区分，详见表 8-1 及图 8-1。

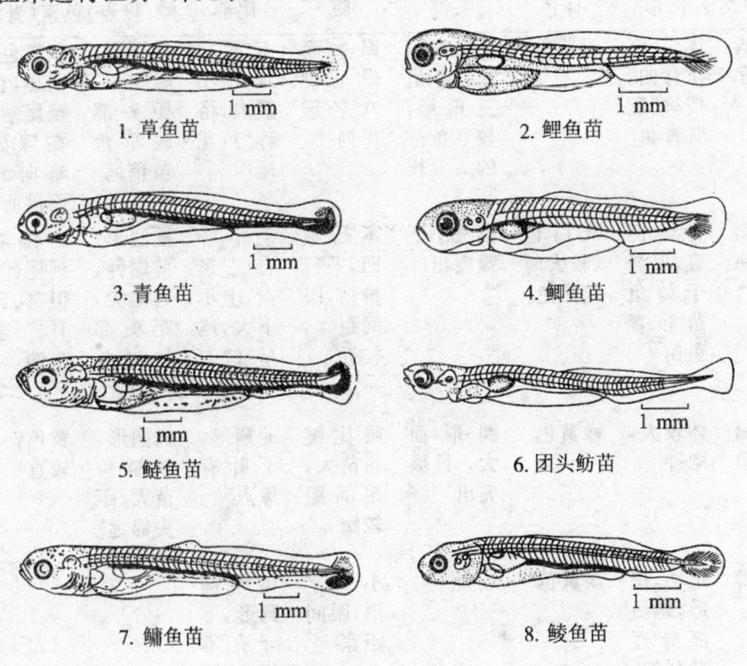

图 8-1　常规养殖鱼类鱼苗外形图

表 8-1　常规养殖鱼类鱼苗外形鉴别

种类	体形	体色	头部	眼	尾部	鳔(腰点)	色素(青筋)
草鱼	较青、鲢、鳙矮小，但比青鱼胖	淡橘黄色	头较短而大，略呈方形	眼较青鱼苗小，黑色，平行排列，眼间距大	尾小如笔尖，尾部有红黄色血管俗称“红尾巴”	椭圆形，较狭长而小，距头部近	明显，起自鳔前，达肛门之上

续表 8-1

种类	体形	体色	头部	眼	尾部	鳔(腰点)	色素(青筋)
青鱼	体长,略呈弯曲,俗称“驼背青鱼”	淡黄色	头纵扁而长,略呈三角形,较草鱼苗的头尖长	眼大而黑呈倒八字形排列	有不规则的小黑点,俗称“芦花尾”	椭圆形,较狭长,距头部较草鱼苗稍远	灰黑色,明显,直至尾端,在鳔处略向背面拱曲
鲢鱼	身体挺直,仅濒于鳙鱼苗和青鱼苗	灰白色(较大时灰黑色)	圆形,下颚突出	不凸不凹,平行排列,眼间距较近	上下叶有二黑点,上小下大,尾呈现“刀切形”	椭圆形,前端钝,后端尖,距头部较鳙鱼苗为近	自鳔前到尾部,但不到脊索末端
鳙鱼	体较大,肥胖	嫩黄色	圆形而大,下颚突出	眼比鲢鱼苗大,眼间距较阔	蒲扇形,下叶有黑点	椭圆形,较鲢鱼苗大,距头部远	黄色,较直
鲫	短小,楔形,鳔后部分逐渐削细	淡黄色	较大	小,八字形,眼间距宽	尾鳍椭圆形,下叶有不规则黑色素丛		
鲤	粗、短,鳔后逐渐缩小	浅赭黄色	较大	呈三角形,向两侧突出	尖细	长圆形	灰黑色
团头鲂	细而短	透明无色	—	—	尾鳍褶后缘平截,俗称“刀切尾”	较小,卵圆形	无
鲮	短小,胖	稍呈红色	—	—	尾鳍椭圆形,基部有一丛星状色素	葫芦形,前端钝,后端尖	无

(二)无公害鱼苗质量鉴定标准

鱼苗因受亲鱼、鱼卵质量和孵化过程中环境条件，管理措施的影响，体质有强有弱，这对鱼苗的生长和成活率带来很大影响。人工繁殖过程中往往由于各种原因形成劣质鱼苗：如杂色苗、“胡子”苗、“困花”苗、畸形苗。因此选购鱼苗时，除必须对其质量鉴定以外，有条件的情况下最好在催产前对亲鱼进行选择(亲鱼种质、亲鱼培育、亲鱼成熟度、孵化过程(见以前内容))。

杂色苗：也称“混”苗。一个孵化器中放入两批间隔时间过长的卵，致使鱼苗嫩老混杂；或因操作失误等原因，造成不同品种鱼卵或鱼苗混放，致使不同种类的鱼苗混杂在一起。

“胡子”苗：也称“老”苗。鱼苗已发育到合适的阶段未能及时销售，仍然在孵化器或网箱内囤养，鱼体色素增加，体色变黑，体质差。卵黄囊消耗殆尽，不能及时转为外源性营养，或者因为水文低，胚胎发育慢，鱼苗在孵化器中顶水时间长，消耗能量大，使壮苗变成弱苗。

“困花”苗：也称“嫩”苗。是指鱼苗胸鳍出现，但鳔(俗称腰点)还尚未充气，不能平游，此阶段成困花苗。此时鱼体嫩弱，其发育仍依靠卵黄囊为营养，不能吞食外界事物，鱼苗在静水中大部分沉底，运输是容易死亡。

畸形苗：由于受到鱼卵质量或孵化条件和环境的影响，造成鱼苗发育畸形(常见的有身体弯曲、围心腔扩大、卵黄囊分段等)。畸形苗往往和孵化器中的赃物混杂在一起，不宜分离，游动吃力。

鱼苗质量鉴定时随机在每批鱼苗中取样 100 尾以上，放入白色搪瓷盆中，进行鉴定。

1. 外观检查

(1)用肉眼观察　95%以上的鱼苗卵黄囊基本消失，鳔充气、能平游和主动摄食，且鱼体透明，色泽光亮，不呈黑色。

(2)鱼苗集群游泳，行动活泼，在盆中轻微搅动水体，90%以上的鱼苗有逆水能力。对于团头鲂鱼苗应达到95%以上的鱼苗有逆水能力。

2. 可数与可量指标鉴定

(1)用肉眼观察并计数鱼苗的畸形个体和伤病个体,畸形率应在3%以内,伤病度要小于1%,对于青鱼鱼苗的畸形率在5%以内为合格。

(2)用标准量具逐尾量取吻端至尾鳍末端的直线长度,团头鲂鱼苗要求95%以上全长达到0.5 cm,草鱼、鲤鱼苗要求95%以上全长达到0.7 cm;青鱼、鲢鱼苗要求95%以上全长达到0.8 cm,鳙鱼苗要求95%以上全长达到0.9 cm。

(三)鱼苗的生活习性

刚孵化出的鱼苗身体脆弱,对外界环境的适应能力远较成鱼差。大多数养殖鱼类的鱼苗,生长的适宜水温与其孵化的适宜水温相近或略高,其耐受温度范围较成鱼也狭窄得多,一般生产上将13.5℃作为早繁草鱼下塘的安全水温。同时,苗种对温度变化幅度的大小也比较敏感。在苗种运输、下塘过程中,温差不能超过±2℃,否则易引起鱼苗"感冒"而死亡。鱼苗的需氧量比成鱼高得多,如鲢鱼苗的耗氧率和能需量比夏花和鱼种高5~10倍(表8-2)。但鱼苗、鱼种的绝对耗氧量与耗氧率的变化相反,随着身体的增长,绝对耗氧量增加。同种鱼类的鱼苗、鱼种对盐度的适应能力比成鱼弱,而鱼苗又比鱼种弱,一般鱼苗在盐度3‰的水中生长缓慢,成活率较低。

不同种类的鱼类,其食性亦不相同,但在鱼苗阶段的食性基本相似。各种鱼苗从鱼卵中孵出时,都以卵黄囊中卵黄为营养称内源性营养阶段,此期鱼苗不摄食。随着鱼苗生长,当鱼苗体内鳔充气后,鱼苗一面吸收卵黄,一面开始摄取外界食物,称为混合性营养阶段。此时仔鱼依靠视觉主动吞食,食物主要是小型浮游动物,如轮虫、无节幼体和小型枝角类等(鳜鱼苗开口饵料为活鱼苗);再随着鱼体生长,当卵黄囊消失,鱼苗就进入完全摄食水中浮游生物和投喂的饲料阶段,称为外源性营养阶段。此期鱼苗食性开始明显分化,如鲢鳙由吞食向滤食转化,适口食物是轮虫、枝角类和桡足类,也有少量无节幼体和较大型浮游植

物。草鱼、青鱼、鲤鱼则仍然是吞食，适口食物是枝角类、桡足类和摇蚊幼虫等底栖动物。随着鱼苗的增长摄食器官形态差异越来越大，食性各自向成鱼的食性转化。

表8 2　不同规格鲢的耗氧率和能需量

平均体重(mg)	平均温度(℃)	耗氧率(mg/(g·h))	能需量(kJ/(kg·h))
2.9	25.7	3.09	43.16
830	26.6	0.64	8.99
5 200	27.7	0.33	4.68
130 000	27.8	0.21	2.97

二、无公害鱼苗培育的环境标准

鱼苗体质娇嫩，对外界环境的适应能力较弱，因此要提高夏花鱼种的成活率，必须根据鱼苗的生物学特征，创造一个良好的生态环境。鱼苗池条件的好坏直接影响鱼苗培育的效果，鱼苗池应有利于鱼苗的生长、成活、管理和捕捞。

1. 交通便利、水源充足、水质良好，不含泥沙和有毒物质，注排水方便　在鱼苗培育过程中，根据鱼苗的生长和水质变化等情况，需要经常加注新水，以逐步加深水位，调节池水肥度，改善水质理化状况，增加鱼的活动空间。这对促进天然饵料生物的繁殖提高鱼苗的生长率和成活率有很重要的作用。因此水质需符合GB11607－1989渔业水质标准和NY5051－2001淡水养殖用水水质标准，进入鱼苗池前最好经沉淀过滤。

2. 池形整齐，最好是东西向、长方形，其长宽比为5∶3，便于饲养管理和拉网等操作　面积700～2 700 m^2 为宜，太大投饲和管理不便，水质肥度较难调节和控制，且易受风力的作用形成波浪，拍击岸堤，损伤游泳能力尚弱的鱼苗；面积太小则水温，水质易受外界条件的影响，变化大，较难控制。池水深度一般前期保持在0.5～0.7 m，后期1.0～1.2 m较适宜。

3. 土质好，池堤牢固，不漏水　鱼苗池以壤土为好，砂土和黏土均不适宜。沙砾质的池塘池堤不牢、漏水、水质不肥，不利于鱼苗的生活和生长。黏土虽不漏水，保肥力也强，但池水易混浊，对浮游生物的繁殖和鱼苗的生长均不利。池堤高度应超过最高水位0.3～0.5 m，以防汛期水位上涨，淹没池塘造成逃苗现象。

4. 池底平坦，淤泥适量，无杂草丛生无砖瓦石砾　池底向出水口一侧倾斜，出水口位于最低点，以便能把水全部排完。池塘淤泥中会有较多的有机质和氮，磷等营养物质，池底保持10～20 cm厚的淤泥层，有利于保持水质肥度，但淤泥过多，淤泥中的有机质分解大量耗氧易造成底层缺氧，在夏秋季节容易造成鱼类缺氧浮头，甚至泛池死亡。同时有机质在底层缺氧的状态下被微生物分解易产生氨、硫化氢、亚硝酸盐和有机酸等有害物质。直接或间接对鱼苗造成危害，妨碍鱼苗的生活和生长甚至死亡。淤泥过多对拉网操作也不利，网下纲易陷入淤泥，另外在起网时，会使鱼体沾泥引起死亡。池中杂草丛生，会大量消耗水中的营养盐类，影响浮游生物的繁殖并成为敌害的窝藏处所，杂草和砖瓦石砾对拉网非常不利，容易把渔网挂破。

5. 池塘通风向阳，光照充足　池塘水温增高快，溶氧高，有利于有机物的分解和浮游生物的繁殖，从而给鱼苗提供充足的饵料和溶氧，促进鱼苗的生长发育。

三、放养前的准备

(一)修整池塘

多年用于养鱼的池塘，残留的饵料肥料，鱼的粪便和其他动植物的尸体等沉积在池底加上泥沙混合而形成的淤泥逐渐增多，池堤长期受

波浪冲击，一般都有不同程度的倒塌，最终使池塘变浅，淤泥太厚，池形不整，池堤形成漏洞和裂缝。因此，在放养鱼苗前必须对池塘进行修整。

池塘修整一般在冬季渔闲期进行。将池水排干清除池底和池边杂草。挖出过多的淤泥，并将塘泥贴附在池壁上，使其平滑贴实，填好漏洞和裂缝，将塘底推平，并使入水口向排水口形成 1/300～1/200 的坡降。将多余的淤泥清上池堤，即可清除池底过多淤泥，又可加固加高池堤，既增加了池塘的容水量，从而增加了鱼苗的放养量和鱼类的活动空间有利于鱼类生长，又提高了鱼池的抗灾能力和生产的稳定性。清出的淤泥也为池堤上种植饲料或其他作物提供肥料。修整池塘的进、排水口，保证池水能在一天之间灌得满，排得干。池塘修整完以后，任其日晒冰冻以减少病虫害，并使土质疏松，加速土壤中有机质的分解，达到改良底质和提高池塘肥力的效果，若不能在冬季修整，最少也应在鱼苗下塘前1个月进行。

(二)药物清塘

药物清塘就是在池塘内施用药物来杀灭影响鱼苗生存生长的各种生物，以保障鱼苗不受敌害，病害的侵袭。药物清塘唯有在修整池塘并曝晒数日之后进行更好的发挥作用。否则，池塘淤泥过多，造成致病菌和孢子大量潜伏，再好的清塘药物也无济于事，因此在生产上必须克服“重清塘，轻整塘”的错误倾向。

1. *生石灰清塘*　生石灰(CaO)遇水就会生成强碱性的氢氧化钙 $Ca(OH)_2$，并放出大量热能，在短时间内使池水的 pH 上升到 11 以上，从而杀灭野杂鱼类和其他敌害生物。生石灰清塘方法有两种：一是干池清塘；二是带水清塘

(1)干池清塘　即将池水基本排干。池中须积水 20 cm，然后在池底四周挖几个小坑，将生石灰倒入坑内再慢慢引水入坑，溶解生石灰，不待冷却即将石灰浆均匀撒向全池(包括水中和池壁四周)。或将生石灰放入大锅中溶化后泼洒。清塘后第二天用长柄泥耙耙动塘泥，使石

灰浆与塘泥充分混合，以提高清塘的效果。干池清塘生石灰的用量为每666.7 m^2用60～70 kg。若淤泥较多可酌情增加(10%左右)。

(2)带水清塘　即不排出池水而将刚溶化的石灰水趁热全池泼洒均匀，带水清塘适用于不易于排干池水或急于使用的池塘。生石灰用量为每666.7 m^2池塘水深1 m用120～150 kg。

(3)影响清塘效果的因素　生石灰清塘的原理主要是利用其与水生成的OH^-，而池水的硬度特别是Mg^{2+}和HCO_3^-能与OH^-结合，从而降低生石灰的清塘效果。理论上Mg^{2+}和HCO_3每增加1毫克当量，每吨水就需多消耗28 g生石灰。因此，若水体硬度大，镁盐含量较高，需相应地增加生石灰用量。

生石灰的质量直接影响到清塘效果，生石灰必须是刚出窑，呈块状的，重量较轻，一敲声音响亮。空气中放置时间较长，生石灰吸收空气中的水分和二氧化碳，而变成粉状的碳酸钙后则失去清塘效果。生石灰清塘后，池水的pH值变化情况与池水的化学成分有关。硬度大和镁盐多的半咸水，清塘后pH值下降速度快；硬度小和镁盐少的淡水，pH值下降速度慢。一般采用生石灰干池清塘，半咸水5～7天，淡水7～10天，pH值才稳定在8.5左右。(带水清塘时间稍快些)

(4)生石灰清塘的特点　生石灰清塘与其他药物清塘相比，其劳动强度较大。但却具有许多优点。

①生石灰清塘在短时间内使水体pH值达11以上，保持2 h，就能杀死野杂鱼类、蝌蚪、蛙卵、水生昆虫、虾、蟹、蚂蟥、丝状藻、寄生虫、致病菌以及一些根浅茎软的水生植物。从而减少鱼病的发生，作用快而且彻底。

②能提高池水的碱度和硬度，从而增加水的缓冲能力，保持pH值稳定，使池水呈弱碱性，防止水中浮游植物光合作用大量消耗水中二氧化碳，而使水体pH值升高，起到改良水质的作用。

③生石灰遇水生成氢氧化钙，吸收二氧化碳，生成碳酸钙沉淀。碳酸钙能疏松淤泥，改善底泥的通气性，加速细菌分解有机质，并能释放出被淤泥吸附的氮、磷、钾等营养盐，有利于促进池塘的物质循环。同

时钙本身也是浮游植物和水生动物不可缺少的营养元素。因此，生石灰清塘起到改良底质和施肥的作用。

④施用生石灰可提高草碳土池塘的 pH 值，改善水质，有利于浮游生物繁殖。碱土混浊的池水，施用生石灰可降低池水浑浊度，有利于浮游植物繁殖。

⑤生石灰清塘能提高水温，促进轮虫休眠卵的萌发。

⑥生石灰清塘毒性消失较慢，需 7～10 天才可放养鱼苗。

2. 漂白粉 $Ca(ClO)_2$ 清塘　漂白粉一般含有效氯 30%左右，经水解产生次氯酸和碱性氯化钙，次氯酸立即释放出新生态氧和新生态氯，有强烈的杀菌和杀死敌害的作用。

(1)干池清塘　即将池水排至 20 cm 深，然后在池底四周挖几个小坑，把漂白粉放入坑内加水溶化后均匀泼于水中和四周，漂白粉(含有效氯 30%)用量为每 666.7 m^2 用 4～8 kg。

(2)带水清塘　即不排出池水而将溶化好的漂白粉均匀泼洒全池，漂白粉(含有效氯 30%)用量为每 666.7 m^2 池塘平均水深 1 m 用 13.5～15 kg。

施用漂白粉清塘时，待漂白粉溶解后立即在上风处泼洒全池。漂白粉加水后放出的新生态氧挥发，腐蚀性强，并能与金属起作用，因此，溶解盛放漂白粉应使用陶制或塑料容器。操作人员应戴口罩，以防中毒和沾染后腐蚀衣服。此外，漂白粉全池泼洒后，需用船或桨晃动或划动池水，使药物迅速在水中均匀分布，以加强清塘效果。

(3)影响清塘效果的因素　漂白粉的质量直接影响到清塘的效果。漂白粉易吸湿分解应密闭储存。使用前须测定有效氯的含量，根据有效率推算实际用量。

池塘水体的肥度也影响到清塘效果，肥水清塘应相应地增加漂白粉的用量。

(4)漂白粉清塘的特点

①漂白粉杀死野杂鱼和其他敌害生物的效果与生石灰无异味，但是没有生石灰改良水质、底质和放肥等的作用。

②对于盐碱地鱼池，用漂白粉清塘不会增加池塘的碱性，因此往往以漂白粉代替生石灰作为清塘药物。

3. 茶粕清塘　茶粕（茶饼）是山茶科植物油茶、茶梅或广宁茶的果实榨油后所剩余的渣滓。广东、广西、福建、湖南等地常用茶粕作为清塘药物。茶粕含有皂角甙（7%～8%），是一种溶血性毒素，可使动物血红素分解。10 mg/L 的皂角甙 9～10 h 可使鱼类失去平衡，11 h 死亡。茶粕清塘都采用带水清塘方式。

（1）清塘方法　将茶粕捣碎，放在缸内或锅内用水浸泡，隔日取出，对水后连渣带水均匀泼入池塘即可，也可粉碎后直接撒入池中。以第一种方式效果较好。茶粕的用量为每 666.7 m^2 每米水深用 40～50 kg。

（2）茶粕清塘的特点

①茶粕能杀死野杂鱼，蛙卵、蝌蚪、螺蛳、蚂蟥和一部分水生昆虫，毒杀力较石灰和漂白粉稍差。

②用茶粕清塘，以杀灭鱼类的浓度无法杀灭池中的虾、蟹类。因为虾、蟹体内血液无色透明，运载氧气的细胞不呈红色（称蓝细胞），茶粕清塘常用浓度不能使其分解。所以生产上常有“茶粕清塘，虾、蟹越清越多”之说。

③茶粕对细菌没有杀灭作用，对寄生虫、水生杂草杀灭力差。

④茶粕能增加水体肥度，但助长鱼类不消化的藻类繁殖。

⑤茶粕毒性消失时间为 5～10 天。

4. 鱼藤酮清塘　鱼藤酮是从豆科植物鱼藤及毛鱼藤的根部提取的物质，内含 25%的鱼藤酮，是一种黄色结晶体，能溶解于有机溶剂，对鱼类和水生昆虫有杀灭作用。

（1）清塘方法　把鱼藤酮溶入 10～15 倍的水中，装喷雾器全池喷洒。用量为每 666.7 m^2 每 1 米水深用鱼藤酮 1.5 kg。

（2）鱼藤酮清塘的特点

①鱼藤酮能杀灭鱼类和部分水生昆虫。

②鱼藤酮对浮游生物、致病细菌、寄生虫及休眠孢子无作用。

③清塘后 7～10 天毒性消失。

5. 巴豆清塘　巴豆含有巴豆素，是一种毒性蛋白，能毒杀鱼类，是一种较好的清除野杂鱼的药物。

(1)清塘方法　将巴豆碾碎捣细后加入 3%的食盐水，浸泡、密封缸口，经 2～3 天后，将巴豆渣倒入容器或船舶，加水全泼洒，巴豆用量为每 666.7 m^2 每 1 米水深用 3～5 kg。

(2)巴豆清塘的特点

①巴豆能杀死大部分野杂鱼。

②对其他敌害和病原体无杀来灭作用。

③巴豆有毒，皮肤有破伤时不能接触。

④巴豆的毒性 10 天后才能消失。

(三)灌注新水

鱼苗池在清塘消毒后可灌注新水(水质符合《无公害食品　淡水养殖水质标准》(NY 5051—2001)的要求)，注水时一定要在进水口用密网过滤，严防野杂鱼，水生昆虫进入。此时鱼苗池水深调整为 0.5～0.6 m，便于水温尽快提升，易于肥水，有利于浮游生物的繁殖和鱼苗的生长。

(四)饵料生物培养

在池塘培养大量鱼苗适口的饵料生物(轮虫)为鱼苗下塘提供充足适口的生物饵料是鱼苗培育的关键。水体中生物群落是在不断演替变化的。而鱼苗下塘时的适口饵料以轮虫最好。因此，饵料生物培养与鱼苗下塘的有机结合，即鱼苗适时下塘是鱼苗培育的关键之关键。鱼苗适时下塘包括生态适时下塘和生理适时下塘。

1. 生态适时下塘的原理　鱼苗生态适时下塘是指鱼苗在轮虫繁殖高峰期下塘，鱼苗池经清整消毒注水后，池底蕴含的藻类休眠孢子和浮游动物的休眠卵开始萌发，首先出现的是那些个体小，繁殖速度快的硅藻和绿球藻类。此时群落内部极不稳定，种群频繁更替；除各种小型藻

类外，还间生着一些鞭毛藻类、浮游丝状藻类和浮游细菌。随后，原生动物和轮虫开始滋生；它们以小型藻类和细菌为食，池塘中即有足够数量的原始生产者又有较多的消费者，生态系统中生境与群落间以及浮游生物群落内部趋于暂时平衡。几天后，一些滤食性的小枝角类（裸腹蚤）和大型枝角类（隆线蚤等）先后出现。由于其滤食能力较轮虫强，从而轮虫种群数量下降，枝角类居优势地位。随着枝角类种群密度的增大，代谢产物积累使本身生活条件恶化，同时由于捕食性桡足类剑水蚤的繁衍和摄食，枝角类数量逐渐下降，最后形成一个由浮游植物和桡足类组成的比较稳定的浮游生物新群落。当水温在 20～25℃时，完成这一过程需 15～20 天。而鱼苗从下塘到全长 15～20 mm，适口饵料生物变化一般是：轮虫和无节幼体→小型枝角类→大型枝角类和桡足类。这恰好与清塘后浮游生物演替规律一致。因此，鱼苗在轮虫高峰期下塘，不仅刚下塘的鱼苗有充足的适口饵料，而且以后各个发育阶段也都有丰富的适口饵料。

2. 保证生态适时下塘的措施　在池塘小生态系统中，清塘后 7～10 天轮虫繁殖达到高峰期，且高峰期通常仅持续 3～5 天，此后轮虫数量迅速下降。但在生产上很难保证根据清塘时间要求鱼苗适时下塘。同时，依靠池塘天然生产力培养的轮虫数量并不多，每升仅 250～1 000个（据报道，鱼苗下塘时轮虫数量应达到 5 000～10 000 个/L，生物量 20 mg/L 为宜），鱼苗下塘后 2～3 天内就会被鱼苗吃完，远远不能满足鱼苗下塘的饵料需求，因此，在生产上均采用人为制造轮虫高峰期。

(1)提高自然状态下轮虫休眠卵的萌发率　一般经多次养鱼的池塘，塘泥中均贮存有大量的轮虫休眠卵，据测定（李永函，1985），每平方米有 100 万～200 万个，主要分布在淤泥表层（0～5 cm），但完全暴露于泥表面或漂浮于水层中，能够萌发的却很少，仅占 0.6%，其余的均因被埋在塘泥中，得不到足够的氧气和受机械压力而不能萌发。因此，在生产上，当清塘后放水时（一般当放水 20～30 cm 时），就需用铁耙翻动塘泥，使轮虫休眠卵上浮或重新沉积于塘泥表层，促进轮虫休眠卵萌

发。在一定温度(10～40℃)范围内,轮虫休眠卵萌发时间随温度升高而缩短。在休眠卵量大致相等(100 万～200 万个/m^2)的条件下,水温 20～25℃时,需 8～10 天,轮虫达到高峰期;17～20℃需 10～15 天;15～17℃需 15～20 天;10～15℃需 20～30 天。

(2)施肥和加注新水,人为制造轮虫高峰期　鱼池清塘后立即施有机肥为大量繁殖各种藻类和细菌提供了养料,同时也为刚孵化出的轮虫提供腐屑、细菌等食物,随着轮虫数量的增多,还应不断追肥和注水,以补偿轮虫的食物和改善其生活的环境。施有机肥后,轮虫高峰期的生物量比天然生产力高 4～10 倍,每升达 8 000～10 000 个或以上,鱼苗下塘后,轮虫高峰期可维持 5～7 天。

(3)掌握施肥时间,合理施肥　做到鱼苗在轮虫高峰期下塘,关键是掌握施肥的时间。如用腐熟发酵的粪肥,可在鱼苗下塘前 5～7 天(依水温而定)每 666.7 m^2 全池泼洒粪肥 200～500 kg;如用绿肥堆肥或沤肥,可在鱼苗下塘前 10～14 天,每 666.7 m^2 投放 200～300 kg。绿肥应堆放在池塘四角,侵没于水中以促使其腐烂,并经常翻动。如施肥过晚,鱼苗下塘时,轮虫高峰尚未到,因缺乏饵料改期影响鱼苗生长;若施肥过早,轮虫高峰期已过,大型枝角类出现,也会严重影响鱼苗成活率。

(4)控制敌害生物繁殖　枝角类的滤食能力比轮虫强,直接影响到轮虫的增殖,在鱼苗下塘时,要使轮虫增殖必须控制枝角类。另外,鱼苗下塘时,大型枝角类较多,鱼苗不但不能摄食反而出现枝角类与鱼苗争溶氧,争空间,争饵料,鱼苗因缺乏适口饵料而大大影响成活率。因此,在生产上,为了确保施有机肥料后轮虫大量繁殖往往先泼洒0.2～0.5 mg/L 的晶体敌百虫以杀灭大型浮游动物,然后再施有机肥料。若鱼苗未能按期到达,应在鱼苗下塘前 2～3 天再用 0.2～0.5 mg/L 的晶体敌百虫全池泼洒一次,并适量增施一些有机肥料,人为控制和延长轮虫的高峰期,以保证鱼苗能生态适时下塘。若在放鱼苗前,鱼苗池中有蛙卵,蝌蚪等敌害生物,必要时应采用鱼苗网拉网 1～2 次予以清除。

(5)定期检测　为确保鱼苗下塘时，恰好是轮虫繁殖高峰，除了在清塘、施肥和鱼苗下塘的时间上进行合理安排外，在鱼苗下塘前后，每天应用低倍镜观察池水轮虫的种类和数量，如发现水中有大量滤食性的臂尾轮虫等说明此时正值轮虫高峰期；如发现水中有大量肉食性的晶囊轮虫，说明轮虫高峰期即将结束，需全池泼洒腐熟的有机肥料，一般每 666.7 m^2 泼洒 50～150 kg，重新培养轮虫。

3.确保鱼苗生理适时下塘　鱼苗生理适时下塘时间包括生长适时和成活适时两方面。鱼苗生长速度快时下塘时间称生长适时下塘时间；鱼苗成活率高时的下塘时间称为成活适时下塘时间。

人工繁殖的鱼苗必须待鳔充气、能平游、能主动摄取外界食物时方可下塘。即腰点出现后。若下塘太早，鱼苗鳔尚未充气，没有游泳能力，在静水中下沉，而聚集在池底，易因缺氧而死亡。在水温 18～23℃时，鲤、鲢、鳙、草鱼在腰点出现后 12～24 h 时，鱼苗主动摄食能力增强，生长迅速，若下塘时间太晚，因鱼苗卵黄囊消失，又不能及时从外界摄取食物，最终会因营养缺乏或其他因素而消瘦，直至死亡，即使还能继续摄食，不死，也生长极其缓慢。因此，只有成活适时时间和生长适时时间都达到最佳点，即腰点出现后 12～24 h 内，下塘最为适宜，鱼苗生长速度最快，成活率最高。

(五)试水

鱼苗体质娇嫩，对外界环境的忍耐力较鱼种、成鱼相对较差，常常因某项指标未能达到鱼苗的要求而造成重大损失。因此，为保证鱼苗能适应新的环境，最好在鱼苗下塘的前一天进行试水，即将少量鱼苗放入池内网箱中，经 12～24 h 观察鱼的动态，检查池水药物毒性是否消失。为防止鱼苗池内有野杂鱼或其他敌害生物，在鱼苗下塘前 1 天应用密网(鱼苗网)在池中拉 1～2 次，必要时，应重新清塘消毒。

(六)鱼苗接运

鱼苗必须选购种质纯正、体质健壮，已能摄食的鱼苗。若需长途运

输则鱼苗只需达到鳔充气阶段,而团头鲂鱼苗只需达到平游阶段即可。运输方法见活鱼运输。为了保证鱼苗的运输成活率,缩短运输时间,各个运输环节必须充分协调密切配合,做到"人等鱼苗,车(船)等鱼苗,池等鱼苗"。绝对不能出现鱼苗等人的事故发生。在运输途中做处理好塑料袋的漏水等问题,在鱼苗池做好鱼苗暂养的工作。

四、鱼苗的无公害培育

(一)鱼苗下塘

1.鱼苗暂养　经塑料袋充氧密闭运输的鱼苗,体内往往含有较多的二氧化碳,特别是经长途运输的鱼苗,血液中二氧化碳的浓度很高,可使鱼苗处于麻醉状态(肉眼观察,可见袋内鱼苗大多沉底打团)。如将这种鱼苗直接下塘,成活率极度低。因此,凡是经运输来的鱼苗必须先放在鱼苗箱中暂养(鱼苗池水温不能低于13.5℃)。

暂养前先将鱼苗袋放入鱼苗池中,经15 min后袋内外温度基本相同后,(温差在2℃以内),将塑料袋打开把鱼苗放入事先支好的鱼苗网箱中。暂养时,应不断在箱外划水,以增加箱内水的溶氧,严禁鱼苗因缺氧死亡,一般0.5～1.0 h后,鱼苗血液中过多的二氧化碳均已排出,鱼苗集群在箱内逆水游泳。

2.饱食下塘　待鱼苗活动正常以后应在网箱内投喂鸡蛋黄水,投喂时要少量多次,慢慢而均匀的泼洒;一般一个鸡蛋黄可供10万尾鱼苗摄食。待鱼苗饱食后,肉眼可见鱼体内有一条白线时方可使鱼苗自行散开。鱼苗饱食下塘可以加强鱼苗下塘后的觅食能力和提高鱼苗对不良环境的适应能力。

3.下塘时间　鱼苗下塘最好选择晴天无风的上午9:00～10:00,此时池中溶氧已上升,温度变化较小,鱼苗易适应环境。若鱼苗到达目的地已是傍晚,则需将鱼苗放在室内容器中暂养,投饲并由专人值班防止鱼苗缺氧浮头,待第二天上午9:00以后,水温回升,再次饱食后下塘。

4. 上风头处放苗　鱼苗活动能力差，在有风天，应注意在上风头处放苗，以免被风吹到岸边碰伤或挤死，若用网箱暂养可将网箱拉到上，上风头处把网箱撤掉，使鱼苗自动散开，若用其他容器暂养，放苗时，应使容器紧贴住池塘水面，缓慢倾斜，使鱼苗自行游出。

5. 同一池塘放同批鱼苗　不同批次的鱼苗个体大小和强弱不同，游泳和摄食能力也不同，若放养不同批次的鱼苗，则会造成规格不整齐，成活率低。

6. 同一池塘放养同种鱼苗　鱼苗培育均采用单养方式，每只池塘只放养一种鱼苗，此时鱼类食性尚未分化，食性基本相同，不存在充分利用水体和饵料的问题，反而混养后未定会给鱼种的捕捞出售增添不必要的劳动强度。

(二)培育方式

鱼苗培育方式主要有两种：一种是指从下塘鱼苗开始经 15～20 天的培育养成 3 cm 左右的夏花(又称寸片，火片)。这种培育方式称为一级培育法。另外一种是先将鱼苗养成 1.7～2.0 cm 的乌仔，然后再分塘养成 4～5 cm 的大规格夏花。这种培育方式称二级培育法。这种培育方式适用于出售乌仔的养殖单位，待养到乌仔时就出售，然后池塘就自然分稀，剩下未出售的乌仔在原池继续饲养至夏花，该方式方便，快捷，节省养殖面积。

(三)放养密度

鱼苗池放养的密度对鱼苗的生长速度和成活率有很大的影响，一般来讲在合理的放养密度下，鱼苗的生长率和成活率都较高；密度过大则鱼苗生长缓慢，成活率也低；密度过小，虽然鱼苗生长快，体质健壮，成活率高，但浪费水面，肥料和饵料的利用率低，相应使生产成本增高。

放养密度与鱼苗池的条件、饵料、肥料的质量、鱼苗的种类、饲养方式、饲养的技术水平都有直接关系。如池塘条件好、饵料肥料量多质好，饲养技术水平高，放养密度可偏大一些，否则就要小些。

鱼种培育方式不同,鱼苗的放养密度也不同。采用一级放养,密度小,采用二级放养则可加大密度。采用一级培育法,放养密度见表8-3,表8-4。采用二级放养,草鱼、鳙、鲂鱼苗先以 225 万～375 万尾/hm^2,培育 10～15 天,鱼体全长达到 1.7～2.7 cm 后拉网分池,再以45 万～75万尾/hm^2,培育 20～25 天,鱼体全长达到 5.0～6.7 cm 后分池。但无论哪一种方式,鱼苗放养时都应准确计数,一次放足。

表 8-3 鱼苗放养密度表

(SC/T 1008 — 94) 万尾/hm^2

地区	鲢、鳙	鲤、鲫、鳊、鲂	青鱼、草鱼	鲮
长江流域及以南地区	150～180	225～300	120～150	300～375
长江流域以北地区	120～150	180～225	90～120	—

表 8-4 鳜苗种放养密度

(NY/T 5167 — 2002)

苗种规格(全长)(cm)	设施	放养密度(尾/m^2)
开口摄食～0.6	孵化环道	15 000～20 000
0.6～1.0	孵化环道	10 000～15 000
1.0～1.5	孵化环道	6 000～7 000
1.5～2.0	孵化环道	4 000～5 000
	水泥池	600～800
	池塘	100～150
2.0～2.5	孵化环道	3 000～4 000
	水泥地	600～800
	池塘	100～150
2.5～3.0	孵化环道	2 000～2 500
	水泥地	600～800
	池塘	100～150
3.0～10	池塘	4～6
10～14	池塘	1～3

(四)鱼苗的培育方法

几种常见鱼类的鱼苗全长 2 cm 以前,都是主要以轮虫和枝角类为食。培育方法都是以水体施肥、培育水中浮游生物为主。在体长 2 cm 之后,食性开始分化,饲养方法也有所区别,如鲢鳙仍是施肥培育,而青鱼、草鱼、鲤鱼苗后期,若单靠施肥培育大型浮游生物已不能满足鱼苗摄食需要,此时需要适当增投人工饵料,如麦麸米糠、花生饼、豆饼,人工全价配合饵料等,但从整个鱼苗培育过程来看,仍以施肥为主。

我国各地自然条件不同,鱼苗的培育方式也有所差别按照施肥的种类不同,鱼苗培育可分为以下几种方法:

1. *以豆浆为主的培育法*　即以黄豆磨成豆浆泼入水中,并辅以粪肥和豆渣、豆饼糊等饲养鲤科鱼类鱼苗的方法。豆浆既可直接供鱼苗摄食,又可以肥水以培育天然饵料,间接成为鱼的饵料。根据鱼苗在不同发育阶段对饵料的不同要求,可将鱼苗的生长划分为四个时期进行强化培育。

(1)以轮虫为食时期　即鱼苗下塘的前 1～5 天。此时应精心饲喂,主要采用泼洒豆浆,适时加水的方法延长轮虫高峰期。每天每 666.7 m^2 水面需要豆浆 75 kg(3 kg 黄豆)分上午、中午、下午 3 次均匀泼洒于塘内,豆浆要泼得“细如雾,匀如雨”,而且池塘每个角落都要泼洒,以保证鱼苗吃食均匀。此外,为延长轮虫的高峰期,隔 2～3 天添补新水 1 次,使原池水位提高 10 cm。

(2)以枝角类为食时期　即鱼苗下塘第 6～10 天,此期鱼苗活动能力明显加强,主要吞食枝角类。此时应选择晴天上午追肥腐熟粪肥 1 次,以培养大量的枝角类。用量为每 666.7 $m^2$100～150 kg。每天泼洒的豆浆量也相应增加,每天用黄豆 4～6 kg 磨成豆浆分上午、下午两次全池泼洒。同时在此时期再提高水位 15 cm。此期鱼苗可发育到 16～18 mm。

(3)以精料为主时期　即鱼苗下塘后第 11～15 天。此期鱼苗活动摄食能力明显加强,鱼苗的食性已发生明显转化,必须投喂豆渣,豆饼

糊等精料(每天每666.7 m^2 合干豆饼1.5～2.0 kg),供鱼苗摄食,俗称“堵滩脚”。若饲养鲢、鳙鱼苗则该时期应再追1次有机肥,施肥量和施用方法同上一时期。另外,此期需添加新水2次,每次加水15 cm。

(4)锻炼阶段　即鱼苗培育的第16～20天,也是夏花鱼种培育的最后5天。此期豆渣,豆饼糊的投喂量进一步增加(每天每666.7 m^2 投喂量合干豆饼2.5～3.0 kg)。池水加到最高水位。若培育草鱼和团头鲂,该期还应每万尾投喂芜萍10～15 kg。为了保证夏花鱼种,能够适应高温季节出塘和运输的需要,在此阶段应对鱼苗进行拉网锻炼。

采用这种培育方法,育成1万尾规格3 cm以上的夏花鱼种总计需黄豆及豆饼7～8 kg和粪肥30～40 kg。

2. 以绿肥为主的培育方法　也称大草饲养法,广东、广西多采用此法培育夏花。根据所培育的鱼种不同,对水质条件的需求也稍有不同。培育鲢、鳙的水质要求肥一些,施用大草的数量较多。一般每666.7 m^2 每3～4天施200～250 kg。依水质肥瘦灵活掌握,若发现鱼苗生长较差,每666.7 m^2 池塘每天增投花生饼1.5～2.5 kg,培育草鱼苗,水肥度可稍小一点,施绿肥量也比鲢、鳙小些。一般每3天每666.7 m^2 施150～200 kg,从下池第3天起每666.7 m^2 增投花生粕、米糠等1.5～2.5 kg,全长达2.0 cm左右时,每天每万尾投喂浮萍3 kg。

采用该方法一般育成1万尾规格3 cm以上的夏花鱼种需绿肥75～100 kg和黄豆或豆饼1.5～2.0 kg。

3. 以粪肥为主的培育方法　鱼苗下塘后应每天2次泼洒粪肥(经过充分发酵腐熟,滤去肥渣后),一般每次每666.7 m^2 施用30～40 kg。培育鲢、鳙鱼的池塘,水色以褐绿和油绿色为好;草鱼苗培育池,水色以茶褐色为好,肥而带爽。草鱼、鲤、鲫鱼苗在培育后期(鱼苗长至2 cm左右时),还应在池边堆放豆渣或豆饼糊,每天上午,下午各1次。

采用该法培育鱼苗,一般育成1万尾规格3 cm以上的夏花鱼种粪肥80～100 kg和黄豆1～2 kg。

(五)日常管理

1. 巡塘　鱼苗培育期间的重要管理工作是巡塘。每天应早、中、晚

3次巡塘，认真观察池塘水质和鱼的活动情况，定期检查鱼苗的摄食，生长、病虫害情况，发现问题及时处理。

（1）浮头情况　早晨鱼苗成群浮头，受惊后就下沉，稍停一会儿又浮上来，日出后即停止，这种情况属于轻微浮头，是正常现象。说明池水肥度适中。若8～9 h后仍浮头，受惊动仍不下沉，则表明池水过肥，缺氧严重，应立即注入新水，直至浮头停止，并应适当减少当天的投饲量，不应再施肥。

（2）吃食情况　早晨检查若发现傍晚投喂的饵料已吃光，次日可酌情增加投食量，若傍晚时.剩余较多，则第二天应酌情减少投喂量。

（3）观察水色、检查水体肥度　培育池水色以呈绿色、黄绿色或褐色为宜，水体透明度应保持在25～30 cm。若池水呈乳白色（可能是轮虫过多）或粉红色（枝角类过多）说明池水过肥，溶氧量不足易引起浮头或泛池，此时须加注新水。

（4）发病情况　巡塘时要注意观察鱼的活动情况，如果发现有些鱼离群，身体发黑，在池边缓慢游动，就应马上捕出检查，查明病因，以采取有效的防治措施。

（5）清除敌害和杂草　巡塘时应随时消灭有害昆虫（如龙虱幼虫，红娘华等）害鸟和蛙卵、蝌蚪等，清除池中及岸边的杂草和脏物。

2.分期注水　分期注水是日常管理工作的重要环节，是提高鱼苗生长率和成活率的有效措施。鱼苗下塘时，鱼体小，池塘水深应保持在50～60 cm，以后每隔3～5天注水一次，每次注水10～15 cm，水应经密布网过滤平直的流入池中央。一般鱼苗培育期间加水3～4次。待鱼体全长3 cm时，池塘水深应保持在1.2～1.5 m。

3.建立养殖档案管理制度　水产养殖单位和个人应当填写《水产养殖生产记录》（表8-5），记载养殖种类、苗种来源、苗种检疫、苗种放养及生长情况、肥料使用、饲料来源及投喂情况、底质和水质检测以及投入品的采购、保管、使用等内容。同时还要填写《水产养殖用药记录》（表8-6），记载病害预防和病害发生情况、主要症状、诊断情况、用药名称及来源、用药时间、用药量等内容。此外，还要填写《捕捞生产记录》

(表 8-7)，主要内容包括作业水域、渔获物品种及数量、保鲜、消毒剂使用、产品检验、产品销售等。水产养殖单位销售自养水产品应当贴附《产品标签》(表 8-8)，注明单位名称、地址、产品种类、规格，出池日期等。《水产养殖生产记录》、《水产养殖用药记录》和《捕捞生产记录》要有专人负责，记录完善，建档保存，记录应当保存至该批水产品全部销售后 2 年以上。

表 8-5　水产养殖生产记录

池塘号：　　　　面积：　　　　亩；　　　养殖种类：

<table>
<tr><td colspan="2">饲料来源</td><td colspan="2"></td><td colspan="2" rowspan="2">检测单位</td><td colspan="2" rowspan="2"></td></tr>
<tr><td colspan="2">饲料品牌</td><td colspan="2"></td></tr>
<tr><td colspan="2">苗种来源</td><td colspan="2"></td><td colspan="2">是否检疫</td><td colspan="2"></td></tr>
<tr><td colspan="2">投放时间</td><td colspan="2"></td><td colspan="2">检疫单位</td><td colspan="2"></td></tr>
<tr><td>时间</td><td>体长</td><td>体重</td><td>投饵量</td><td>水温</td><td>溶氧</td><td>pH 值</td><td>氨氮</td></tr>
<tr><td></td><td></td><td></td><td></td><td></td><td></td><td></td><td></td></tr>
<tr><td></td><td></td><td></td><td></td><td></td><td></td><td></td><td></td></tr>
</table>

养殖场名称：　　　　　　养殖证编号：(　　)养证[　　]第　　　号

养殖场场长：　　　　　　养殖技术负责人：

表 8-6　水产养殖用药记录表

序号				
时间				
池号				
用药名称				
用量/浓度				
平均体重/总重量				
病害发生情况				

续前表

主要症状				
处方				
处方人				
施药人员				
备注				

表 8-7 捕捞生产记录

时间	作业水域	渔获物品种	渔获物数量	保鲜	消毒剂使用	产品检验	产品销售

表 8-8 产品标签

养殖单位	
地址	
养殖证编号	(　　)养证[　　]第　　号
产品种类	
产品规格	
出池日期	

(六)拉网锻炼与出池

拉网锻炼可促使鱼体组织中的水分含量下降,肌肉变得结实,体质较健壮,经得起分塘操作和运输途中的颠簸。鱼种在密集过程中可增

加鱼体对缺氧的适应能力，促使鱼体分泌大量黏液和排出肠道内的粪便，减少运输途中鱼体黏液和粪便的排出量，从而有利于保持较好的运输水质，提高运输成活率。

一般出塘前要进行 2～3 次拉网锻炼。第 1 次拉网，操作须特别小心，拉网赶鱼速度宜慢不宜快，收拢网片时要防止鱼种贴网。将鱼围入网中后，观察鱼的数量和生长情况，密集 10～20 s 后随即放回池中。若鱼苗活动正常，天气晴朗，隔一天进行第 2 次拉网。拉网的同时在池中架好网箱，待鱼围入网中密集后转入网箱内。随后在池中慢慢推动网箱，清除箱内污物，观察鱼的活动情况，若鱼活动不正常，应立即放入池内，隔天再重新拉网，若鱼的活动正常，能沿着一个方向在箱内成群游动，说明鱼的质量好，若距鱼种培育池近，经 1～2 h 即可出塘；若需长途运输，则应将鱼放回原池，待隔日第 3 次拉网后（操作同第 2 网），将鱼种放入水质清新的池塘网箱中，经一夜"吊养"方可装运。吊养时，夜间需有人看管，以防发生缺氧死鱼事故。

夏花的分塘与计数。夏花出塘时往往出现大小规格不整齐的现象，为了保证鱼种培育规格整齐，夏花出塘时应过筛，将不同规格的鱼分开。

夏花鱼种的计数有重量法和容量法两种。将筛选后的夏花鱼种随机取样，按单位重量或容积的夏花鱼种尾数乘以总重量或容积，即为夏花鱼种的总数量。再随机取出 20 尾测定全长与体重，求出平均规格。

五、夏花鱼种种类、质量鉴别标准

夏花鱼种质量的优劣直接影响到 1 龄鱼种培育的成活率，生长率因此在选购夏花鱼种时必须认真挑选鉴别。

（一）夏花鱼种种类鉴别

1. 鲢　体色银白，腹棱完全，从胸鳍基部直达肛门。胸鳍短，仅达腹鳍茎部。腹鳍和臀鳍间有膜状鳍褶，鳍褶边缘黑色素像镶边一样整齐排列。

2. 鳙　体色金黄，腹棱不完全，仅从腹鳍基部到肛门。胸鳍较长，达腹鳍中间。鳍褶上黑色素排列稀疏散乱。

3. 草鱼　额宽，吻钝圆，鳞片清楚，体色金黄，尾柄下方有一块不很明显的，圆形、颜色较淡的黑色素斑。

4. 青鱼　吻较尖，鳞片不清楚，体色素黄，尾柄下方有一块菱形的黑色素斑。

(二)夏花鱼种质量鉴别

夏花鱼种的优劣主要以三个方面进行鉴别，一是从外观鉴别，主要从出塘规格、体色、体表、体形、活动情况，五个方面进行，鉴别方法见表8-9。二是通过可数指标进行鉴定。从每批鱼种随机抽取夏花鱼种100尾以上，肉眼观察并计数畸形率、损伤率，小于1%；鱼病常规诊断方法检查体表、鳃、肠等，其带病率小于1%，并且不能带有危害性大的传染病个体。三是通过可量指标进行鉴定，随机抽取夏花鱼种30尾以上，用标准量具逐尾量取吻端至尾鳍末端的直线长度，然后再用滤纸吸去鱼体所带水分，进行称重。各种规格(全长)的鱼种标准重量参照表8-10。

表 8-9　常规养殖鱼类夏花鱼种质量鉴别

鉴别方法	优　质	劣　质
出塘规格	同种鱼出塘规格整齐	同种鱼个体大小不一
体色	体色正常，鲜艳有光泽	体色暗淡无光，变黑或变白
体长	体表光滑，有黏液	体表粗糙或黏液过多
活动情况	行动活泼，集群游动，受惊后迅速潜入水底，不常在水面停留，抢食能力强	行动迟钝，不集群，在水面温游，抢食能力弱
抽样检查	鱼在白瓷盆中狂跳。身体肥壮，头小背厚。鳞、鳍完整，无异常现象	鱼在白瓷盆中很少跳动，身体瘦弱，背薄，俗称“瘪子”。鳞鳍缺损，有充血现象，或异物附着

表 8-10 各种规格(全长)鱼种标准重量表

草鱼		鲢		鳙		团头鲂		颖鲤		尼罗罗非鱼		
全长(cm)	体重(g)	全长(cm)	体重(g)	全长(cm)	体重(g)	全长(cm)	体重(g)	全长(cm)	体重(g)	全长(cm)	体重(g)	全长(cm)
1.7	0.10	1.7	0.04	1.7	0.04	1.0	0.016	1.0	0.001	2.1～2.9	0.25±	0.05
2.0	0.15	2.0	0.07	2.0	0.07	1.2	0.028	1.3	0.015	3.0～3.9	1.05	0.20
2.3	0.21	2.3	0.11	2.3	0.10	1.4	0.046	1.6	0.116	4.0～4.9	2.45	0.60
2.7	0.31	2.7	0.18	2.7	0.17	1.6	0.070	2.0	0.180	5.0～5.9	4.25	1.00
3.0	0.41	3.0	0.25	3.0	0.24	1.8	0.103	2.3	0.215	6.0～6.9	5.75	1.00
3.3	0.52	3.3	0.33	3.3	0.32	2.0	0.143	2.6	0.290	7.0～7.9	8.05	1.20
3.7	0.70	3.7	0.16	3.7	0.46	2.2	0.202	3.0	0.429	8.0～8.9	10.75	1.25
4.0	0.85	4.0	0.60	4.0	0.59	2.4	0.258	3.3	0.736	9.0～9.9	15.5	2.5
4.3	1.03	4.3	0.75	4.3	0.74	2.6	0.333	3.6	0.881	10.0～10.9	21.0	3.0
4.7	1.12	4.7	0.98	4.7	0.97	2.8	0.423	4.0	1.20	11.0～11.9	30.0	4.5
5.0	1.51	5.0	1.18	5.0	1.18	3.0	0.528	4.3	1.90	12.0～12.9	40.0	6.0
5.3	1.75	5.3	1.42	5.3	1.42	3.2	0.649	4.6	2.05	13.0～13.9	52.0	6.0
5.7	2.10	5.7	1.77	5.7	1.78	3.4	0.789	5.0	2.19	14.0～14.9	65.0	7.0
6.0	2.40	6.0	2.07	6.0	2.09	3.6	0.949	5.3	2.33	15.0～15.9	80.0	9.0
6.3	2.71	6.3	2.40	6.3	2.44	3.8	1.129	5.6	2.97			

续表 8-10

草鱼		鲢		鳙		团头鲂		颖鲤		尼罗罗非鱼		
全长 (cm)	体重 (g)	全长 (cm)	体重 (g)	全长 (cm)	体重 (g)	全长 (cm)	体重 (g)	全长 (cm)	体重 (g)	全长 (cm)	体重 (g)	全长 (cm)
6.7	3.17	6.7	2.90	6.7	2.96	4.0	1.331	6.0	3.50			
7.0	3.54	7.0	3.32	7.0	3.41	4.2	1.558	6.3	4.90			
7.3	3.94	7.3	3.77	7.3	3.87	4.4	1.809	6.6	5.15			
7.7	4.52	7.7	4.44	7.7	4.58	4.6	2.087	7.0	5.85			
8.0	4.98	8.0	4.99	8.0	5.16	4.8	2.393	7.3	6.53			
8.3	5.46	8.3	5.55	8.3	5.79	5.0	2.728	7.6	7.80			
8.7	6.40	8.7	6.45	8.7	6.71	5.2	3.095	8.0	9.23			
9.0	7.85	9.0	7.16	9.0	7.46	5.4	3.491	8.3	10.50			
9.3	9.30	9.3	7.91	9.3	8.27	5.6	3.929	8.6	12.17			
9.7	10.75	9.7	8.94	9.7	9.34	5.8	4.397	9.0	13.23			
10.0	11.60	10.0	9.96	10.0	10.37	6.0	4.903	9.3	14.15			
10.3	12.65	10.3	10.99	10.3	11.29	6.2	5.448	9.6	15.67			
10.7	14.10	10.7	12.01	10.7	12.64	6.4	6.033	10.0	16.50			
11.0	15.25	11.0	13.00	11.0	13.73	6.6	6.661	10.5	21.50			
11.3	16.47	11.3	14.03	11.3	14.87	6.8	7.332	11.0	23.50			

续表 8-10

草鱼		鲢		鳙		团头鲂		颖鲤		尼罗罗非鱼		
全长（cm）	体重（g）	全长（cm）	体重（g）	全长（cm）	体重（g）	全长（cm）	体重（g）	全长（cm）	体重（g）	全长（cm）	体重（g）	全长（cm）
11.7	18.91	11.7	15.50	11.7	16.49	7.0	8.048	11.5	26.29			
12.0	19.55	12.0	16.66	12.0	17.97	7.2	8.810	12.0	29.75			
12.3	20.98	12.3	17.87	12.3	19.14	7.4	9.622	12.5	34.68			
12.7	22.98	12.7	19.85	12.7	20.51	7.6	10.484	13.0	38.20			
13.0	24.56	13.0	20.93	13.0	21.56	7.8	11.397	13.5	42.00			
13.3	26.21	13.3	22.34	13.3	24.16	8.0	12.364	14.0	48.66			
13.7	28.52	13.7	24.31	13.7	26.39	8.2	13.385	14.5	54.65			
14.0	30.34	14.0	25.85	14.0	28.40	8.4	14.163	15.0	63.67			
14.3	32.23	14.3	27.47	14.3	32.62	8.6	15.600	15.5	77.45			
14.7	34.87	14.7	29.72	14.7	34.23	8.8	16.797	16.0	82.00			
15.0	37.88	15.0	31.48	15.0	36.84	9.0	18.055	16.5	86.40			
15.3	40.22	15.3	34.32	15.3	38.32	9.2	19.377	17.0	92.20			
15.7	43.96	15.7	37.07	15.7	41.65	9.4	20.765	17.5	99.00			
16.0	47.70	16.0	39.22	16.0	44.28	9.6	22.219	18.0	106.10			

续表 8-10

草鱼		鲢		鳙		团头鲂		颖鲤		尼罗罗非鱼		
全长 (cm)	体重 (g)	全长 (cm)	体重 (g)	全长 (cm)	体重 (g)	全长 (cm)	体重 (g)	全长 (cm)	体重 (g)	全长 (cm)	体重 (g)	全长 (cm)
16.3	51.44	16.3	41.45	16.3	47.02	9.8	23.742	18.5	115.50			
16.7	55.18	16.7	44.56	16.7	50.85	10.0	25.335	19.0	124.00			
17.0	58.10	17.0	46.99	17.0	53.87			19.5	134.20			
17.3	61.12	17.3	49.56	17.3	57.00			20.0	145.00			
17.7	58.10	17.7	52.99	17.7	61.37							
18.0	68.65	18.0	55.72	18.0	64.80							
18.3	71.92	18.3	58.53	18.3	68.35							
18.7	76.57	18.7	62.43	18.7	73.50							
19.0	80.18	19.0	65.46	19.0	77.17							
19.3	83.90	19.3	68.59	19.3	81.18							
19.7	89.03	19.7	72.92	19.7	86.74							
20.0	93.01	20.0	76.28	20.0	91.08							
20.3	97.11	20.3	79.74	20.3	95.57							
20.7	102.75	20.7	84.51	20.7	101.79							

续表 8-10

草鱼		鲢		鳙		团头鲂		颖鲤		尼罗罗非鱼		
全长（cm）	体重（g）	全长（cm）	体重（g）	全长（cm）	体重（g）	全长（cm）	体重（g）	全长（cm）	体重（g）	全长（cm）	体重（g）	全长（cm）
21.0	107.13	21.0	88.22	21.0	106.64							
21.3	111.62	21.3	92.03	21.3	111.31							
21.7	117.09	21.7	97.28	21.7	118.56							
22.0	122.57	22.0	101.34	22.0	123.94							
22.3	127.47	22.3	105.52	22.3	129.47							
22.7	134.21	22.7	111.26	22.7	137.14							
23.0	139.41	23.0	115.70	23.0	143.90							
23.3	144.74	23.3	120.36	23.3	149.21							

提示问答

1. 如何区分常规养殖鱼类鱼苗?
2. 常见劣质鱼苗有哪些?如何鉴定鱼苗质量?
3. 鱼苗阶段摄食习性有哪些特点?
4. 鱼苗阶段生长有哪些特点?
5. 鱼苗阶段栖息习性有哪些特点?
6. 简述鱼苗对水环境的适应特点?
7. 无公害鱼苗培育的环境要求是什么?
8. 鱼苗下塘前为什么要清整池塘?
9. 如何进行药物清塘?
10. 不同清塘药物进行清塘各有何特点?
11. 生态适时下塘的原理是什么?
12. 如何保证生态适时下塘?
13. 如何确保鱼苗生理适时下塘?
14. 鱼苗下塘应注意哪些事项?
15. 鱼苗培育方式主要有哪几种方式?
16. 鱼苗培育的方法主要有哪几种?
17. 鱼苗培育的日常管理包含哪些内容?
18. 养殖档案管理包括哪些内容?
19. 拉网锻炼有什么作用?
20. 如何拉网锻炼?
21. 夏花鱼种质量如何鉴别?

第九章

无公害鱼种的培育

阅读指南　苗种培育是水产养殖的关键一步，担负着向商品鱼养殖企业输送优质无公害鱼种的任务。本章讲述鱼种培育常用方法，夏花放养应注意的问题，并塘越冬注意事项，如何进行稻田鱼种培育和一龄鱼种质量如何鉴别的问题。

鱼苗养成夏花时，体重增加了数十倍乃至百余倍，如果仍在原池继续饲养，密度就显得过大而影响鱼种生长，因此必须及早分养。但此时鱼体仍然幼小，对敌害生物的防御能力和觅食能力均较弱，若直接放入大水面或鱼池内饲养，其成活率将会大大降低，并浪费水体。因此，需要将夏花再经过一段时间较精细的饲养管理，养成大规格和体质健壮的鱼种，才可供成鱼池塘、湖泊和水库等大水体放养之用。

第一节　池塘培育

一、夏花鱼种放养前的准备

1. 鱼种池的选择　选择鱼种池的条件基本与鱼苗池相似，只是面积稍大一些，一般鱼种池面积为0.13～0.53 hm^2，水深1.5～2.0 m。

2. 鱼池清整和消毒　方法同鱼苗池。

3. 施基肥　夏花阶段，尽管鱼种的食性已开始分化，但对浮游动物均喜食，且生长迅速。因此，鱼种池在夏花下塘前应施有机肥料以培养浮游生物，实行肥水下塘，这是提高鱼种成活率的重要措施。施基肥的时间视水温而定，一般在放养夏花前10天左右。施基肥的数量根据池塘肥瘦和放养夏花的种类等确定，一般每666.7 m^2 有机肥200～400 kg。

以鲢、鳙为主体鱼的池塘，基肥应适当多一些，鱼种应控制在轮虫高峰期下塘；以青鱼、草鱼、团头鲂、鲤为主体鱼的池塘，鱼种应控制在枝角类高峰期下塘，此外，以草鱼团头鲂为主体鱼的池塘，还应在鱼种池培养芜萍或小浮萍，准备好鱼种下塘后的适口饵料。近年来在北方地区用配合饲料主养鲤鱼的高产池塘一般不施有机肥料。

二、夏花鱼放养

1. 混养搭配　常规养殖鱼类在鱼种培育阶段，各种鱼的活动水层，食性和生活习性已明显分化。因此，可以进行适当的搭配混养，以充分利用池塘的空间和饵料资源，发挥池塘的生产潜力。同时，混养还可做到不同鱼类之间的彼此互利。但是，鱼种阶段鱼的食性和生活习性的分化程度还不如成体，而且各种鱼类对所投喂的人工饵料均喜食，

容易造成争食现象。因此，一般以2～5种鱼混养为宜，其中以一种鱼做为主养鱼（主体鱼）。配养鱼尽可能不与主养鱼发生食饵竞争。另外，为了保证主体鱼具有明显的生长优势，以达到较大的规格。可以使主体鱼提前下塘，推迟配养鱼放养时间，人为造成主养鱼与配养鱼在规格上的差异，进一步提高主体鱼对饵料的争食能力，以缓和各种鱼种之间的矛盾。

2. *放养密度*　夏花放养的密度主要依据计划养成鱼种的规格来决定（表9-1，表9-2）。如鱼种运销外地，为便于运输和提高运输成活率。培养鱼种的规格一般易小些，因此放养密度可大些；如供附近食用鱼池放养，客户需要大规格鱼种，此时夏花放养密度需小些。同时，放养密度还随鱼的种类，池塘条件，饲料与肥料供应情况和饲养管理措施等有关。同样的出塘规格，鲢鳙的放养量可较草鱼、青鱼大些，鲢可比鳙多些，池塘面积大，水较深，可以加大放养密度；配套设备好，养鱼技术水平高，饵料、肥料充足质优，可增加放养密度以提高单位面积池塘鱼产量。近几年随着应用配合饲料高密度主养鲤技术的普及，苗种培育的生产水平提高很快。

表9-1　夏花鱼种的放养密度、成活率、出塘规格和产量指标

（SC/T1008—94）

地区	放养密度（万尾/hm^2）	培育期（天）	成活率%	规格①（cm）		产量②（kg/hm^2）
				青鱼、草鱼鲢、鳙	鲤、鲫鳊、鲂	
长江流域及以南地区	15～22.5	120～180	80～85	≥13.3	≥12	3 750～5 250
长江以北地区	12～18	80～120	80～85	≥13.3	≥12	2 625～3 750

注：①规格指鱼体全长。

②如条件优越，管理水平高，可适当增加放养量，产量可超过7 500 kg/hm^2。

表 9-2 不同主体鱼的夏花放养搭配比例

(SC/T1008—94)

混养鱼类	主养鱼类					
	草鱼	鲂或鳊	鲢	鳙	青鱼或鲤	鲫或白鲫
草鱼	50	—	20	20	10	10
鲂或鳊	—	50	10	10	—	10
鲢	30	30	50	—	—	10
鳙	10	10	10	50	30	20
青鱼或鲤	—	—	—	10	50	—
鲫或白鲫	10	10	10	10	10	10
合计	100	100	100	100	100	100

注:①鲂与鳊;青鱼与鲤;鲫与白鲫或异育银鲫在放养时一般只放一种。

②以鲤鱼为主时,北方地区可按:鲤 40%,鲢 30%,草鱼 20%,鳙 10%的比例混养。

三、鱼种饲养方法

鱼种的饲养方法,根据鱼种种类,放养密度、饵料、肥料的供应情况可分为投饵为主饲养法和施肥为主饲养法。近几年来随着鱼苗早繁技术和应用配合饵料高密度主养鲤鱼技术的普及,苗种生产水平又有很大提高,出现了新的鱼苗饲养方法,如以草鱼早繁苗为主体鱼的鱼种综合强化培育技术和利用配合饲料高密度饲养法等。

1. 投饵为主饲养法

(1)饲料的种类　精饲料(又称商品饲料):包括豆饼、花生饼、菜饼、米糠、麸皮、麦类、玉米、酒糟、糖糟、豆渣等。这种饲料各种养殖鱼类均喜食。

青饲料:包括芜萍、小浮萍、紫背浮萍、满江红、苦草、轮叶黑藻等水生植物以及嫩的旱草等。可作为草鱼、团头鲂、鳊鱼等草食性鱼类的饲料。

动物性饲料:螺蛳、河蚌、蚬、蚕蛹等。可作为青鱼、鲤鱼的饲料。

(2)投饵技术　为提高投饵效果,降低饵料系数,促进鱼种健康生

长，投饵时一定要遵循“四看、四定”原则，合理投饲，保证饵料“匀、足、好”(详见第十章第一节的第六部分)。

投饵为主饲养法主要适用于饲养吃食性鱼类。夏花鱼种应控制在枝角类高峰期下塘，对于草食性鱼类(草鱼、鲂、鳊)夏花放养前还应培育芜萍和小浮萍。鱼苗下塘后，精饲料、动物性饲料和青饵料应结合投喂。饵料种类和投饵量随鱼种的增长而变化(表 9-3，表 9-4)，投饵范围逐渐缩小，将鱼引至食场吃食。

表 9-3　长江中下游地区培育草食性鱼类鱼种的投饵量

(SC/T1008—94)

鱼种规格(cm)	青饲料种类	青饲料量(kg/(d・万尾))	精饲料量(kg/(d・万尾))	水温(℃)
3～7	草浆、芜萍	20～40	1～2	28～32
7～8	小浮萍、草浆、轮叶黑藻、嫩草	60～100	2	30～32
8～9	嫩草、紫背浮萍、草浆	100～150	2	28
9～12	苦草、嫩草、苦荬菜	150～200	2～3	22
12～15	苦草、嫩草	75～150	2～3	15

表 9-4　长江中下游地区青鱼鱼种投饲量

(SC/T1008—94)

鱼种规格(cm)	饲料种类	每日投喂量(kg/万尾)	水温(℃)
3～5	豆饼糊	1.2～1.5	28～30
5～8	豆饼糊、菜饼糊	2.5～5.0	30～32
8～12	轧碎螺蛳、黄蚬	30.0～120.0	22～28
＞12	豆饼糊、菜饼糊	1.5～3.0	15

2. *施肥为主饲养法*　这种方法适用于鲢、鳙、白鲫等滤食性鱼类为主，放养密度较稀且肥源充足的池塘。夏花下塘前施足基肥，下塘以后还要经常追肥以补充池中的营养物质。施肥为主饲养法又可分为粪肥饲养法，绿肥饲养法，稗草培育法，种稻培育法等。

(1)粪肥饲养法　夏花下塘前3～5天,施足基肥,一般每公顷施粪肥3 000～7 500 kg,对于新开挖的鱼池应增加施肥量或增施化肥75～150 kg/hm²。夏花下塘后每2～3天应及时追肥,每次每公顷450～750 kg,同时可在粪肥中加入过磷酸钙300 g。追肥一定要掌握"四看"原则。

(2)绿肥饲养法　其方法基本同粪肥饲养法。夏花放养前施足基肥,用量为每公顷3 000～4 500 kg。夏花下塘后每10天左右,在池边浅水处堆绿肥2 250～3 750 kg/hm²,另外,应每天辅投商品饲料1～1.5 kg/万尾。随着鱼体长大,商品饲料投喂量逐步加大,追肥也要遵循"四看"原则。

(3)稗草、水稻饲养法　一般在5月份将鱼种池排干,每666.7 m²播种稻种6～8 kg或稗草种5～6 kg。在抽穗后至穗稍变黄期间,灌注新水1.5 m左右将其淹没。然后放入夏花鱼种,以鲢、鳙、白鲫为主,可混养部分草鱼,团头鲂、鲤鱼等,培育期间不需施肥,仅在后期辅投部分商品饲料。

3. 配合饲料高密度饲养法　随着我国饲料工业及鱼类营养学的发展,目前以配合饲料为主饲养鱼种的方法已在全国推广,下面以鲤鱼为例,介绍这种饲养方法。

(1)配合饲料的选择　鱼种期鱼体生长迅速,对蛋白含量要求较高,一般配合饲料的粗蛋白含量应达到31%～39%,并添加蛋氨酸、赖氨酸、无机盐、维生素合剂等,加工成颗粒饵料,硬颗粒饲料直径的选择可参照表9-5。为了保证配合饲料的质量,为了生产出绿色无公害水产品,一定要选择有资质的正规饲料生产厂家的产品,以保证饲料配制中使用的促生长剂、维生素、氨基酸、脱壳素、矿物质、抗氧化剂或防腐剂等添加剂种类及用量应符合有关国家法规和标准规定。

表9-5　鲤规格与饲料颗粒大小的关系

饲料形状	圆形饲料的直径(mm)	鲤体重(g)	鲤体长(cm)
粉末		<1.0	<4.5
碎粒	0.5～1.0	1.0～3.0	4.5～5.8
	0.8～1.5	3.0～7.0	5.8～7.4

续表 9-5

饲料形状	圆形饲料的直径(mm)	鲤体重(g)	鲤体长(cm)
颗粒	1.5～2.4	7.0～12.0	7.4～9.4
	2.5	12～50	9.4～15
	3.5	50～100	15～18
	4.5	100～300	18～23
	6.0	>300	>23

(2)驯食　训练鲤鱼上浮集中摄食是配合颗粒饲料饲养鲤鱼的技术关键。驯食方法是在池边上风向阳处向池内搭一跳板作为固定投饵点,可以人工投喂也可在跳板上装投饵机,夏花下塘第 2 天就开始投喂,投喂前,先在跳板上敲铁桶,脸盆等或使投饵机空转,然后每隔 10 min 撒一小把饵料,每次驯食 0.5～1 h,每天 4 次,一般经过 7 天即可使鱼集中上浮摄食。

(3)投饲率(投饲量)　影响投饲率的因素主要有鱼的摄食量、水质、水温等环境条件和饲料的营养价值和加工方法等。实践证明,投饲率在八成饱(即只喂到鱼饱食量的 80%;且 80%的鱼能吃饱)时,饲料效率最高。

(4)投喂次数　鲤鱼种投喂次数为:水温 15～20℃,日投喂 2 次,分别在 9:00 和 15:00 投喂;水温 20～25℃,日投喂 3～4 次分别在 8:00,11:00,15:00,18:00 投喂,各次分别投喂日投饲量的 20%,25%,30%和 25%;水温 25℃以上时,日投喂 5～6 次,分别在 7:30,10:30,13:30,15:00,17:00,19:00 投喂。

(5)投喂方法　饵料的投喂方法主要有两种,即手撒和投饵机,投喂应掌握慢—快—慢的节奏,减少饵料的浪费。

四、日常管理

1. 巡塘　每日巡塘 2～3 次。清晨观察鱼的动态,若鱼类浮头过

久,应及时注水解救。注意观察水质与气候变化,以决定投饵和施肥量;发现鱼病要及时采取相应措施。下午检查鱼类吃食情况,以便决定次日的投饵量。

2. 水质管理　通常每月注水 2～3 次。以草鱼为主体鱼的池塘更要勤注水。在饲养早期和后期,每 3～5 天加 1 次水,每次加水 5～10 cm。鱼种快速生长的 7～8 月份是高温季节,上下层水的温差使水的对流较困难,易引起底层水的缺氧,从而影响鱼类的摄食和生长,因此,在 7～8 月份应勤注新水,排除底层水改善水质,加速鱼类生长。一般每隔 2 天加水 1 次,每次加水 5～10 cm;入伏后最好天天冲 1 次水,以保持水质清新。必须注意,加水宜在凌晨进行,排水宜在中午进行。

由于鱼池载鱼量较高,因此,必须配备增氧机,每千瓦负荷不大于 0.1 hm^2,并做到合理使用增氧机(同成鱼池养殖)。

3. 定期筛选　定期检查鱼种生长情况,如发现生长缓慢,必须加强投饵。如个体生长不均匀,要先拉网锻炼 1～2 天,然后用鱼筛,将个体大的筛出分饲养。留塘的小个体鱼种应继续加强培育。

4. 防病　目前,养鱼生产中不断发生传染性、暴发性鱼病。鱼一旦得病,救治不及时,会造成大批量死亡,损失惨重。所以对于鱼病来说应以预防为主,防治结合。夏花鱼种出塘时,经 2～3 次拉网锻炼,鱼种易擦伤,鱼体往往寄生大量车轮虫等寄生虫。因此,在鱼种下塘前,必须对鱼体进行消毒。通常将鱼种放在 20 mg/L 的高锰酸钾溶液中浸洗 15～20 min(浸洗时间随水温和鱼体耐受力而定),以保证下塘鱼种具有良好体质。在日常管理工作中,应经常洗刷食台,捞除残饵,保持食场清洁卫生。在鱼病多发季节(7～9 月份),每隔半月用 100～300 g 漂白粉在食台及其周围泼洒 1 次,进行消毒。在寄生虫高发季节,可用硫酸铜或敌百虫在食场周围挂袋,以杀死鱼体和食场附近的寄生虫。巡塘时看鱼的摄食,活动是否正常。发现鱼病及时治疗,病鱼、死鱼及时捞除,深坑掩埋或焚烧,不可随手乱扔,以防鱼病传染。主养草鱼的池塘应注射草鱼出血病疫苗。

5. 做好日常管理记录　鱼种池的日常管理是经常性的工作,为提

高管理的科学性，必须做好放养、投饵施肥、加水防病、收获等方面的记录和原始资料的分析、整理。记录内容基本同鱼苗无公害培育。

五、出塘和并塘越冬

秋末冬初，水温降至 10℃左右，鱼已不大摄食，可将鱼种拉网出塘，按种类和规格分开，作为池塘、湖泊、水库放养之用。如欲留一部分到翌年春季再进行放养则需将各类鱼种捕捞出塘，按种类、规格分别集中蓄养在深水越冬池内。

1. 并塘越冬的目的

(1)将鱼种按不同种类和规格进行分类归并，计数囤养，以利于运输和放养。

(2)并塘后可将鱼种囤养在较深的池塘中安全越冬，便于管理，不使鱼种落膘。

(3)通过并塘能全面了解当年鱼种生产情况，总结经验，提出下年度放养计划。

(4)腾出鱼种池及时清整池塘，为翌年生产做好准备。

2. 并塘越冬注意事项

(1)并塘时应在水温 5～10℃的晴天拉网捕鱼、分类归并。若温度过高，鱼类活动能力强，拉网过程中易受伤；水温过低，特别是严冬和雪天不能并塘，否则鱼体易冻伤造成鳞片脱落出血，容易引起鱼类在来年春季发生水霉病，使成活率降低。

(2)拉网前应停食 2～3 天，拉网、捕鱼、运输等操作要细心，避免鱼体受伤。

(3)用鱼筛将不同种类和规格的鱼分开，少数筛不开的鱼种捞到盆中分拣。

3. 越冬池的条件　越冬池应选择背风向阳，地势较低，池底平坦并有少量淤泥，池埂坚固，不渗漏，保水性好的池塘。面积一般为 0.13～0.53 hm^2，水深 2.5～3.0 m，高寒地区，面积可大些，水深深些。

放鱼前越冬池应经过彻底清整消毒，并培肥水质，冰封前池中浮游生物量应保持在 25 mg/L 以上。

4. 鱼种锻炼与并塘

(1)鱼种锻炼　鱼种出塘的锻炼方法与夏花鱼种出塘相同。但由于鱼体大，因此，锻炼的时间也要相应延长，一般需 2 次密集锻炼。具体操作方法是第 1 天上午拉网，将鱼密集在网箱，到下午 4～5 时放回原塘；第 2 天再进行 1 次拉网锻炼后即可出塘，同时进行筛拣、分类、计数和称重。

(2)鱼种并塘　鱼种拉网锻炼和分拣后往往容易受伤，因此，并塘前要先进行鱼体消毒(方法同夏花鱼种下塘)，发现鱼病应先进行治疗，然后再并入越冬池。

鱼种越冬一般都采取单养，放养数量根据鱼体规格、体质、越冬池条件及越冬期长短等决定。一般全长 12～13 cm 规格，放养量为 60 万尾/hm^2 左右，全长 15～16 cm，放养量为 30 万～45 万尾/hm^2。

5. 越冬池管理　长江流域及以南地区冬季冰封期短或无冰封期，天晴日暖时应适当投饲与施肥。以施有机肥为主，投饵一般每周 2 次，投饵量为鱼体重的 0.5%左右。冰封后应及时破冰，定期测定水中溶氧量，使溶氧保持在 5 mg/L 左右。发现溶氧下降时要及时打冰眼注入溶氧较高的水。

珠江流域冬季除寒流影响时，应注意鲮鱼池，水温不能低于 7℃，其他时期应按正常情况管理。

长江流域以北地区，冰封期长，应经常清除冰面积雪和破冰，提高池水透明度，增加溶氧，定期注入含浮游植物多的池水，适时施放化肥(尿素与过磷酸钙各 7.5 kg/hm^2，切忌施有机肥)提高池水肥度和生物增氧量，天气晴好时可适当投饵，防止鱼种落膘。

六、“综合强化法”培育 1 龄草鱼新技术

1 龄草鱼鱼病多，发病率高，不少地区成活率仅 20%～30%，但并不

是说草鱼在1龄阶段成活率必然很低。1龄草鱼发病率高，这只是个现象，其本质是没有科学地掌握培育方法。要提高1龄草鱼的成活率，必须了解草鱼在1龄阶段的生物学特点，分析其死亡原因，从养殖技术上提供所需要的环境条件和饵料条件，改进培育方法，以降低其发病率。

（一）1龄草鱼的生物学特点

1. 夏花草鱼个体小，适口天然饵料少　在1龄阶段，草鱼由幼鱼的食性（以浮游动物为主）逐步转化为成鱼的食性（草食性）。食谱范围也逐步由狭转宽：在夏花阶段，草鱼只能摄食水蚤、芜萍；以后随着个体增长，摄食小浮萍或轮叶黑藻；再后可摄食紫背浮萍；全长10 cm以上可摄食苦草和幼嫩的禾本科植物。而在人工饲养条件下，往往不能提供其喜食的适口饵料，或无法满足其数量，致使草鱼生长慢，体质差，鱼病多，成活率低。

2. 1龄草鱼抢食凶，群体之间容易因吃食不均匀而造成个体生长差异　如食场小，投饵不均匀，这种个体之间的生长差异将更为显著。到年底个体大的可达250 g以上，而个体小的还不到10 g。加以草鱼食量大，但其肠道缺乏纤维素分解酶，故对纤维素的消化率差。个体大、抢食凶的鱼就容易因抢食过多而引起消化不良、肠炎。个体小、摄食少，鱼体消瘦，对外界不良环境的抵抗能力弱，也容易死亡。

3. 1龄草鱼喜欢清新的水质　草鱼在肥水中容易患病（如出血病、肠炎、烂鳃病等），造成大批死亡。

（二）“综合强化法”培育1龄草鱼新技术

该方法经大面积推广，1龄草鱼成活率可达70％左右，出塘规格达100～150 g，单产150～200 kg，鱼种池鱼种总产量达500 kg以上。现以上海郊区1龄草鱼池为例，将该方法的主要技术关键和操作要点简述如下：

1. 提早繁殖草鱼苗　早繁草鱼苗（由南方空运或当地温室人工繁殖获得）比当地草鱼苗早20天左右放养。采用稀发塘（5万～8万尾/

666.7 m^2)、早分养(发塘时间不超过20天)的培养方法,为夏花草鱼提早放养创造良好条件。

2.分组培育　准备两个面积相似的相邻鱼种池为一组(简称甲池和乙池),池塘条件同一般1龄鱼种池,两池于4月10日前做好整塘和清塘工作。

3.原池培养适口饵料——水蚤、芜萍或小浮萍　4月20日前后甲乙两池均用密网过滤放水,施基肥(牛粪或猪粪),每666.7 m^2施肥300～400 kg,堆放在池塘四周水中,在池内用毛竹或麦辫将水面分成"十"字或"廿"字形,然后分别放入芜萍或小浮萍种,15～25 kg/666.7 m^2。5月份后每2～3天每666.7 m^2用猪、牛粪水25～50 kg或用1 kg碳酸氢铵加0.5 kg过磷酸钙(或鱼特灵)稀释后全池泼洒。每天早、中、晚泼水3次,以加速其分裂繁殖。

4.确保夏花草鱼在水蚤高峰期下塘　在夏花下塘前7～10天,甲乙两池以堆肥形式施放粪肥150～300 kg/666.7 m^2,以培养大量水蚤。夏花草鱼下塘前池塘要求:水蚤成团,但不呈红色;培养的芜萍或小浮萍不少于水面的一半;水清见底;如有蝌蚪等敌害生物,需用密网拉去。

5.鱼种必须浸浴消毒　在甲池内放菱桶(或其他容器)1～2只,加水3/4,现场配制20 mg/L的高锰酸钾液,浸浴出塘的夏花草鱼,待鱼种浮头受惊不下沉时(约20 min),将桶连水带鱼种渐渐翻入池内(严禁用手或捞海捞取鱼种)。

此时乙池仍按前述方法培养水蚤、芜萍和小浮萍,为甲池的夏花草鱼提供最佳适口饵料。

6.主体鱼提早单独下塘,配养鱼推迟放养　为缓和夏花草鱼和配养鱼之间在饵料、水质、空间上的矛盾,夏花草鱼必须提前单独下塘。配养鱼在达到计划出塘规格的前提下,尽量晚下塘(配养鱼需集中在另一鱼池中囤养一段时间),以进一步增大主体鱼的规格和增强其争食能力。因此,鳙、团头鲂、鲫(或鲤)至少比草鱼晚放养30天以上,而争食能力最强的鲢至少比草鱼晚60天以上。采用此法,可大大增加鱼种池

的混养种类，提高鱼种池的产量，减少鱼种池的占用面积，增加食用鱼池的养殖面积。

7. 及时稀养，提大留小，保持同池鱼种规格均匀　为解决饲养早期（单养阶段）放养密度过稀，水体没有充分利用，后期又因密度过大而抑制生长的矛盾，应采用一次放足，提大留小，及时稀养，保持同池鱼种规格一致的方法。其放养收获模式见表 9-6。

表 9-6　以早繁夏花草鱼为主体鱼 666.7 m^2 放养收获一览表（上海郊区）

鱼种	放养				成活率（%）	收获			
	日期（日/月）	规格（cm）	尾	重量（kg）		日期（日/月）	规格（cm）	尾	重量（kg）
草鱼	20/5	3.3	5 000	2.5	70	30/6	10	2 500	25
						5/8	50	500	25
						10/12	150	1 400	210
鳙	1/7	303	1 000	0.5	90	10/12	100	900	90
团头鲂	1/7	2.5	2 000	0.6	80	10/12	25	1 600	40
鲫	1/7	3.5	6 000	5.4	60	10/12	25	3 600	90
鲢	10/8	5.0	4 000	5.0	90	10/12	50	3 600	180
总计	—	—	18 000	14.0	—	—	—	—	660

8. 分阶段强化投饵，务求鱼类吃足、吃匀、吃好　根据季节和饲养特点，可将培育过程分为单养阶段、高温阶段、鱼病阶段和育肥阶段（详见表 9-7）。1 龄草鱼全年投饵施肥量可见表 9-8。

表 9-7　早繁夏花草鱼池投饵一览表（上海郊区）

生长阶段	起止生长规格	起止日期（日/月）	间隔时间（天）	每天投饵		
				水草	菜饼粉	猪粪
单养阶段	3.3～7 cm 7～10 cm	20/5～10/6 11/6～30/6	20 20	原池水蚤、芜萍、浮萍乙池培养的水蚤、芜萍、小浮萍或投紫背浮萍 10 kg		

续表 9-7

生长阶段	起止生长规格	起止日期（日/月）	间隔时间（天）	每天投饵 水草	菜饼粉	猪粪
6月30日筛出2 500尾10 cm以上的草鱼入乙池，然后放养鳙、团头鲂、鲫夏花						
高温阶段	10～50 g	1/7～5/8	35	20～40 kg	3～4 kg	
8月5日筛出2 500尾50 g以上的草鱼套养在成鱼池中入乙池，然后放养鲢鱼夏花						
鱼病阶段	50～100 g	6/8～30/8	25	40～60 kg	6～8 kg	100 kg/5日
	100～125 g	31/8～20/9	20	50～60 kg	10～15 kg	
育肥阶段	125～150 g	21/9～31/10	40	40～50 kg	6～10 kg	50kg/5日
		1/11～10/12	40	15～35 kg	5～7 kg	

表 9-8　1龄草鱼全年投饵施肥量及按月分配

种类	666.7 m² 月投饵施肥量（kg） 4	5	6	7	8	9	10	11	12	总计
水草	—	—	300	900	500	1 680	1 080	540	—	6 000
			5%	15%	25%	28%	18%	9%		
干菜饼粉	—	—	48	108	216	360	240	192	36	1 200
			4%	9%	18%	30%	20%	16%	3%	
猪粪	500	1 000	—	—	—	—	500	250	—	2 250
	22%	45%					22%	11%		

9. 经常加注新水，保持水质清新　草鱼喜清新水质，但由于1龄草

鱼以投天然饵料为主，草鱼粪便多，水质易转肥。为解决这一矛盾，必须经常加水。在饲养早期和后期每3～5天加1次水，每次加水5～10 cm；7～8月份应每隔2天加一次水，每次加水5～10 cm；入伏后最好每天冲一次水，以保持水质清新。由于鱼池载鱼量高，还必须配备增氧机，每千瓦负荷不大于0.1 hm^2，并做到合理使用增氧机。

10.加强鱼病防治　详见池塘管理防病内容。

第二节　网箱培育

网箱养鱼是在天然水域条件下，利用合成纤维网片或金属网片等材料装配一定形状的箱体，设置在水体中，把鱼类高密度地养在箱中，借助箱内外不断地水交换，维持箱内适合鱼类生长的环境，利用浮游生物、有机碎屑、细菌絮凝物等天然饵料或人工投饵培育鱼种或饲养商品鱼的一种养鱼方式。网箱培育鱼种具有机动灵活、简便、高产及水域适应广的特点，在海淡水养殖业上都具有广阔的发展前景。

一、网箱的结构

1.网箱的形状　网箱可分为敞开式和封闭式两种。网箱的平面形状有长方形、正方形、多边形、圆形等多种，长方形和正方形最为多见。饲养吃食性鱼类宜采用正方形网箱这样能降低造价成本，减少饲料流失；饲养滤食性鱼类宜采用长方体网箱，以长边正对水流方向，目的是提高水体交换量和供饵能力。

2.网箱的大小　网箱越小，水体交换能力越强，但成本越高。培育鱼种一般选用中、小型网箱，即30～60 m^2和20～30 m^2的网箱。网箱的高度由水域的深度，浮游生物的垂直分布确定，培育鱼种网箱一般高2～3 m为宜。

3. 网目大小　网目大小以不逃鱼，节省材料，箱内外水体交换率高为原则。网目过小，网箱造价成本高，水体交换量少，网目易堵塞，清洗困难，养殖效果差。网目过大，成本低水交换量大，网目不易堵塞但鱼种进箱规格要求大，必然推迟鱼种进箱时间，影响生产大规格鱼种，因此应根据具体生产需要选择适宜网目的网箱(表 9-9)。

表 9-9　放养鱼种规格与适宜的网目大小

鱼种规格(cm)	3.0	4.3	4.6	5.0	5.6	5.9	6.3	7.0	7.6	8.3	10.0	12.5	15.0
网目大小(cm)	1.0	1.1	1.2	1.3	1.4	1.5	1.6	1.7	1.8	2.0	2.5	3.0	3.5
网线规格	36tex1×3				36tex2×2		36tex2×3						

二、网箱的设置

1. 设置网箱的水域选择　一般应选择水面广阔，风浪较小、水位稳定、水温较高、阳光充足、溶氧丰富、水深 4～7 m，底部平坦的场所。要避开溢洪道、放水洞、航道、水域污染区、水草丛生或水流速超过 0.2 m/s 的区域。若水流大于 0.2 m/s，迎水面应有金属网等挡水设施。如水流中带有草木和其他漂浮物时还应有拦渣设施。

培育鲢、鳙鱼种的网箱，还应选择在天然饵料丰富的水域，以每升浮游植物在 200 万个以上，浮游动物在 1 000 个以上为好。一般设在湖湾、库汊、沿岸浅水区。培育鲤鲫、草鱼等吃食性鱼类，宜设置在水面宽阔，水体交换好的地方。

2. 网箱的设置　网箱在水中的布局要有利于管理操作，有利于水体溶氧和饵料生物的交换。一般设置成倒“八”字形或串联式，网箱间距 1～2 m，网箱组间距大于 30 m。

网箱在水域中的设置密度要合理，不能过大，尤其是以吃食性鱼类为主的网箱，否则，大量残饵和鱼类代谢废物会严重污染水域而造成水质恶化，缺氧死鱼，在静水水域中，饲养滤食性鱼类的网箱面积应少于水域面积的 1%；饲养吃食性鱼类的网箱总面积应少

于水域面积的0.25%。

三、鱼种的放养

1. 放养前的准备　鱼种进箱前7～10天就应检查网箱有无破损并设置于选择好的水域，使网箱上附生少量藻类，使箱体光滑，避免鱼种进箱后使鱼体受伤。

鱼种进箱时，应进行鱼体消毒，杀死鱼体寄生虫和病原菌，方法同池塘培育鱼种。

购进夏花鱼种时应仔细鉴别其质量优劣，应选择品种纯、生长良好、体质健壮、无疾病、规格整齐的鱼种，否则将直接影响到鱼种的成活率和生长性能。

2. 放养时间　放养当年繁殖的夏花鱼苗，最好在6月上中旬进箱，最晚不可晚于7月上旬，否则因生长期短，影响到鱼种的出箱规格。若放养1龄鱼种培育二龄鱼种，一般在水温7～10℃时进箱为宜，此时水温较低，鱼体活动力弱，运输成活率高，不易受伤。同时提早进箱可使鱼种尽早适应网箱环境，延长生长期。

3. 放养方式与密度　为了充分发挥水体生产潜力，网箱培育鱼种一般均采用主养鱼为主，适当搭配少量配养鱼。不投饵网箱培育鱼种常以滤食性鲢、鳙鱼为主体。如水域中浮游植物较多，则以养鲢鱼为主，混养25%左右的鳙，团头鲂等；浮游动物较多，以鳙鱼为主，混养20%左右的团头鲂等。水质较肥而溶氧较低的水域以养罗非鱼为主。鲢、鳙鱼放养密度以75～250尾/m^3为宜。投饵网箱常以草、鲤、鲫鱼为主体，适当混养鲢、鳙鱼，比例一般不超过15%～20%。草鱼种的放养密度为400～500尾/m^3，鲤鱼种的放养密度为400～600尾/m^3。另外，两种类型的网箱中均应适当搭养3%～5%的刮食性鱼类，如鲴、鲂、鲮鱼等以清除网箱上的附生藻类。

四、饲养管理

1. 检查网箱　勤检查下水后的网箱，箱体是否变形，网衣有无破损。凌晨、傍晚巡视网箱，观察鱼的活动、摄食及水质情况。

2. 清洗网箱　适时清洗网箱上的附着物，以保障水流畅通，常用的方法有人工清洗，机械清洗，沉箱法，生物清污法。

3. 适时移箱　根据不同时期鱼类对水质条件的要求不同及时移动网箱到适宜的区域，以加速鱼种的生长。

4. 倒箱、稀养　夏花鱼种个体小，采用的网目小，而此时鱼体生长迅速，随着鱼体的生长，小网目网箱水体交换能力差，需及时转换到网目较大的网箱，为鱼种创造良好的生活环境，促进鱼体生长。

5. 投饵　用网箱投饵培育吃食性鱼类，应在箱内设置食台，以防止饵料大量流失。食台一般采用尼龙筛绢或聚乙烯制成，面积 1～2 m^2，并用网目 1～2 mm 的聚乙烯网布作食台周边，将其缝在撑架上。

鱼种进箱后 1～2 天开始投饵训练，初期投饵量少次多，7～10 天后，鱼种即可正常投饵。投饵率见表 9-10，投饵次数一般 6～10 次，每次投饵 20 min 以上，每次投饵量以 70%～80%的鱼不饱食为度。

表 9-10　鲤鱼种的投饵率

(SC/T 1007－92)

水温(℃)	鱼体重(g/尾)					
	2.0～5.0	5.1～10.0	10.1～20.0	20.1～30.0	30.1～40.0	40.1～50.0
15	4.9	4.1	3.3	3.1	2.7	2.2
16	5.2	4.4	3.5	3.3	2.9	2.3
17	5.5	4.7	3.7	3.6	3.1	2.5
18	5.8	5.0	4.0	3.9	3.4	2.7
19	6.3	5.4	4.4	4.2	3.7	2.9
20	6.9	5.9	4.9	4.6	4.0	3.2
21	7.5	6.4	5.2	4.9	4.3	3.4

续表 9-10

水温(℃)	鱼体重(g/尾)					
	2.0～5.0	5.1～10.0	10.1～20.0	20.1～30.0	30.1～40.0	40.1～50.0
22	8.1	6.9	5.6	5.3	4.5	3.6
23	8.7	7.4	6.0	5.6	4.9	3.9
24	9.2	7.9	6.4	6.0	5.1	4.1
25	9.8	8.2	6.7	6.2	5.4	4.4
26	10.4	8.8	7.0	6.6	5.8	4.6
27	11.0	9.4	7.5	7.2	6.2	5.0
28	11.6	10.0	8.1	7.8	6.8	5.4
29	12.6	10.8	8.9	8.4	7.4	5.8
30	13.8	11.8	9.8	9.2	8.0	6.4

6. 病害防治　网箱培育鱼种，由于水体大，鱼病极易相互传染，因此，必须遵循防重于治，预防为主的原则。放养运输等操作应细心，防止鱼体受伤，病鱼、死鱼要及时捞出，部分网箱发病时应注意其他未发病网箱的预防。定期用漂白粉挂篓或硫酸铜挂袋，或用生石灰水全箱泼洒，尤其在疾病流行季节，更要做好预防工作。尤其是培育草鱼种，应注射草鱼出血病疫苗，发现鱼病后应及时确诊，对症下药，积极治疗（方法见鱼病防治一章）。

第三节　稻田培育

稻田培育鱼种就是充分挖掘稻田的生产潜力，以稻为主，以鱼为辅，稻鱼兼作，共生互利，克服稻鱼之间矛盾，以鱼促稻，实现稻鱼双丰收，达到互利共生、高产、高效，立体开发利用的养殖技术。

一、鱼、稻间生态关系

稻田养鱼是将种植业和养殖业进行有机结合的一种新型种养殖方

式，它发扬了湖泊养鱼和池塘养鱼的优点，克服这两种方式的不足，具有稻鱼互利的生态意义。

在稻鱼共生生态系统中，杂草和水稻是竞争关系；水稻和鱼之间是共生关系。在稻田生态系统中，大量的稻田杂草和水稻争夺肥料，若消灭了田间杂草，稻谷将增产 10%以上。稻田养鱼减少了杂草与水稻对肥料的争夺，积蓄了肥料养分供水稻吸收，促进水稻产量的增加，同时又净化了水质，改进了养殖鱼类的生活环境，提高了养殖鱼类的食用安全性。鱼在稻田中既除草灭虫，又疏松了土壤，不仅保住了肥料免被杂草夺去，而且将杂草转化成鱼粪供水稻利用，故水稻长势良好，促进了水稻的有效分蘖，扩大了叶面积。鱼的呼吸丰富了碳源的供应，增强了光合作用，保证了有效穗和结实穗增加的营养需要，构成了稻谷增产的物质基础。在整个生态系统中，鱼发挥了对稻有利的方面，稻也帮助鱼创造了清爽、丰富的饵料环境。其结果是稻鱼共生互利，为人类提供了优质的无公害动物蛋白。其作用有以下几点：

(1)养殖的鱼类为稻田除去杂草，减少种稻中的除草工序。

(2)养殖的鱼类为稻田除去害虫，减少种稻的除虫费用。

(3)养殖的鱼类为稻谷生长起到保肥和施肥的作用。

(4)种稻的稻田能为养殖的鱼类生长提供良好的生态环境。

(5)种稻的稻田能为养殖鱼类生长提供丰富的饲料生物。

据研究，绝大部分水生生物是养殖鱼类喜食的饲料，并且这些饲料中动植物都有，能较好地满足养殖鱼类对动植物饲料的不同需要。

二、养鱼稻田的环境特点

(一)水位和水温

稻田水位较浅，一般水深 3～7 cm，深者也不过 15 cm 左右。稻田养鱼水位的升降变化是根据水稻不同发育阶段的需要而人为调控的。

因水浅，水温受气温、光照和风的影响较大，因此日温差也大。在夏季，白天有时水温可高达 41℃，以下午 3 时为最高，凌晨 3～6 时为最低。昼夜温差可达 4.5～14.6℃，其中 8 月份的昼夜变化尤为显著。在稻禾生长茂密的稻田中，虽然受日光照射的影响较小，但受气温的影响仍很大，因而水温变化一般要比池塘大。

(二)溶解氧

稻田水中的溶氧量，由于水浅，大气中的氧气易溶入，且田中大量植物行光合作用放出多量的氧气，因而溶氧较充足。一般稻田溶氧量都比较充足，基本上能保证鱼类正常生长的需要。只要保持正常放养量和合理施肥、投饲，就不会出现缺氧现象。

(三)水生生物

稻田中浮游生物不论在种类和数量上都较养鱼池塘少，在秧苗刚插好的一段时间内，浮游动物繁殖有一个高峰期，若在这时放进鱼苗就可以充分利用丰富的饵料，长得很快。与池塘不同的是，稻田中底栖动物较多，丝状藻类和各种杂草大量繁殖，稻田的水浅温高，光照充足，正是许多水生维管束植物良好的生活环境。底栖动物中的摇蚊幼虫、多种寡毛类和圆虫等，也在稻田中大量繁殖。

稻田养鱼的环境条件是由稻作的需要而决定的，因此，要采取一系列有效措施处理好稻鱼的关系。实际上稻田种稻的生态环境也为养殖鱼类的生长提供了许多有利的方面，使之互惠互利。

三、养鱼稻田的选择

无公害鱼类养殖稻田的选用应严格执行《无公害食品　稻田养鱼技术规范》有关标准要求，不是任何一块田都可用来养鱼。

(一)供水条件

清新的水域环境,对水源、水质要求较高。水质符合国家规定的养殖用水标准,故养鱼的稻田宜选用靠近水源、来源充足、水量充沛、水源要求无污染、水质良好、进排水比较方便的田块,以确保久旱不干涸,大水不漫田,旱涝保收。

(二)土质条件

养鱼稻田的底质以黏壤土为好,田埂比较厚实,底土比较肥沃,不渗不漏,保水性能较好。黏土对保水和防逃逸均有利。稻田的灌溉和排水,除了根据天气旱和雨涝情况以外,还取决于土壤的质地和肥力状况。养鱼稻田要选择容水多,不滞水,不漏水,保水性能强,使田间水层保持较长的时间,特别是鱼沟、鱼坑里的水要经常稳定在所需要的水层。这种土壤不但可减少稻田灌溉次数,节约成本,而且使鱼沟、鱼坑中的水量变化幅度小,水温较稳定。

(三)环境条件

养鱼的稻田要求环境安静,通电、通路、通讯有保障,饲料来源方便,种苗供应有一定的基础,且不受附近农田用水、施肥、喷洒剧毒农药等因素的影响,生态环境条件较好。

(四)面积大小

每块养鱼的稻田面积大小没有严格的要求,为便于生产管理,一般以 1 hm^2 左右一块为宜。可以利用单个田块养鱼,也可集中连片发展养殖。凡有条件的地方,可利用成片中低产田,集中开发,发展规模化生产,集约化经营。

四、无公害稻鱼工程的建设

稻田养鱼的田间工程应按鱼、稻共生对生态环境条件的要求和养

殖技术等条件,合理设计、科学施工。

(一)田面、田埂

养鱼的稻田,必须加宽加高田埂,以利于稻田养鱼后可以提高水位,防止漏水、垮埂、水翻田埂和跑鱼。一般的田埂低、矮、小,保持的水位低,为了养好鱼类须将田埂加高加固,并压实夯牢,大块的土要粉碎,不能在埂中留有缝隙,造成漏水逃鱼。加高加固的田埂可防止汛期溢水和鱼逃逸。

为了使稻田保持一定的水位,一般要求将田埂加高至 60～80 cm,埂面宽 2 m,底宽 4 m,并夯实以防漏水和大雨时水漫逃鱼。

应充分利用开挖鱼凼、鱼沟的土,加高加固田埂,平整田面,使养鱼的稻田达到田平、埂高、沟宽、水深、排灌配套,建设高标准规范化的农田,为优质高产高效打好基础。

(二)鱼沟和鱼坑(图 9-1)

开挖鱼沟和鱼坑是稻田养鱼的一项重要设施。鱼沟通常由环沟、田间沟和暂养池三部分构成。

开围沟及中沟:在早(中)稻插秧前,田经施足基肥犁耙后,隔 2～3 天,待浮泥沉实即可排出田水,保持田面薄水,在田的四周距田埂边 70 cm 处,挖宽 50～70 cm、深 40～50 cm 的围沟,若田块在 666.7 m^2 以上,还应在田中挖“一”或者说“十”字中沟,宽深与围沟相同。沉田埂边插四行水稻,以防鱼跳逃。

鱼坑是鱼种暂养的必备场所,应在春耕前挖好,可挖在进水口的田头,每亩田挖 15～20 m^2,长方形,宽 1.5～2 m,长适度,深 70～100 cm。鱼坑靠大田的一侧筑 20～25 cm 高的坑埂,留 2～3 个 30 cm 宽的流水口,以便鱼的出入活动觅食。挖出鱼坑的表层土撒入田中,底层土用来加高加固田埂,一般加高到 25～30 cm,宽 40～50 cm。

起垄挖沟:围(中)沟挖好后,接着拉线起垄开沟,垄沟宜东西向,光

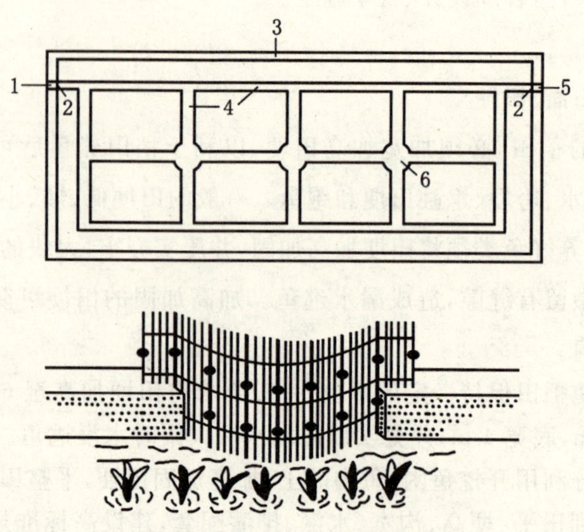

图 9-1　鱼沟、鱼溜的位置和拦鱼栅示意图

1. 进水口　2. 拦鱼栅　3. 田埂　4. 鱼沟
5. 排水口　6. 鱼溜口相通

照好。垄面宽 66～70 cm，沟宽 34～40 cm，沟深 25～30 cm，一般到实土为宜；或垄沟宽 70 cm，沟深 30～40 cm。为充分发挥和利用边际优势，同时，也可起到一部分防止逃鱼的作用，鱼沟的位置可根据田块的面积、形状具体决定，通常有环田沟、十字沟和井字沟几种，也有环田沟与十字沟或井字沟相结合的挖法。鱼沟须与鱼坑相通（略向鱼坑方向倾斜），也要与入水口与出水口相通。

（三）进排水系统建设

进排水系统利用农田原有渠道即可，进排水地基要夯实，不留缝隙，闸门用铁丝封好，防止鱼类逃跑或敌害生物进入。要做到灌得进、排得出，水位易于控制。特别注意的是管道与田埂之间不能有缝隙，应用水泥浇灌、夯实。进水口大小随意，排水口的大小要依据田

的集雨面积和大雨时排水量而定，宽度以大雨时能排出洪水，不溢田埂为宜，一般口宽 70～100 cm，口底应与围沟相平，以利排干田水。但在水稻生长期要塞高与垄面相平，以保持垄面湿润，沟中满水。进排水口都要安装拦鱼设施即拦鱼栅（图 9-1），以防止逃鱼。拦鱼栅可用竹篾或铁丝编织，做成圆弧形，凸面朝向田内，增加过水面积，防止大水流集鱼顶水。拦鱼栅高低及孔目大小视水位、鱼体而定，以不逃鱼为标准。

（四）平水缺

平水缺使田间保持水稻不同发育阶段所要求的水层，特别是雨季，田水过多时就能从平水缺流出，以保持一定的水层。进水口的高度是固定的，平水缺的高度不固定，它随着水稻不同生育时期对水层的要求，不断地调节升降。有了平水缺，在暴雨后也可使田间不漫水，防止逃鱼。平水缺的做法比较简单，可与排水口结合起来做。水稻移栽后，在排水口的地方用砖砌成，口宽 25～30 cm（竖放平铺各两个整砖）。平铺砖始终与田间的水面相平。做好平水缺，还要安装拦鱼栅。

五、鱼种放养前的准备

（一）清沟消毒

通常 4 月份进行，排干凼水、沟水，暴晒凼底、沟底，清除过多淤泥，加固好田埂田坡，维修好排灌设施，每 666.7 hm^2 鱼凼、鱼沟用生石灰 75 kg 化开后全沟泼洒，也可用其他药物彻底清沟消毒，杀灭病敌害。

（二）培肥水质

每 666.7 h^2 鱼凼、鱼沟，可施腐熟的畜禽粪肥 300～500 kg，用于培育浮游生物，作为夏花下塘的适口饵料。

(三)把好进水

鱼凼、鱼沟进水要经密眼筛绢过滤，严防野杂鱼和病敌害进水。鱼凼、鱼沟水深0.5～0.8 m即可。

(四)搭遮荫棚

稻田水位浅，尽管开挖了鱼沟、鱼溜、但在夏秋烈日下，水温往往较高，因此，必须在鱼溜上搭设遮荫棚，以防水温过高，一般以竹木为架，在鱼溜埂上栽种丝瓜、扁豆等形成一个高出水面150～200 cm遮荫棚。

六、鱼种放养

(一)放养种类

稻田养鱼一般以草鱼、鲤鱼、罗非鱼、鲫鱼等草食性及杂食性鱼类为主，鲢、鳙等滤食性鱼类为辅。

(二)严格把握夏花放养质量关

稻田培育鱼种，成败的关键在于把好夏花质量关。通常优质夏花鱼种的要求是：体表光滑，鳞片完整，无病无伤；膘肥体壮，色泽明亮，集群活动，逆水游泳能力较强；夏花体长在4 cm以上，规格整齐；摄食能力较强，反应比较灵敏，一旦受惊，很快潜入水底。实践证明，用这样的夏花进行稻田培育鱼种，成活率高、生长快、活力强、规格大而整齐，能达到预期的目的。

(三)放养时间

根据稻田翻耕、施基肥、灌水、耙平和插秧等顺序，浮游动物的生长繁殖高峰，长江流域大致在插秧后的3～4天，首先出现的是轮虫、无节幼体，这是鱼苗最适口的食料，使生长发育迅速。插秧后的6～7天是枝角类出现的高峰，以放养夏花鱼种为宜。为延长夏花在稻田里的生长

期，充分利用肥料足，光照好的条件及水中大量的浮游生物，应尽早放养，一般在稻秧还青后即可放鱼。中、晚稻田在插秧后待秧苗已略返青即放人夏花鱼种是非常适当的。过去，早稻田在插秧后20～30天才将鱼放进去，这时秧棵分蘖期已过，浮游动物繁殖高峰已过，而维管束植物——杂草正在猛长，鱼无适口食料，也无除草能力，这样一来，鱼对稻的促进作用就微不足道了，所以放鱼时间必须与水稻耕作的工序配合得当，才能两全其美。放养鱼种时还要避开烈日当头的中午，应在清晨放养。

(四)放养规格、密度

培育大规格鱼种的中晚稻田，一般放养全长为3.3～5 cm的鱼种，中稻或一季晚稻田每公顷放养1.5万～1.95万尾；起垄开沟稻田放养2.25万～3.0万尾。其中草鱼、团头鲂占70%，鲤鲫各占10%，鲢、鳙各占5%(表9-11)。

表9-11 稻田养鱼的苗种放养密度 万尾/hm²

饲养类型	稻田类型		放养量	
			鱼苗数量	鱼种数量
培育鱼种	育秧田		22.5～30	—
	双季稻田		3～4.5	—
培育大规格鱼种	中稻或一季晚稻田		—	1.5～1.95
	起垄开沟稻田		—	2.25～3.0
饲养食用鱼*	一季稻冬闲田或湖区	北方	—	0.075～0.15
	低洼田	南方	—	0.45～0.75
	起垄开沟稻田		—	0.75～1.2

注* 饲养食用鱼种放养比例为草鱼40%～50%，鲤、鲫20%～30%，鲢、鳙20%～30%，或鲤60%～80%，草鱼、罗非鱼、鲢、鳙20%～40%。

(五)鱼种消毒

放养的夏花要体质健壮，规格整齐，无伤无病。鱼种下塘前应进行

消毒(方法同池塘培育鱼种)。

七、饲养管理

(一)晒田

又称烤田,一般在水稻栽插一个月后进行。是促进水稻根系发育,防止倒伏,减少病虫害,促进水稻增产的技术措施之一,晒田前应先疏通鱼沟、鱼溜、调换新水,保持沟、溜通畅,水质清新,以利鱼类正常生长。晒田结束后应立即恢复水位。若晒田时间较长,应在鱼沟、鱼溜内投喂少量浮萍,嫩草或商品饲料,以免缺食影响鱼生长。

(二)养殖环境调控

稻田是水稻和养殖鱼共同生长育肥的场所,水域生态条件的优劣直接关系到稻田养殖的成功与否。因而必须搞好水质调控。

1. 按照常规鱼、水稻生长对环境条件的要求来管理水质　养殖的稻田通常要求水域中的溶氧保持在 4 mg/L 以上,pH 7～8.5,透明度 30 cm 左右;为提高养殖水域水温,鱼种放养初期,鱼凼、鱼沟水深保持 0.8～1 m 即可,待秧苗移栽活棵、气温水温升高后,再逐步加深水位,把养殖鱼引入稻田,觅食生长。水稻生长需要烤田,烤田通常采取轻烤的方法,逐步降低稻田水位,使田面露出即可,烤田结束后,立即加水,恢复到原来的水位。水稻防病治虫应选用低毒高效农药和安全浓度,采取喷雾的方法,用药后立即换注新鲜水,减少对养殖鱼的危害,达到养殖鱼、水稻共同增产增收。

2. 按照天气、水质变化来调理水质　渔时季节的不同,每天的天气变化以及鱼类摄食活动情况,都会影响水质的变化,反映水质的变化趋势,并为强化水质管理提供了重要依据。通常天气晴朗,养殖鱼类吃食旺盛,活动正常,说明水质较好。连续阴雨天气,水质过浓,养殖鱼类吃食突然减少或活动不正常,则反映水质较差,要及时换注新水,或开

增氧机增氧。

3. 抓住关键时期管好水质　夏秋高温季节，鱼类摄食旺盛，投饵量多，水温较高，水质极易变化，因而要抓住这一关键时期管好水质。通常每10～15天换注一次新鲜水，每次换1/3；每20天泼洒一次生石灰，每次每亩稻田水深1 m生石灰用量10 kg左右。有条件的，还可泼洒光合细菌，用以调节水质，使稻田水始终保持"肥、活、嫩、爽"状态，从而为养殖鱼类的快速生长创造一个良好的生态条件。

(三)科学投饵

科学的投饵方法，是提高养殖效益的关键措施。

1. 选用优质饲料　稻田中有大量的天然饵料，鱼类可以摄食利用。但是仅依靠这些天然饵料难以满足鱼类生长需要。因此，要想获得较高产量，必须投喂人工饵料，如渔用配合饲料、农副产品的下脚料，水、旱草和人畜粪便等。渔用配合饲料应符合NY 5072的规定。其他的饲料应清洁卫生，未受污染。

2. 采用科学投饵方法　稻田养殖常规鱼也要采用定时、定位、定质、定量和看天气、看季节、看水质变化、看鱼类摄食生长情况的"四定"、"四看"科学投饵方法，合理确定每天的投饵量，在鱼凼或沟中搭好食台，每天上午8时、下午4时左右各喂一次。一般日投饵量，鲜活饵料可按在池鱼体重的3%～5%安排，配合饵料则为1%～3%，同时，要根据每天的天气变化、水质情况、养殖鱼吃食活动生长情况，合理调整每天的投饵量，确保养殖鱼吃饱吃好，提高饵料报酬。

(四)稻田合理适肥、施药

科学地施用肥料，是稻田养鱼成功的关键，现将养鱼稻田施肥的具体方法介绍如下：

施肥要掌握"以基肥为主，追肥为辅，以农家肥为主，少施化肥"的原则。水稻施足底肥后，过7天左右再放鱼苗。追肥时田间要保持15 cm以上的水层。水稻生长期每次每亩的追肥量硫胺不超过5 kg，尿素不超过 10 kg，钙镁磷肥不超过 15 kg。碳铵、氨水不宜作追肥。若追施人畜粪要沤熟，每次亩用量不超过 150 kg，追施化肥应量少次多、分片施用。在放水搁田时，应将鱼赶到鱼沟、鱼凼等安全的地方，让鱼少接触化肥和农药。

提倡稻田化肥深施和根外追肥技术，因为氨氮（NH^{4+}-N）在土壤中 NH^{4+} 被黏粒吸附，不易流失，但表施时，因在氧化层中 NH^{4+}-N 极易被转化为硝酸氮（NO_3^+-N）不被土壤黏粒吸附而大量流失，故水田不宜用氨氮表施，提倡氮肥全层基施和深施，并可提高一些用量，而减少对鱼的危害。磷、钾肥也以结合基肥施效果更好。

养鱼稻田防治稻病稻虫，要立足于综合防治。养鱼稻田选用高效、低毒、低残留农药，是保持水稻高产、稳定、粮渔协调发展，防止农业生态环境污染的关键措施。具体的药物使用要求应符合表 9-12 的规定。因养鱼田土肥、水稻害虫减少、病不多，一般治虫施农药次数比未养鱼田少得多，如用药最好采用叶面喷施，选用高效、低毒、低残留的农药，严禁使用有机磷农药。

表 9-12　养鱼稻田农药使用要求

（NY/T 5055—2001）

农药品种	药品类型	剂型	主要防治对象	施药量：有效成分 g/（次·hm^2）	施药量：商品药量	施药量：对水量（kg）	喷施次数	收鱼距最后一次施药时间（天）
扑虱灵	噻嗪酮	25％可湿性粉剂	稻飞虱稻叶蝉	90～112.5	360～450 g/（次·hm^2）	600～750	≤2	≥14
稻瘟灵	杂环类	30％乳油	稻瘟病	360～450	1 200～1 500 mL/（次·hm^2）	900～1 125	≤2	≥30
叶枯灵	杂环类	25％可湿性粉剂	水稻白叶枯病	1 125～1 500	4 500～6 000 mL/（次·hm^2）	900～1 125	≤2	≥30

续表 9-12

农药品种	药品类型	剂型	主要防治对象	施药量 有效成分 g/(次·hm²)	商品药量	对水量(kg)	喷施次数	收鱼距最后一次施药时间(天)
多菌灵	苯并咪唑类	25%可湿性粉剂	稻瘟病 稻纹枯病	562.5～750	1 500～2 250 g/(次·hm²)	1 500	≤2	≥30
井冈霉素	生物制剂	50%水剂	稻纹枯病	75～112.5	1 500～2 250 g/(次·hm²)	1 125～1 500	2	不限

鱼类对农药的敏感性显然因农药种类而异，通常拟除虫菊酯和有机氯杀虫剂对鱼类毒性强，而有机磷杀虫剂却弱。一般属于高毒农药的有：六六六（林丹）、1605、敌杀死（溴氰菊酯）、速灭杀丁（杀灭菊酯）、五氯酚钠、鱼滕精等；中毒农药有敌百虫、久效磷、敌敌畏、稻丰散、杀螟松、稻瘟净、稻瘟灵等；低毒农药有多菌灵、甲胺磷、杀虫双、三环唑、速灭威、扑枯灵、稻瘟酞和井冈霉素等。

农药用量应按农药使用技术要求常规推荐量施药，一般中低毒农药品种对稻田鱼类不会引起毒杀，如果超过正常用量，重者会引起鱼类毒杀，轻者也会影响鱼类的正常生长发育。为了使养鱼稻田在施农药时，鱼有个安全去处，同时便于集中投喂饵料，不致盲目饲喂，以提高饵料效率，也便于鱼类集中起捕，不论是哪种水稻栽培方式的稻田养鱼，要获得稻鱼双丰收，都必须开挖鱼凼、鱼沟，这样可避免或减少鱼中毒。具体方法是在养鱼稻田施药前，要先将田面的水层排掉，把鱼赶进鱼沟或鱼凼，可把水层加深到 20 cm 左右后再施药，保证田内的鱼有回避的地方。农药采用喷雾或喷粉法施用，不宜泼施或撒施。应顺着风向喷药，雾滴要力求细小，先从离鱼凼远的地方喷施农药，鱼群嗅到气味后，自动游到鱼凼躲避。各种常见农药对鱼类

致毒及安全用量见表 9-13。

表 9-13 各种常见农药对鱼类致毒及安全用量

(SC/T1009—94)

农药名称	常规用药量(g/hm^2)		安全浓度(kg/L)
	一般用量	最高用量	
井冈霉素	2 250	—	0.69×10^{-6}
25%杀虫双水剂	2 250	3 000	1.5×10^{-6}
25%杀虫脒水剂	750	1 500	1.0×10^{-6}
10%叶蝉散可湿性粉剂	3 000	3 750	0.5×10^{-6}
25%速灭威可湿性粉剂	1 500	2 250	1.5×10^{-6}
90%敌白虫晶体	1 125	1 500	2.0×10^{-6}
50%杀螟松乳剂	750	1 125	0.8×10^{-6}
50%甲胺磷乳剂	750	1 125	1.0×10^{-6}
40%乐果乳剂	750	1 125	2.0×10^{-6}
50%多菌灵可湿性粉剂	750	1 125	1.5×10^{-6}
20%三环唑可湿性粉剂	750	1 125	1.5×10^{-6}
40%稻瘟灵乳剂	750	1 125	0.5×10^{-6}
40%异稻瘟净乳剂	1 500	1 875	0.5×10^{-6}

(五)日常管理

1. 建立严格的巡田检查制度　坚持每天巡田检查一次，检测水质变化，了解鱼类活动吃食情况，捞除食台上的残饵和水中的漂浮物。根据检查了解的情况，确定当天的饲料管理措施，提高饲养管理的科学性。

2. 搞好防汛防台工作　7、8、9三个月是长江中下游地区的雨季，又是多台风的季节，加上稻田田埂比较低，因而搞好防汛极为重要。要备好防汛器材，加固圩堤田埂，维修好排灌设施，专人日夜值班，严防大风大雨大水冲垮田埂圩堤，或漫水造成逃鱼，提高抗灾能力。

3. 防逃防害　稻田里的鱼类敌害众多，如鸟、兽(水鼠)、蛇、蛙、水蜈蚣、红娘华等多种动物，随时威胁着鱼类的安全。防止敌害，重点是在放鱼初期和接近收获的末期。初期水稻茎叶不茂，空隙大，鱼在田中容易暴露目标，加之鱼体小，游动和逃避敌害能力差，极易为敌害侵袭。到了收获时期，水较浅，鱼的目标大，也易被鸟、兽捕食，故均应加强管理，及时驱捕敌害，避免损失。此外，在不影响水稻生产的情况下，适当加高水位，对防止鸟、兽亦有很大的作用。

安装围网：围网安装在距田埂40 cm处，在进排水口两处要斜成三角形，使进排水口到围网的距离在100 cm以上，这样可使水流速度减慢，减少鱼因逆水而上，消耗能量，以利于鱼的生长，更重要的是减少了猫捕食鱼的机会。

围网选用丝网(养殖成鱼其网目大小选用1 cm，养殖鱼种网目大小用0.4 cm)，长度可根据田四周长度而定，高度为50 cm(嵌入土下5 cm)。安装时，先将丝网穿好上下钢绳，每隔30 cm，用7 cm长的短竹竿将钢绳嵌入土中，再每隔1.8 m用1根小竹子(直径约2 cm，长60 cm)插入泥中，一端撑住并固定上钢绳。

拦鱼围网安装的时间在插秧后第2～4天都可以(即浮泥未淀实前为好)，进出水口同时安装拦鱼栅，宽1 m，高50 cm，网目大小同上。

4. 病害防治　搞好鱼病防治，要贯彻“预防为主、防治结合”的方针，重点放在鱼病的预防上，不仅要消灭鱼病的病源，而且要切断病害侵袭和传染的途径。

(1)搞好鱼病预防　具体应抓好以下几方面：

①要定期对稻田进行药物消毒。坚持严格的消毒制度，做到鱼凼、鱼沟、鱼种、食台、饵料、工具等彻底消毒，切断病害侵袭途径。通常采

用生石灰挂篓，每次 2～3 kg，分 3～4 个点挂于沟坑中。用漂白粉 0.3～0.4 kg 分 2～3 处挂袋。用硫酸铜与硫酸亚铁（5∶2）0.2～0.3 kg，分 2～3 处挂篓。挂篓每 10～15 天换 1 次，可几种药物轮流使用。还可定期泼洒生石灰水，既杀菌，又调节水质，达到防病目的。

②采取正确的放养方法和科学的饲养管理措施。严格把好鱼种质量关，掌握合理的放养密度，推行健康养殖技术和生态养鱼技术，提倡鱼鳖混养，不断改进饲养管理水平，为养殖鱼类的生长提供一个良好的生态环境，增强鱼抗病能力。

苗种放养时细心操作，避免鱼体受伤。放养健康苗种。同时平时拉网操作、投饵施肥等，操作方法要得当，不要碰伤鱼体；发现敌害要及时消除，病死的鱼捞除后要深埋，严防重复感染和蔓延。

（2）搞好常见病多发病的治疗　目前稻田养殖常规鱼的常见病。多发病主要有暴发型出血形败血病、肠炎病、烂鳃病、赤尾病、水霉病等。发现鱼病要及时诊断，弄清病因病症，做到对症下药，合理用药，及时治疗，及早治好。要防止乱用药、滥用药，延误鱼病治疗的最好时机。各种鱼病的具体治疗可按常规方法进行。

发现病鱼，及时对症治疗。宜用中草药防治鱼病。鱼药使用应符合 NY 5071 的规定。

总之，稻田养鱼的密度虽低，但水浅，温差大，易生病，且病后不易康复，故必须加强鱼病防治工作。

八、鱼种捕捞

一般稻谷将熟或晒田割谷前，见田中杂草已被吃光时，即可放水捕鱼。捕鱼前应先疏通鱼沟、鱼溜，在夜晚缓慢放水；使鱼在鱼沟、鱼溜内集中，在出水口设置网具，将鱼顺沟赶至出水口一端，让鱼落网捕起，迅速转入清水网箱暂养，分类统计。

九、稻田培育鱼种的主要模式

(一)以培育草、鳊鱼种为主的养殖模式

每亩可放大规格夏花 2 500～4 000 尾。其中草鱼、团头鲂占 60%，鲤鱼、鲫鱼占 20%～30%，鲢、鳙鱼占 10%～20%。通过精心饲养管理，喂足饵料，年底每亩稻田可产优质鱼种 40～50 kg。

(二)以培育鱼种为主，兼养食用鱼的养殖模式

该模式以培育草鱼、团头鲂、鲤鱼鱼种为主，兼养部分鲫鱼、鲢鳙商品鱼。一般亩放草鱼、团头鲂、鲤鱼夏花 1 600～4 000 尾，另搭放 1 龄大规格鲫鱼、鲢、鳙鱼种 400～600 尾。通过精心饲养管理，年底每亩稻田也可产鱼种、商品鱼 100 kg。

(三)养殖商品鱼的稻田套养鱼种模式

在饲养商品鱼的稻田里，适量套养一部分草鱼、团头鲂夏花，作为下一年稻田养殖商品鱼大规格鱼种的来源。这样做的好处是既能充分利用稻田水域空间和饵料资源，又降低了养殖成本。

第四节　一龄鱼种质量鉴别

一龄鱼种不仅要求规格大，而且要求体质健壮、无病、鳞片完整无外伤，鱼体背宽肌厚，体色鲜明。一龄鱼种的质量鉴别基本同夏花的鉴别。

同种鱼种出塘规格均匀的通常体质较健壮，个体规格差距大，往往

群体成活率低，优质鱼种都有其固有色泽，如青鱼体色青灰带白，鱼体越健壮，体色越淡；草鱼体淡金黄色，灰黑色网纹鳞片明显，鱼体越健壮，淡金黄色越明显；鲢鱼被部银灰色，两侧及腹部银白色；鳙鱼淡金黄色，鱼体黑色斑点不明显，鱼体越健壮，黑色斑点越不明显，金黄色越显著。如果鱼体乌黑，一般为病鱼或瘦鱼。健康的鱼种体表均有一薄层黏液，呈现一定光泽，而病弱受伤鱼咱往往缺乏黏液或黏液过多而失去光泽。优质鱼种畸形率、损伤率，小于1%；鱼病常规诊断方法检查体表、鳃、肠等，其带病率小于1%，并且不能带有危害性大的传染病个体。各种规格（全长）的鱼种标准重量参照表9-10（其抽样方法同夏花鱼种的鉴定）。对于越冬鱼种的标准体重，南方应达到列表数值的90%以上，北方应达到85%以上。

综上所述，鉴别无公害鱼种可从以下三方面检查：

①从外形看，要求体形较好，体色鲜艳有光泽，鳞片、鳍条完整，无损伤、无病状。

②从体质看，要求背宽腹厚，肌肉丰满有弹性，游动活跃。

③从规格看，要求同一批鱼种个体整齐，大小均匀，规格一致。

提示问答

1. 比较夏花放养与鱼苗放养的异同。
2. 比较不同种类鱼种的饲养方法。
3. 鱼种培育的日常管理有哪些主要内容？
4. 简述鱼种并塘越冬的目的和注意事项。
5. 简述“综合强化法”培育1龄草鱼新技术？
6. 简述设置网箱的水域选择及网箱的设置。
7. 简述鱼、稻之间生态关系？
8. 简述养鱼稻田的环境特点。
9. 如何选择养鱼稻田？
10. 稻田需进行那些改造才适合养鱼？

11. 稻田如何合理适肥、施药?
12. 稻田培育鱼种的主要模式有哪些?
13. 一龄鱼种质量如何鉴别?

第十章

无公害食用鱼养殖

阅读指南 食用鱼养殖是水产养殖过程的最后一步，也是无公害养殖过程中的最关键一步，池塘养殖是目前商品鱼养殖的主要方式，其次是网箱养殖和稻田养殖，工厂化养殖还处于摸索阶段。“八字精养法”是丰富养鱼经验的精华。什么是“八字精养法”呢？每个字又有哪些内涵？网箱如何设置？如何管理？稻田如何改造？如何管理？上述问题是本章讲述的重点内容。

第一节 池塘养殖

池塘养殖是我国饲养食用鱼的主要形式，特别是在淡水养殖业中，其总产量占全国淡水养鱼产量的75%以上。在整个淡水养殖中具有举足轻重的地位。

我国池塘养鱼已有3 000余年的历史，总结了丰富的养鱼经验，概括出了“八字精养法”，即“水、种、饵、混、密、轮、防、管”。“水”是养鱼池的环境条件，包括水源、水质、池塘面积和水深、土质、周围环境等，必须适合鱼类生活和生长的要求；“种”是鱼种，要有数量充足，规格合适、体质健壮的优良种或品种；“饵”是饵料和饲料、要供应鱼类营养完全、适口、量足的饲料；“混”是根据生态学原理，使不同种类，不同年龄与规格鱼类的混养；“密”是合理密养；“轮”是轮养与轮捕轮放，使养殖过程始终保持合理的储存量；“防”是做好鱼类的病害防治和防逃、防盗工作；“管”是实行精细的科学管理工作，其中水、种、饵是养鱼生产的基础，混、密、轮是获得稳产、高产的技术措施，防、管是降低生产成本，减少经济损失的保证。这八个要素之间相互联系、相互依赖、相互制约，构成了网络是结构(图10-1)。

一、水

池塘是鱼类栖息、生长、繁殖的环境，池塘环境条件的优劣直接关系到鱼产量的高低。池塘的选择与修建详见无公害水产养殖场的建设章节。

池塘位置应选择水源充足，水质良好，交通、供电方便的地方建造精养鱼池，这样既有利于池塘水质条件的改善，也有利于鱼种、饲料、肥料及商品鱼的运输。由于池塘内鱼类饲养密度大，投饵、施肥量大，水质易恶化，影响鱼类生长，要改善池塘养鱼水质，需经常加注新水。因此，一年四季水源要充足。水质要符合《渔业水质标准》、《无公害食品 淡水养殖用水水质》NY 5051—2001的标准要求。在养殖过程中对养殖池塘水质要求可用四个字来概括：“肥、活、嫩、爽”。

肥：表示水体中浮游生物多，有机物和营养盐丰富。

活：表示水色经常在变化，水色有月变化和日变化。每天早、中、晚水色不同，表明浮游植物优势种交替出现、水中鱼类容易消化的浮游植物(鞭毛藻等)多，质量好，且出现频率高。

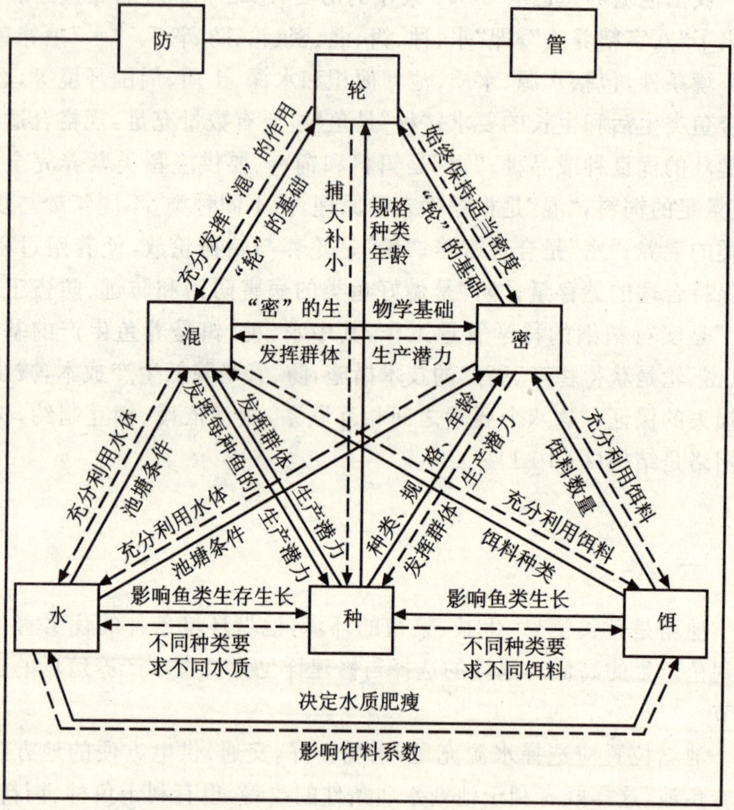

防
管
轮
混
密
水
种
饵
充分发挥"混"的作用
"轮"的基础
捕大补小
规格种类年龄
始终保持适当密度
"轮"的基础
"密"的生物学基础
发挥群体生产潜力
充分利用水体
池塘条件
发挥每种鱼的生产潜力
发挥群体生产潜力
充分利用水体
池塘条件
种类、规格、年龄
发挥群体生产潜力
充分利用饵料
饵料数量
充分利用饵料
饵料种类
影响鱼类生存生长
不同种类要求不同水质
影响鱼类生长
不同种类要求不同饵料
决定水质肥瘦
影响饵料系数

图 10-1 "八字精养法"之间的相互关系

嫩：指水质肥而不老，即形成水华的藻类种群处于增长期，细胞未老化，鱼类难于消化的藻类少。一般水色呈黄绿色或油绿色、黄褐色等。

爽：指水质清爽，透明度适中(25～40 cm)，水中溶解氧丰富。

二、种

鱼种既是食用鱼饲养的物质基础,也是获得食用鱼高产的前提条件之一,优良的鱼种在饲养中生长快,成活率高。养殖上对鱼种的要求是:数量充足,规格合适,种类齐全,体质健壮,无病无伤。

(一)鱼种规格

池塘饲养食用鱼鱼种的适宜规格指标应该是在一个生长季节或在规定的饲养期内达到食用鱼的上市规格。由于各地区的气候特点和鱼类生长期的长短、鱼类生长特性和生长规律、食用鱼上市规格、放养密度和计划产量指标、养殖方式(单季饲养还是轮养,是否会养大规格鱼种)、养殖周期等不同,所需要的鱼种规格也不相同。选定鱼种规格时,在计划饲养期内能够达到食用规格的前提下,鱼种规格应适当小些,因为规格越小,增重倍数越大。通常仔口鱼种的规格应大,而老口鱼种的规格应偏小。如青鱼市场要求达 2.5 kg 以上才能上市,其鱼种的放养规格需 500～1 000 g 的 2 龄或 3 龄鱼种;鲢、鳙市场要求达 750～1 000 g 以上才能上市,其鱼种的放养规格需 100～150 g 的 1 龄大规格鱼种,为使鲢、鳙做到均衡上市,上半年就有 750 g 以上的成鱼上市,可将 1 龄、2 龄鲢、鳙密养,使其第 2 年达到特大规格(250～450 g)鱼种,供鲢、鳙第 3 年放养使用;草鱼一般放养 250～500 g 的 2 龄鱼种,最好放养 500～1 000 g 的 2 龄或 3 龄鱼种;鲤、鲫、鳊、鲂通常放养 1 龄鱼种,经一年的饲养,年底可达到商品鱼规格。

(二)鱼种来源

食用鱼池塘放养的鱼种,主要应由养鱼单位自己培育。这样既可做到有计划地生产鱼种,在种类、数量和规格上能满足本单位的需要,降低了生产成本。又可避免因长途运输鱼种而造成的鱼体伤亡,或者放养后发生鱼病,降低成活率。本单位生产鱼种主要有以下几个途径:

1. 鱼种池专池培育　专池培育鱼种是解决鱼种的主要途径，一般鱼种池占鱼池总面积的20%～30%，但由于近几年来，不断提高食用鱼饲养池的放养密度，单靠专池培育鱼种已无法适应食用鱼池放养的需要。目前鱼种池主要用于提供1龄鱼种。

2. 食用鱼池塘中套养鱼种　所谓套养就是同一种鱼类不同规格的鱼种同池混养。食用鱼池中套养鱼种，不仅能节约鱼种培育池面积，而且可以充分利用食用鱼饲养池的生产潜力，并能提高鱼种规格，节约劳动力和资金。

食用鱼池套养鲢、鳙等滤食性鱼类，因大小鱼之间竞争不明显，容易成功，而对于青鱼、草鱼、团头鲂、鲤、鲫等吃食性鱼类，在吃食上小型鱼种竞争力差，常处于饥饿状态，严重影响生长，故只能套养个体大，竞争力强的2龄鱼种。若套养夏花，应在池中用网片围一小水面对夏花进行强化培育，以促进生长。当达到30～40 g/尾以后再撤去网片。食用鱼饲养池套养鱼种数量不可过大，以满足本塘第二年鱼放养之需为原则。一般情况下，14～17 cm的草鱼种每平方米放0.6～1尾，10 cm以上的鲢、鳙鱼种每平方米放养0.5～0.8尾，团头鲂每平方米放养0.15～0.3尾。

3. 利用其他水面培育　有条件的地区可利用稻田或其他水体培育鱼种，尤其是草、鲂、鳊鱼等草食性鱼类和鲤、鲫鱼等杂食性鱼类。

计算鱼苗、鱼种的需求量不但要考虑当年成鱼池的放养量，还要为明年、后年成鱼池所需的鱼种做好准备。鱼苗、鱼种的需求量可按下列公式计算：

$$\text{某鱼种放养量(尾)}=\frac{\text{成鱼池中该种鱼类的产量}}{\text{该鱼的平均出塘规格}\times\text{该鱼的成活率}}$$

$$\text{某种鱼夏花放养量(尾)}=\frac{\text{鱼种放养量(尾)}}{\text{该鱼种成活率}}$$

$$\text{某种鱼苗的需求量(尾)}=\frac{\text{该夏花鱼种放养量(尾)}}{\text{该鱼苗成活率}}$$

根据各类鱼苗、鱼种总需求量，按成鱼池所要求的放养规格以及当

地主、客观条件，制定出鱼苗、鱼种放养模式，再加上成鱼池套养数量，计算出鱼苗、鱼种池所需的面积。

(三)鱼种质量

鱼种的质量优劣直接影响到食用鱼养殖的效果，在鱼种放养前，必须对鱼种加以选择，其鉴别方法参照鱼种培育一节。

(四)鱼种放养时间

提早放养鱼种是获得高产的技术措施之一。长江流域一般在春节前放养完毕，东北和华北地区可在解冻后，水温稳定在5～6℃时放养。此时鱼的活动力弱，易捕捞，在捕捞和放养操作过程中，不易受伤，有利于提高放养成活率。同时提早放养也可以使鱼种早开食，相对延长生长期。近年来，北方一些地区将春放改为秋放，使鱼种适应越冬环境，提高开食，鱼种成活率明显提高。

放养鱼种应在晴天进行，避免鱼种在雨、雪寒冷天气中捕捞筛选和运输，否则容易冻伤，鱼种放养过程中，动作要迅速，操作要细微，盛鱼容质地要柔软，防止鱼体受伤，放养的鱼种入池前必须经过消毒处理。

三、混

在池塘中进行多种鱼类、多种规格的混养，可充分发挥池塘水体和鱼种的生产潜力，合理地利用饵料，提高产量，降低生产成本。混养是我国池塘养鱼的重要特色，我国养鱼高产区，往往有7～10种鱼混养在同一池塘中，有时同种鱼又有2～3种不同年龄规格混养在一起。

(一)混养的优点

1. 合理利用水体　常规养殖鱼类的栖息水层是不同的。鲢、鳙栖息在水体上层，草、团头鲂喜欢在水体中下层活动，青鱼、鲤、鲫、罗非鱼、鲮则栖息在水体底层，将这些鱼类混养在一起，可充分利用池塘的

各个水层，增加了单位面积放养量，提高了鱼的产量。

2. 合理和充分利用饵料　池塘中的饵料包括天然饵料和人工饵料，池塘中混有不同食性的鱼类就能充分利用饵料，降低生产成本。鳙和白鲫可以摄食水中的浮游生物和有机碎屑；鲤鱼可摄食底泥中的螺、蚬和摇蚊幼虫；鲮、罗非鱼可充分利用水体中附生藻类，青鱼可充分利用螺、蚬等底栖动物；草鱼、团头鲂可充分利用水草。草鱼将草类切割，其粪便转化成腐屑食物链，可供草食性、滤食性、杂食性鱼类多次反复利用，大大提高草类的利用率。对于人工投喂的精饲料，虽然各种鱼都喜食，但由于池塘中鱼体大小不同，争食能力各异，草鱼、青鱼吞食较大饲料，一部分细小颗粒散落水下而被鲤、鲫、鲂和各种水规格鱼种所吞食，使商品饲料和配合饲料得到充分利用。

3. 充分发挥不同鱼类间的互利作用　草鱼喜食草且吃食量大，但消化能力差，大量未被消化的植物茎叶细胞形成粪便排入水中，肥水作用极强，既可培养大量浮游生物，又提供腐屑和细菌，为鲢、鳙等滤食性鱼类创造了良好的饲料条件。而鲢、鳙等滤食性鱼类通过滤食浮游生物，腐屑、细菌，降低了池水肥度，为草、青、团头鲂创造了良好的生活环境，鲤、鲫和罗非鱼等杂食性鱼类即可消除池中残饵，提高了饵料利用率，又改善了池塘的生态条件。此外，通过摄食活动起到了翻松底泥和搅动池水的作用，有助于上、下层水的混合，从而增加了底层水的溶氧，加速了有机物质的分解和营养物质的循环。

4. 可获得食用鱼和鱼种双丰收　在食用鱼池塘中套养各种规格的鱼种，既不影响食用鱼生长，又能充分利用饵料和水体空间为翌年食用鱼放养提供了大规格鱼种，避免了食用鱼出塘后鱼池闲置的局面，节约了 2 龄鱼种池，而且，池中套养的鲢、鳙及草鱼种，其规格及成活率均高于鱼种培育池。

5. 提高社会效益和经济效益　多品种混养，充分利用了水体，发挥了群体生产力，并提高了饲料利用率，从而提高了产量并降低了成本，混养池塘通过轮捕轮放，可以全年向市场提供活鱼，满足了消费者的不同要求，产生了一定社会效益。

(二) 混养应注意的几种关系(图 10-2)

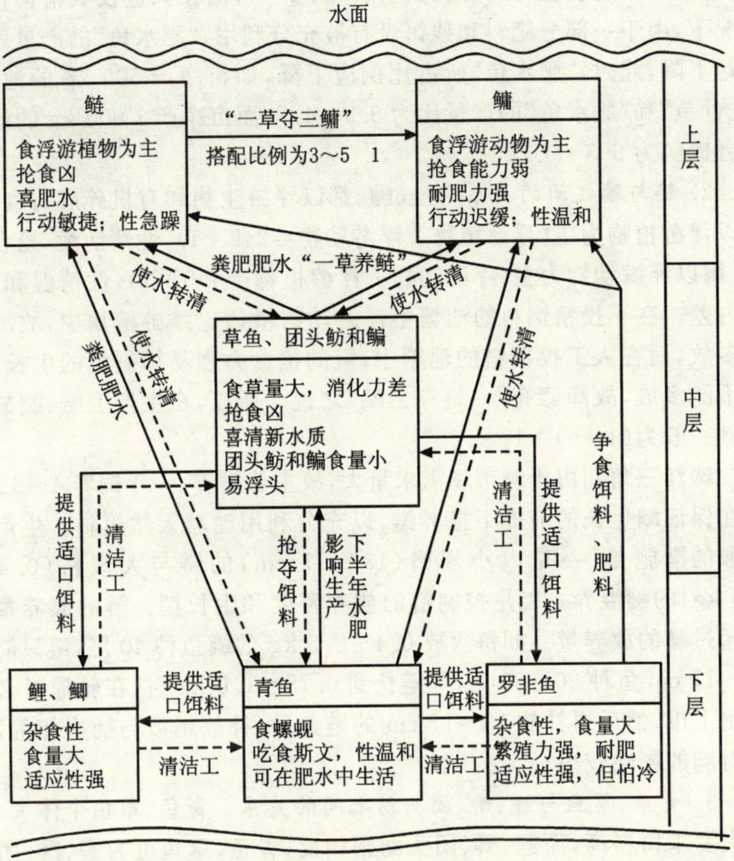

水面

鲢
食浮游植物为主
抢食凶
喜肥水
行动敏捷；性急躁

“一草夺三鳙”
搭配比例为3～5　1

鳙
食浮游动物为主
抢食能力弱
耐肥力强
行动迟缓；性温和

上层

粪肥肥水“一草养鲢”
使水转清
使水转清

草鱼、团头鲂和鳊
食草量大，消化力差
抢食凶
喜清新水质
团头鲂和鳊食量小
易浮头

粪肥肥水
使水转清
使水转清

中层

争食饵料、肥料

提供适口饵料
清洁工
抢夺饵料
影响生产
下半年水肥
清洁工
提供适口饵料

鲤、鲫
杂食性
食量大
适应性强

提供适口饵料
清洁工

青鱼
食螺蚬
吃食斯文，性温和
可在肥水中生活

提供适口饵料
清洁工

罗非鱼
杂食性，食量大
繁殖力强，耐肥
适应性强，但怕冷

下层

池底

图 10-2　鱼类混养关系图

1. 青鱼、草鱼、鲤、团头鲂、鲫与鲢、鳙、罗非鱼之间的关系　即“吃食鱼”与“肥水鱼”之间的关系。“吃食鱼”可为“肥水鱼”提供良好的饵

料条件,“肥水鱼”反过来可为“吃食鱼”创造良好的生活条件。混养中应充分利用它们之间的互利作用。在不施肥和少投精饲料的情况下,“肥水鱼”和“吃食鱼”之间的比例大体为1∶1,而在大量投喂精饲料的情况下,由于一部分肥料和残饵没有被充分利用,“肥水鱼”的产量就会相对下降,此时,“肥水鱼”所占比例应下降,如亩净产500 kg的池塘,“吃食鱼”和“肥水鱼”的产量比为5.3∶4.7,而亩净产1 000 kg的池塘两者比例为6.3∶3.7。

2. 鲢与鳙之间的关系　鲢、鳙、都以浮游生物和有机碎屑为食,鲢鱼以浮游植物为主(浮游植物∶浮游动物=248∶1),性情活泼,抢食力强;鳙以浮游动物为主(浮游动物∶浮游植物=4.5∶1),性情温和,抢食力差。在不投精饲料的池塘中浮游动物量远比浮游植物少,故鳙不能多放,而在人工投精料的池塘中,鲢的抢食力强易抑制鳙的生长,鳙也不能多放,故渔谚有“一鲢夺三鳙”之说。所以,在生产上鲢、鳙放养比例一般为(4～5)∶1。

珠江三角洲由于鳙市场需求量大,故主养鳙养,一年饲养4～6批,可在保证鳙生长的前提下搭养鲢,以充分利用池塘天然饵料。生产上采取的措施是:一是以小规格(13～17 cm)的鲢与大规格(0.4～0.5 kg)的鳙混养。二是控制鲢的放养密度和生长期。鲢的放养量不能超过鳙的放养量。如每次放0.4～0.5 kg的鳙鱼种40尾,鲢只能放13～17 cm鱼种20～30尾,等鲢长到0.75～1.0 kg时,在轮捕时必须捕出上市,然后再补放13～17 cm的鲢鱼种,补放尾数与捕出相等,这样对鳙的影响较小。

3. 青鱼、草鱼与鲤、鲫、团头鲂之间的关系　青鱼、草鱼个体大,食量大要求饵料高,而鲤、鲫、团头鲂则相反,青鱼、草鱼可为鲤、鲫、团头鲂提供大量的适口饲料,而鲤、鲫、鲂,可为草鱼,青鱼清除残饵,改善水质。主养青鱼池因动物性饵料较多,鲤、鲫可多放些;主养草鱼的池塘,要少放鲤鱼,防止与草鱼争食,在饲料充足情况下,草鱼与鲤的搭配比例为(5～6)∶1,草鱼与团头鲂的比例为(4～5)∶1。

4. 草鱼与青鱼的关系　草鱼和青鱼在食性上没有矛盾,但均个体大,食量大,大量的残饵和粪便易肥水,青鱼可耐肥水,但草鱼喜清新水

质，同时青鱼的饵料上半年较少，而下半年贝类丰富供应充足；草鱼的饵料(草类)上半年鲜嫩适口，而下半年茎长叶老，质量较差。因此，青鱼、草鱼混养时，采取不同季节重点抓不同的养殖对象。通常在8月份以前抓草鱼吃食，使大规格草鱼此时轮轮捕上市，以稀疏密度。8月份以后抓青鱼摄食促进生长。从而缓和青鱼、草鱼在水质上矛盾。

(三)混养的原则

混养的鱼类食性应尽可能不同，而对水温水质的要求要相近，而且混养鱼类之间能够和平共处，不相互残杀，最好能互惠互利。

(1)何一种混模式均应有1～2种鱼类作为主养鱼，同时适当混养搭配一些其他鱼类。

(2)为充分利用饵料，提高池塘生产力和经济效益，滤食性鱼类和非滤食性鱼类(吃食鱼)之间要有合适的比例，在每公顷净产7 500～15 000 kg的情况下，前者与后者比例以40：60为妥。

(3)鲢、鳙的净产量往往较稳定每公顷净产为3 750～5 250 kg，一般不随非滤食鱼产量的增加而同步上升。鲢、鳙之间的比例以(3～5)：1为宜。

(4)为充分利用水体空间，发挥各层水体的生产潜力，一般上、中、下层鱼类的比例以40%～45%：30～35%：25%～30%为佳。

(5)小规格鱼相对增重较大，但绝对增重较低，且养殖同期长；而规格太大，绝对增重大，但饵料系数较高，相对增重少，因此为提高鱼种的生产潜力，缩短养殖周期，增加鱼产量一般采用放养一龄大规格鱼种和2、3龄小规格鱼种的放养方式。

(6)鲤、鲫、团头鲂的生产潜力很大，因放养规格间距较小，其净产量的增加，首先与放养尾数有关，因此，在出塘规格允许的情况下，可相应增加放养尾数。

(7)同样的放养量，混养种类多(包括同种不同规格)比混养种类少的模式，缓冲力大，互补作用好，稳产高产把握性大。

(8)成鱼池套养鱼种是解决大规格鱼种的重要措施，套养鱼种的出

塘规格和数量应与翌年的放养相适应。

(9)充足大规格鱼种的供应,可增加轮捕轮放的次数,使池塘载鱼量始终保持在最佳状态,可提高社会效益和经济效益。

(四)常规养殖鱼类的放养模式

混养具有许多优点,但应在品种、数量上搭配得合理,必须处理好各种鱼及不同规格的鱼之间的关系。否则,会适得其反。因此混养应根据养殖鱼类的食性、生长、饲料来源、池塘条件及市场要求、地理位置等来确定混养模式,确定主养鱼与配养鱼。如肥料充足,可考虑以鲢、鳙、罗非鱼等鱼类为主养鱼,草类资源丰富或临近菜区的地方可考虑以草鱼及团头鲂为主养鱼;商品饲料(包括配合颗粒饲料)供应方便的地区可以草鱼或鲤鱼为主养鱼;经济基础好资金雄厚单位可以鲤或草鱼为主养鱼,资金较薄弱的单位应以鲢、鳙鱼为主养鱼,池塘面积较大,水质肥沃,天然饵料丰富的池塘可以鲢、鳙为主养鱼;新建的池塘,水质清瘦,可以草鱼、团头鲂为主养鱼;池水较深的塘,可以青鱼、鲤为主养鱼。

各种混养类型放养情况见表10-1、表10-2。

表10-1 公顷净产11 250 kg各种混养类型放养与收获情况

(SC/T 1016.2—1995)

主养鱼类	种类	放养					计划产量					
		尾重量(g)	公顷数量(尾)	公顷重量(kg)	占总放养量(%)		成活率(%)	尾重量(g)	公顷毛产量(kg)	公顷净产量(kg)	轮捕次数	增重倍数
					公顷尾数	公顷重量						
鲢鳙	鲢	250	1 500	375	70	61	95	550	780	6 315	3	2
		100	4 500	450			95	550	2 355			5
		70	10 500	735			90	250	4 350			6
								500				
		10	6 000	60			75	100	450			8

续表 10-1

主养鱼类	种类	放养					计划产量					
		尾重量(g)	公顷数量(尾)	公顷重量(kg)	占总放养量(%)		成活率(%)	尾重量(g)	公顷毛产量(kg)	公顷净产量(kg)	轮捕次数	增重倍数
					公顷尾数	公顷重量						
	鳙	100	3 000	300	9	11	95	650	1 860	1 560		6
	鲤	100	3 000	300	9	11	95	750	2 145	1 845		7
	草鱼	250	750	195	9	14	90		1 020	1 470		5
		75	2 250	165			70	250	810			5
								750				
	团头鲂	100	900	90	3	3	90	400	330	240		4
	合计		32 400	2 670	100	100	86		14 100	11 430		5
草鱼团头鲂	草鱼	250	5 250	1 320	53	65	90	1 000	4 725	6 195	3	4
		75	12 000	900			70	250	3 690			4
								750				
	鲤	75	3 000	225	9	7	90	500	1 350	1 125		6
	团头鲂	100	1 500	150	5	4	90	400	540	390		4
	鲢	250	1 500	375	28	22	95	550	780	3 030		2
		50	7 500	375			90	250	3 000			8
								500				
	鳙	60	1 500	90	5	2	90	600	810	720		9
	合计		32 250	3 435	100	100	83		14 895	11 460		4

续表 10-1

主养鱼类	种类	放养					计划产量					
		尾重量(g)	公顷数量(尾)	公顷重量(kg)	占总放养量(%)		成活率(%)	尾重量(g)	公顷毛产量(kg)	公顷净产量(kg)	轮捕次数	增重倍数
					公顷尾数	公顷重量						
鲤鲫	鲤	100	15 000	1 500	61	72	90	700	9 450	7 950	3	6
	鲢	75	6 000	450	24	22	90	600	3 240	2 790		7
	鳙	60	750	45	3	2	90	600	405	360		9
	鲫	25	3 000	75	12	4	90	100	270	195		4
	合计		24 750	2 070	100	100	90		13 365	11 295		6

表 10-2　公顷净产 7 500 kg 各种混养类型放养与收获情况

(SC/T 1016.2—1995)

主养鱼类	种类	放养					计划产量					
		尾重量(g)	公顷数量(尾)	公顷重量(kg)	占总放养量(%)		成活率(%)	尾重量(g)	公顷毛产量(kg)	公顷净产量(kg)	轮捕次数	增重倍数
					公顷尾数	公顷重量						
鲢鳙	鲢	250	1 500	375	70	61	95	550	780	6 315	3	2
		100	4 500	450			95	550	2 355			5
		60	10 500	735			90	250	4 350			6
								500				
		10	6 000	60			75	100	450			8

续表 10-2

主养鱼类	种类	放养					计划产量					
		尾重量(g)	公顷数量(尾)	公顷重量(kg)	占总放养量(%)		成活率(%)	尾重量(g)	公顷毛产量(kg)	公顷净产量(kg)	轮捕次数	增重倍数
					公顷尾数	公顷重量						
	鳙	60	3 000	300	9	11	95	650	1 860	1 560		6
	鲤	75	3 000	300	9	11	95	750	2 145	1 845		7
	草鱼	350	750	195	9	14	90		1 020	1 470		5
		60	2 250	165			70	250	810			5
								750				
	团头鲂	100	900	90	3	3	90	400	330	240		4
	合计		32 400	2 670	100	100	86		14 100	11 430		5
草鱼团头鲂	草鱼	250	2 250	570	48	51	90	1 000	2 025	3 210	3	4
		100	1 500	150			70	750	795			5
		60	4 500	270			70	250	1 245			5
								750				10
		10	2 130	15			70	100	150			
	鲤	75	1 800	135	9	7	90	500	810	675		6
	团头鲂	100	900	90	4	5	90	400	330	240		4
	鲢	250	1 200	300	35	34	95	750	855	2 940		3
		60	6 300	375			90	250	2 760			7
								550				
	鳙	75	900	75	43	3	90	750	615	540		8
	合计		21 480	1 980	100	100	83		9 585	7 605		5

续表 10-2

主养鱼类	种类	放养 尾重量(g)	公顷数量(尾)	公顷重量(kg)	占总放养量(%) 公顷尾数	占总放养量(%) 公顷重量	计划产量 成活率(%)	尾重量(g)	公顷毛产量(kg)	公顷净产量(kg)	轮捕次数	增重倍数
鲤鲫	鲤	75	7 800	585	33	33	90	550	3 855	3 270	3	7
	草鱼	350	750	270	13	22	90	1 500	1 020	1 515		4
		60	2 250	135			70	350	900			7
								750				
	团头鲂	100	900	90	4	5	90	400	330	240		4
	鲢	250	750	195	33	32	95	750	540	2 340		3
		100	1 500	150			95	500	720			5
		60	3 750	225			90	250	1 515			7
								500				
		10	1 875	15			80	100	150			10
	鳙	75	975	75	4	4	90	750	660	585		9
	鲫	25	3 000	75	13	4	90	100	270	195		4
	合计		23 550	1 815	100	100	88		9 960	8 145		5

四、密

密即合理密养，是池塘养鱼获得高产的重要技术措施之一。池塘养鱼的放养密度通常用尾/666.7 m^2，尾/hm^2 和 kg/666.7 m^2 表示，在多种类、多规格混养的情况下，用单位面积的放养重量更确切一些。放养密度通常包括鱼种的总放养量和每种鱼的放养量等两层意思。在一

定范围内，只在饵料充足，水源水质条件良好，管理得当，放养密度与鱼产量呈正相关，与出塘规格呈负相关。若越过一定范围，密度过大，就会引起水质变化而影响鱼类生长速度和成活率，从而影响池塘净产量的增加和养鱼的经济效益，甚至引起缺氧泛塘。只有在混养基础上，密养才能充分发挥池塘和饵料的生产潜力。

1. 限制放养密度的因素　在池塘环境中，饲料是提高放养密度的重要物质条件。对于草、杂食性鱼类，如草鱼、鲤鱼等放养密度越大，投喂优质饲料越多，则产量越高。对于滤食性鱼类，如鲢、鳙鱼等，池塘中可利用浮游生物种类多，数量充足情况下，放养密度增大，产量也越高，同时，草、杂食性鱼类放养数量多少或施肥量大小或喂粉状混合饲料多少直接影响到鲢、鳙鱼等的饵料，从而影响鲢、鳙鱼的产量。

环境对生物的容纳量是有一定限度的。放养密度过大，尽管饲料充足，有时也难以增产，甚至还会产生不良后果。其主要原因是水质限制，即水质是放养密度无限提高的限制因素。首先，鱼类要求水中有一定的溶解氧。我国几种常规养殖鱼类的适宜溶氧量为 3～5 mg/L，如溶氧低于 2 mg/L 时鱼类呼吸频率加快，能量消耗加大，饵料系数增加，抑制鱼类生长。如放过密，池鱼会处在低氧状态，从而限制鱼类生长。如天气变化，溶氧往往降到 1 mg/L 以下，鱼类经常浮头，有时发生泛塘死亡事故。其次，放养过密，水体中有机物质（包括残饵、粪便和生物尸体）在缺氧条件下，会产生大量的还原物质（如氨、硫化氢、有机酸等）对鱼类产生较大的毒害作用并抑制鱼类生长。

目前，池塘养鱼广泛采用增氧机等现代化设备，改善池塘溶氧状况，保持池水溶氧充足，减少了氨和有机物分解的中间产物，从而使放养密度增加，大幅度提高了池塘养鱼产量。

2. 影响放养密度的因素

(1)池塘条件　池塘具有良好的水源，可随时通过换水调整水体环境改善水质，保持较高的溶氧，此时可相应增加放养密度。流水池塘则可大幅度提高放养密度。若池塘水源条件差，没有注水条件则应适当减少放养密度，防止水质恶化而无法解救造成巨大损失。

较深较大的池塘水质较稳定，可适当增加放养密度，池水较浅或老养鱼池、淤泥较多的池塘，则放养密度应适当减少。配套设施较好的池塘（如配有增氧机等）可适当提高放养密度。

（2）饲料肥料的供应情况　在允许放养密度范围内，吃食性鱼类的放养是随着优质饲料投入增加而产量提高，滤食性鱼类随着水体浮游生物有机碎屑和粉状饲料的增加而产量提高，因此，在饲养过程中，优质饲料和肥料供应充足，放养密度可适当增大。否则，放养密度应减少。

（3）鱼种的种类和规格　不同种类的鱼对低氧和有害物质的耐受力不同。饲养耐受力较强的鱼，如鲤、鲫、罗非鱼等，放养密度可适当增大，而饲养耐受力较差的鱼如草鱼、团头鲂等放养密度就应减少。

不同种类的鱼其养殖模式、放养规格、生长速度、商品鱼规格不同，因此，放养密度也应各异。个体较大的鱼类（草鱼、青鱼）比个体较小的鱼类（鲂、罗非鱼、鲫）放养尾数应较少，而放养重量应较大，反之则较少。同一种类不同规格鱼种的放养密度也不同，规格大的放养尾数少，重量大，而规格较小的放养尾数多，重量少。

（4）放养模式　放养模式不同，其放养密度也有一定差异。采用混养模式由于不同鱼类的生活水层不同，饵料需求不同，可充分利用水体空间和饲料以减少竞争，而且各种鱼之间存在互利作用，因此放养密度较大，而单养则方式由于密度大，竞争明显，因此应适当减少放养密度。

（5）管理技术水平　饲养管理工作精心与否和管理水平高低对放养密度关系极为密切。管理精心，生产经验丰富，管理水平高，池塘养鱼设备全面配套，水质能及时的控制调节，能够及时发现问题，解决问题，则放养密度可适当增加，反之则尽量要稀放。

3. 确定放养密度的方法　确定池塘放养密度的方法有经验法和计算法，其中经验法应用较普遍，也可两种方法相结合作用，影响放养密度的因素很多，因此放养密度不是机械地不能照搬，必须根据实际情况合理采用。

（1）经验法　如果池塘基本条件未变，在确定放养密度时，可参照

历年来鱼种的放养密度、生长状况及商品鱼产量等因素综合考虑。若鱼生长好，单位产量高，饵料系数不高于一般水平，浮头次数不多，说明，放养密度合理；若反之，表明放养过密，应适当降低。若商品鱼规格过大，而单产量不高，则表现放养密度较小，应增加放养密度。对于新开挖的池塘，或池塘基本条件发生了较大变化，则应参照池塘条件、管理水平相类似并且产量较理想的池塘的放养密度来确定。

(2)计算法　鱼产量与放养密度、鱼种规格、成活率、出池规格、鱼的搭配比例等有关，因此，可以鱼产量来计算放养密度。

①按净产量计算　$F=\frac{W_0 r}{(d-d_1)n}$

②按主产量计算　$F=\frac{Wr}{nd}$

式中：F—该种鱼单位面积的放养尾数；

W_0—预期单位面积的总净产量；

r—该种鱼计划在总净产量中所占百分数；

d—该种鱼商品鱼的平均尾重；

d_1—该种鱼放养鱼种的平均尾重；

n—该种鱼估计成活率；

w—预期单位面积的毛产量。

以上公式是按混养模式计算，若采用单养方式，放养、式中 r 按100%计。

例如，准备放养草、鲢、鳙鱼，计划亩产量为500 kg(其中草鱼100 kg，鲢鱼 300 kg，鳙鱼为 100 kg)。已知草鱼种平均规格为0.25 kg/尾，计划年底养成的草鱼规格为 1 kg/尾，成活率估计为 80%；鲢鱼种平均规格为 0.05 kg/尾，年底计划出塘规格为 0.50 kg/尾，估计成活率为 90%；鳙鱼种平均规格为 0.05 kg/尾，年底出塘规格为0.75 kg/尾，估计成活率为 90%。那么草、鲢、鳙鱼的亩放养量分别为：

草鱼亩放养量＝100/(1×80%)＝125(尾)；

鲢鱼亩放养量＝300/(0.5×90%)＝667(尾)；

鳙鱼亩放养量＝100/(0.75×90％)＝150(尾)；

亩总放养量为942尾。

五、轮

即轮捕轮放，是指在密养的鱼塘中，根据鱼类的生长情况，到一定时间捕出一部分达到商品规格的食用鱼，再补放一些鱼种，以提高池塘经济效益和单位面积鱼产量。概括地说，轮捕轮放就是“一次放足，分期捕捞，捕大留小，去大补小”。轮捕轮放同混养密养一样，是提高鱼产量的重要措施。混养、密养是从空间上保持鱼池较高而合理的密度，而轮捕轮放是从时间上始终保持鱼池较高而合理的密度。混养密养是轮捕轮放的实施前提，轮捕轮放能进一步发挥混养密养的增产作用。

(一)轮捕轮放的作用

轮捕轮放能使整个养鱼期内池塘始终保持较合理的密度，有利于提高总产量(图10-3)。在单季饲养法(一次放养，一次捕捞)中，池鱼在整个养殖期重量增长为“S”形曲线。前期鱼的储存量低，水体空间和饵料有剩余，达不到最大的鱼产量；后期，随着鱼体生长，鱼的储存量过大而生长受抑制，采取轮捕轮放饲养法，前期可多放一些鱼种，充分利用饲料和水体空间，随着鱼体生长，可通过及时捕出达到食用规格的部分个体来解除后期池塘存量过大而对鱼群增长的限制，使鱼类在整个生长季节始终保持合适的密度，促进鱼类快速生长。

采用轮捕轮放饲养法，鱼池内鱼的种类多、规格多，可以缓和鱼类之间在食性、生活习性和生存空间的矛盾，可充分发挥池塘中“水、种、饵”的生产潜力。

通过轮捕可使鱼产品均衡上市，改变了以往市场淡水鱼“春缺、夏少、秋挤”的局面，做到四季有鱼，不仅满足社会需要，而且提高了经济效益。一般轮捕上市的经济收可占养鱼总收入的40％～50％，这也加速了资金的周围、降低了成本，为扩大再生产创造了条件。

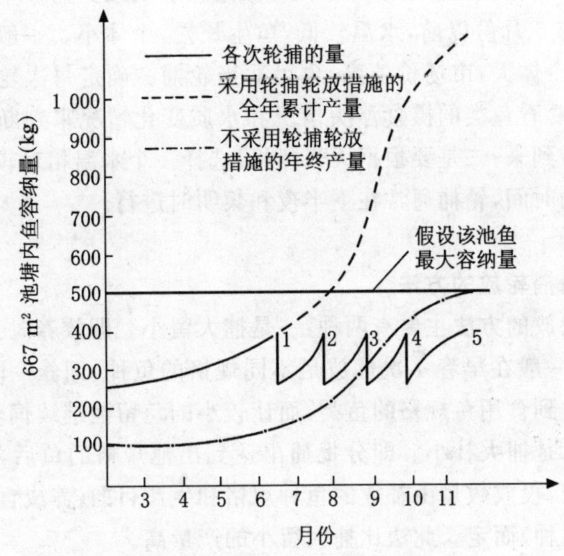

图 10-3　轮捕轮放增产示意图

通过捕大留小，及时补放夏花和 1 龄鱼种，使套养在成鱼池的鱼种迅速生长，到年终即可培育成大规格鱼种，供翌年使用。

(二)轮捕轮放的对象和时间

凡达到或超过商品鱼标准，符合出塘规格的食用鱼都是轮捕的对象，但在实际生产中主要轮捕对象是鲢、鳙鱼，这是因为鲢、鳙鱼种及饵料容易解决，并且夏季市场价较高。其次轮捕草鱼，主要原因是草鱼肥水性很强，7 月中旬以后池塘水质日趋老化，水草、旱草等饲料也变老，适口性降低，因而草鱼生长速度渐慢，饵料系数升高，此时轮捕出达食用规格的草鱼，可降低池塘载鱼量，有利于小规格的草鱼和其他鱼的生长。

轮放主要是在捕出食用鱼后补养 1 龄鱼种或夏花鱼种为翌年培养，2 龄鱼种和大规格鱼种。

轮捕轮放的时间多在 6～9 月份，此时水温高，鱼生长快，如果不通

过轮捕减少饲养密度，鱼类常因水质恶化和溶氧减少而影响生长。10月份以后和6月份以前，水温较低，鱼生长慢，个体小。一般不进行轮捕，但鱼的个体大，市场价值高，也可适当轮捕。确定每次轮捕的具体时间，一是要看鱼类的摄食浮头情况和水质变化情况来判断池塘最大载鱼量是否到来；二是要根据天气预报，选择一个水温相对较低而池水溶氧较高的时间，轮捕通常在下半夜和黎明时进行。

（三）轮捕轮放的方法

轮捕轮放的方法主要有两种：一是捕大留小。即放养时1次放足，分次捕捞，一般在早春1次性放足不同规格的鱼种，饲养一段时间后，分批捕出达到食用鱼规格的鱼类，而让较小的鱼留池继续饲养，不再补放鱼种。二是捕大补小。即分批捕出达到出池规格的鱼后，同时补放鱼种或夏花，投放数量由补放的鱼种规格和生产目的（养成食用鱼或培育大规格鱼种）而定。此法比捕大留小的产量高。

例：无锡郊区的轮捕轮放，采用年初放足、多次捕捞（捕出食用鱼）、套养鱼种的方法，自放养至年底干池，一般经3次轮放（套养）和3次轮捕。具体轮捕轮放的次数、鱼类和时间见表10-3。

表10-3　轮捕轮放情况表

		轮　放
次数	季节	鱼类
1	4月下旬	越冬罗非鱼
2	6月中旬	鲤、鲫、鲢、鳙夏花
3	7月中旬至7月底	鲢、鳙、草鱼鱼种
		轮　捕
次数	季节	鱼类
1	6月初至6月中旬	70％为年初放养大规格鲢、鳙、1.5 kg以上草鱼
2	7月中旬至7月底	30％为年初放养大规格鲢、鳙、1.5 kg以上草鱼；20％为年初放养中小规格鲢、鳙、0.3 kg以上团头鲂

续表 10-3

		轮　捕
3	8月中旬至8月底	30%为年初放养中小规格鲢、鳙、1.5 kg 以上草鱼、0.3 kg 以上团头鲂、0.2 kg 以上白鲫
4	9月中旬至10月初	50%为年初放养中小规格鲢、鳙、1.5 kg 以上草鱼、0.3 kg 以上团头鲂、罗非鱼、0.2 kg 以上白鲫
5	10月下旬至11月初	主要捕 0.2 kg 以上罗非鱼

(四)轮捕轮放注意事项

一个池塘在一个生产季节内轮捕的次数依具体情况而定，一般不易超过 5 次，间隔时间为 25 天以上，轮捕过多过密会影响鱼类生长，易引发鱼病且劳动强度大。轮捕主要是在天气炎热的夏秋季节。因水温高、鱼的活动能力强，捕捞较困难，加以鱼类耗氧量大，不能忍受较长时间的密集，而捕入网内的鱼大部分是留塘鱼种，需回池继续饲养，如在网内时间过长，很容易受伤或缺氧闷死，因此，要求捕鱼人员技术熟练，彼此配合默契，尽量缩短捕鱼持续时间。

捕鱼前数天就要控制施肥量，以保证捕鱼时水质良好，溶解较高。捕鱼前一天可停止投饵，以免鱼饱食后捕捞时受惊扰跳跃、挤压而死。捕捞前应将水面的草渣，污物捞净，避免影响操作。捕鱼要选择天气凉爽，水温较低，溶氧较高时进行，一般多在下半夜，黎明捕鱼以供应早市。阴雨天气，或鱼有浮头征兆时，严禁轮捕，另外，傍晚不能拉网，以免引起上下水层提早对流，加速池水溶氧消耗，造成池鱼浮头。

捕捞后，鱼体会分泌大量黏液，池水混浊，耗氧量增加。因此必须加注新水或开动增氧机，使鱼有一段顶水时间，以冲洗鱼体上过多的黏液，增加溶氧，防止浮头，若白天捕鱼，一般要加水或开增氧机 2 h 左右；若在夜间捕鱼，则应加水或开增氧机起到日出后才能停泵关机。

六、饵

饲料是鱼类生长的重要物质基础。采取混养、密养的精养鱼池，要使鱼正常生长，单靠池中自然生长的天然饵料是远远不够的，必须人工补给饲料，其来源有二：一是直接向水体中投放的饲料，包括天然饲料，人工饵料和配合饵料；二是通过池塘施肥在池水中培育的天然饵料，主要有浮游植物，浮游动物，附生藻类和各种底栖动物。施肥实际上是间接投饵。

(一)施肥

池塘施肥是为了补充水中的营养盐类及有机物质，增加腐屑食物链和牧食链的数量，作为滤食性鱼类、杂食性鱼类以及草食性鱼类的饵料。食用鱼饲养池的施肥量，因主养鱼类、产量及地区不同而异。

1. *施基肥* 新建的池塘及瘦水池塘，池底无或缺乏淤泥，水中有机物含量低，水质清瘦，为了改善池水状况、培肥水质，使池水中含有较多氮、磷、钾等营养物质及有机物质，以繁殖天然饵料生物，必须施放基肥。施肥量视养殖品种、池水肥瘦，肥料种类、养殖模式和养殖地区而定。以鲢、鳙为主的池塘应以施粪肥为主，基肥要占全年有机肥用量的1/2(东北地区)，长江中下游地区，以滤食性为主的池塘每公顷施经发酵的粪肥7 500～11 250 kg；华北地区，以鲢、鳙为主的池塘一次施粪肥 3 750～5 250 kg/hm^2，西南地区，以鲢鱼为主的池塘一次施基肥 7 500～11 250 kg/hm^2；以草鱼为主的池塘一次施基肥 4 500～6 000 kg/hm^2，以鲤、鲫、草鱼为主的池塘一次施基肥 6 000～7 500 kg/hm^2。精养鲤、鲫的池塘一般不施或少施肥，肥水池塘和多年养鱼塘，池底淤泥多，一般少施或不施基肥。

2. *施追肥* 以鲢、鳙为主池塘池水透明度应保持在 20～30 cm，以草杂食性鱼类为主的池塘，池水透明度应保持在 25～35 cm。若透明度超过 35 cm，说明水质偏瘦，不足 20 cm 说明水质太肥。池水过瘦或过肥都会影响到鱼类的正常生长，可通过追肥提高池水肥度或注入新

水降低池水肥度。追肥应视天气、水温、水色透明度和鱼的活动情况合理安排。春季冰雪消融后(3月中下旬),开始施追肥,因为此时水温低,有机肥分解缓慢,所以仍采取施基肥的方法,施肥量可大些。主养鱼类不同,池塘水体的基础条件不同,肥料种类不同,施肥量也不同。如主养鲢、鳙的池塘,每公顷施追肥11 250 kg,使池水在4、5月份也能保持“肥、活、嫩、爽”,对提高鲢、鳙的产量意义十分重大。4月份以后,施追肥应掌握少施、勤施的原则,一次追肥不宜过多尤其有机肥,以防止池水溶氧量急骤下降而影响鱼类生存和生长。因此夏季追肥易以无机肥为主。对于粗养鱼塘或瘦水塘,池水有机氮和有机磷均很低,无机氮肥、无机磷肥应同时使用,其比例以1∶1为宜。而对于精养鱼塘,由于池塘载鱼量大,投饲量大,排泄物也多,水体氮肥并不缺乏,而此时水中有效磷却极度缺乏,因此应施用无机磷肥,以增加水中有效磷的含量,调整有效氮和有效磷之间的比例,充分利用精养池内丰富的氮,促进浮游植物生长,提高池塘生产力。

主养鲢、鳙池塘及鲢、鳙与草或鲤并重的池塘,4～6月份,每7～10天追施有机肥1次,每公顷1 500～1 800 kg,7～9月份,每10～15天追肥1次,每公顷750～900 kg。主养草鱼、团头鲂或鲤、鲫鱼池塘,4～6月份,每隔10～15天追施有机肥1次,每公顷1 500～1 800 kg。主养草鱼、团头鲂,公顷净产11 250 kg池塘,除施基肥外,春季一次性追肥,1 hm^2 施有机肥7 500～9 000 kg。主养鲢、鳙或主养草鱼、团头鲂池塘,高温季节,补充化肥。7～8月份,每隔5～6天追肥1次,每公顷施氮肥(以含氮量计)4.5～5.25 kg,磷肥(以含五氧化二磷计)1.5～1.8 kg,对水溶化,全池泼洒。

3. 施肥原则

(1)以有机肥为主,无机肥为辅,“抓两头,带中间” 有机肥除了直接作为腐屑食物链供鱼类摄食外,还能培养大量的微生物和浮游生物作为鱼的饵料,而且容易消化的浮游植物往往在含有大量溶解有机物的水中生长。有机肥料是培育优良水质的基础。但是,有机肥料耗氧量大,在高温季节容易恶化水质。所以在精养鱼地中,有机肥料以施基肥为主;作为追肥也仅公在水温较低的早春和晚秋使用,而在鱼类主要生长季节,通常使用无机肥料代替有机肥料。

(2)有机肥必须发酵腐熟　有机肥料腐熟后,除了能杀灭部分致病菌,有利于卫生和防病外,还可以使大部分有机物通过发酵分解成大量的中间产物,它们耗氧形成死亡。施追肥时,只要在晴天中午用对水后全池泼洒的方法施肥,根据有机肥料中间产物在分解时具有暴发性,耗氧的特点,此时就可以充分利用池水上层的超饱和氧气,及时侵还氧债。这样既可以加速有机肥料的氧化分解,又降低了有机物在夜间耗氧量,夜间就不易耗氧因子过多而影响鱼类生长。

(3)施放基肥要适量　尤其对于秋放鱼种,施入的肥料是为了保证鱼种在适度肥水中越冬,施肥量过大,容易使池水过肥,产生大量氧气,往往达到过饱和,使越冬鱼种在解冰产后患气泡病;施肥量过少,水质清瘦,浮游生物量低,影响鲢、鳙鱼种体质,也易发生鱼病。

(4)追肥要量少次多,少施勤施　使用有机肥料追肥时,应选择晴天,在良好的溶氧条件下,采用全池泼洒的方法,勤施、少施、以免池水耗氧量突然增加。

(5)巧施磷肥,以磷促氮　施用磷肥时应先将磷肥溶解后选择晴天上午 9:00～10:00 全池均匀泼洒。此时,池水 pH 值一般在 7 左右。有效磷的退化速度较慢;表、底层水不易对流,使表层水溶性磷肥保持较高浓度,此时浮游植物开始向表层集中,利用藻类有吸贮磷的特点,以提高磷肥的利用率。

磷肥泼洒后当天不能搅动池水(包括拉网、加水、开动增氧机等),以延长水溶性磷肥在水中的悬浮时间,降低塘底对磷的吸附和固定。通常施用磷肥 3～5 天后,池中浮游植物将产生高峰,生物量明显增加,氨氮下降,此时应根据水质管理的要求,适当加注射新水,防止水色过浓。

一般磷肥(过磷酸钙)的泼洒浓度为 10 mg/L,通常 5～9 月份每隔半个月,泼洒 1 次。

(6)合理搭配　肥料的种类、成分和性质各不相同,有些可以配伍

使用，有些配伍则失效，如施氮肥和磷肥时，不可与生石灰，草木灰等碱性物质混合，否则使氮挥发或生成不溶性的磷酸三钙，降低肥效。

(二)投饵

鱼的种类不同其食性不同，对饵料的要求不同，营养需求也不同。合理投喂饲料是养鱼高产、优质、高效的重要技术措施。

1. 全年投饲计划　为了做到有计划生产，保证饵料及时供应，做到根据鱼类生长需要，均匀适量的投喂的饵料，必须在年初规划好全年的投饵计划。

对于以投全价颗粒饲料为主的精养鱼池，全年总投饵量容易计算。根据各成鱼池的放养量和规格，确定各种鱼类的净增肉倍数，再根据净增肉倍数确定计划净产量，然后根据饵料系数计算出全年投饲量。例如一口 6 667 m^2 的成鱼池，主养鲤鱼，每 666.7 m^2 放鲤鱼 80 kg，计划净增肉倍数为 7，即每 666.7 m^2 净产鲤为 80 kg×7＝560 kg 全池净产鲤 560 kg×(6 667 m^2/666.7 m^2)＝5 600 kg。该池投喂鲤颗粒饵料，其饲料系数为 2，则该池全年计划投喂颗粒饲料量为：5 600 kg×2＝11 200 kg。主养鱼类不同，净产量指标不同，则全年饵量不同。

对于以天然饵料为主的鱼池，其饵料种类多，而且，饵料、肥料本身具有交叉效应，如按精养鱼池计划方法计算饵料系数误差很大。因此，必须改为从总体出发，以每增长 1 kg 鱼分别需要精饲料、草料和肥料的数量(即全年投放的精饲料，草料和肥料的总量分别除以鱼类净产量)得出精料系数，草料系数和肥料系数，这 3 个系数统称为综合饵肥料系数。长江下游地区，池塘养殖食用鱼每增重 1 kg 草、杂食性鱼所需单一饲料用量见表 10-4。每增重 1 kg 鲢鳙需发酵粪肥 40～50 kg，或含氮磷比为 1∶1 的化肥 1 kg。由于各地的天气，饲养方法，饵料和肥料的种类及组成不同，各个养鱼单位的精料、草料和肥料系数差异较大。因此，各养殖单位应按本单位的养殖模式和饵料、肥料的种类及组成计算出本场的精料草料和肥料系数，从中测算出全年计划投饵施肥数量。

表 10-4　每增重 1 kg 草、杂食性鱼所需单一饲料用量

(SC/T 1016.5—1995)　kg

饲料鱼类	饲养种类							
	螺、蚬	配合饲料	菜子饼	豆饼	大麦	玉米	陆草	水草
青鱼、鲤	45～55	3	—	—	—	—	—	—
草鱼、鲂	—	2.5	3～3.5	2.5～3	4～4.5	5	30～40	70～100

注：每增重 1 kg 草、杂食性鱼，附带养鲢、鳙 0.3～0.5 kg。

2. 各月饵肥料分布　确定了全年的总投饲量，但这些饵、肥料并不是按天均匀投入池塘。一般，冬季和早春季节水温低，鱼摄食量小，随着水温的上升，投饵量不断加大，入秋以后水温下降摄食量少，投饲量也随之减少，即投采取“早开食，晚停食，抓中心，带两头”的分配方法。在鱼类主要生长季节投饵量占总投饵量的 75%～85%。如西北地区池塘食用鱼养殖，饲料全年分配见表(10-5)。

表 10-5　西北地区池塘食用鱼养殖各月饲料分配表

(SC/T 1016.3—1995)

月份	4	5	6	7	8	9	10	11
占全年饲料用量(%)	1～3	6～10	12～18	20～26	22～28	20～14	10～6	3～1

在饵料种类上，草类饲料在春夏季节多，质量较好，供应重点偏在鱼类生长季节的中前期，贝类饵料下半年产量高，加以此期青鱼、鲤鱼个体大，食谱范围广，供应重点偏在鱼类生长季节的中后期。精饲料重点也在中后期供应，以供鱼类保膘越冬。

3. 投饲原则

①按计划投饲，并力求做到早开食，晚停食，延长饲养时间。

②按照“四定”(定质、定量、定时、定位)的要求投喂饲料，但日投饲量要根据“四看”(看天气、看水色、看水温、看鱼活动及摄食情况)原则酌情增减。

定质：即投喂的饵料质量要高。草类要鲜嫩、适口、无毒，没有粗大

的根、茎，清洗干净，必要时要切碎后投喂，螺类饲料要鲜活，不能死亡变质；人工饵料要求蛋白质含量适当，营养全面和无霉变、腐烂，在水中不易散失。不投喂腐败变质的饵料，必要时可在投喂前对饵料进行消毒，尤其是在鱼易发病季节。当天吃剩的残饵要及时捞出，以免在水中腐败变质影响水质。

定量：指投饵量要相对恒定，每日投喂的饲料要在规定时间内基本吃完，不能忽多忽少，以避免鱼类因时饥时饱而影响消化吸收和发病，均匀投喂可提高饵料利用率，降低饲料系数。定量并不是每日投量要绝对一样，而是要根据天气、水色、水温鱼活动及摄食情况等灵活掌握，使鱼在整个生长期内吃饱吃好。一般精饲料以每次投喂后 2～3 h 吃完，青饲料 4～5 h 吃完为宜。

定时：指每天选择固定的时间（池水溶氧高）投喂，使鱼类养成定时摄食的习惯，鱼类在同一时间集中摄食可避免饲料浪费和污染水质，提高饲料的利用率，通常草类和贝类饵料宜在上午 9 时左右投喂，精饲料和配合饲料应根据水温和季节，适当调整投喂次数（1 天投饵量分成多次投喂），以提高饵料利用率。正常天气每天 8：00～10：00，下午 2：00～4：00两次投喂精饲料。此外还要注意不同饲料的投喂次序，一般先投草料，后投精料或配合饲料，青饲料一般比精饲料早投 1～2 h。精养鲤或草鱼池塘，下午最后一次投饲量不宜过大，投饲时间不宜过晚，最好不超过19：00。

定位：指在池塘中选择固定的位置设置食台（食场）或草框，使鱼养成定点摄食习惯，有利于提高饵料利用率，有利于了解鱼类吃食情况和食场消毒，便于及时清除残饵，保证池鱼吃食卫生。投喂精饲料可在水面以下 30～40 cm 处，用芦席或木盘或筛绢搭成面积 1～2 m^2 的食台，将饵料投在食台上让鱼类摄食，一般每 5 000 尾左右鱼种架设一只食台。投喂浮性饲料或青饲料可用毛竹搭成三角形或正方形浮框，一般每个浮框 10～30 m^2。投喂螺蛳、黄蚬等动物性饲料应轧碎后投于食场中。最好在投饵前给予特定的刺激（如划水声、敲打等），使鱼集中到食台附近再投喂。

看水温:鱼类摄食量及其代谢强度随水温变化而变化。因此,应根据水温变化来确定不同季节的投饲量,早春(3月底4月初)气温、水温低,鱼摄食量少,可少投饲料,诱鱼早开食,集中摄食,以后随着水温升高,可逐渐增加投饲量,6~8月中旬水温高,鱼已进入生长旺季应增加投饲量,进入9月份池水水温明显下降,摄食量减少,应逐渐减少投饲量。

看水色:池水呈茶褐色或油绿色,水质较好,可正常投饲,如水色清淡可增加投饲差(主养鲢、鳙鱼池塘)。如池水过浓转黑,表明水质要变坏,应减少投饲量,并及时加注新水,冲淡池水浓度。

看天气:天气晴朗池水溶氧条件好应多投,而阴天溶氧条件差则少投,雨天不投或少投,天气闷热、无风,欲下雷阵雨应停止投喂,雾天须散雾后投喂,鱼食欲减退,应减少投喂数量。

看鱼类活动及摄食情况:每天早晚巡塘时检查食场,了解鱼类活动、吃食情况。若早晨鱼类浮头,要推迟投饲时间及减少投饲量。如投饵后很快吃完,应适当增加投饵量,如投饵后长时间未吃完,应减少投饵量。

4. 投喂技术　养殖品种不同、使用饲料不同,则投饲方法也有所不同,但无论采用哪种方法,投饵都必须坚持"匀"字当头,"匀"中求足,"匀"中求好(质量)的要求。此即传统意义上的投饵要求:"匀、好、足"。

匀:表示一年中应不断投以跔数量的饵料,在正常情况下,前后两次的投饲量和投饲间隔应相差不大,以保证投饲是既能满足池鱼的摄食需要,又不过量造成浪费和影响水质。

好:表示饲料的质量均是好的,符合质量标准,投喂的饲料质量高,营养全面,鱼类喜食并可充分利用,排泄物和残饵也少,有利于保持良好的水质。无公害淡水鱼池塘养殖对饲料管理要求的"好"是有严格的标准,如饲料中的促生长剂、维生素、氨基酸、脱壳素、矿物质等的添加量和种类应符合有关国家法规和标准规定,对国家禁止的药物(如已烯雌酚、奎乙醇民)则不得添加。其他的饲料卫生指标也应严格执行,如重金属:Pb≤5 mg/kg,Hg≤0.5 mg/kg,等等。

足:表示投饲量适当,在规定时间内鱼将饲料吃完,不使鱼过饥或

过饱。

在当前饲料供应较紧张的情况下，为了降低饵料成本，充分发挥饵料的生产潜力，应坚持做到一年中连续不断地投喂足够数量的饵料，特别是在鱼类主要生长季节应坚持每天投饵，以保证鱼类吃食均匀，渔谚“一天不吃，三天不长”或“一天不投，三天白投”，形象地说明时断时续地投喂对鱼类生长所带来的影响。

对于精饲料或配合饲料为主的鱼池，其投饵量比天然饵料少得多，吃食不易均匀，加上鲤科鱼类无胃，因此只有增加一天中的投饵次数，才能提高饵料的消化率和利用率。据统计，总投饵量相同的情况下，年投饵次数比正常减少 30%～50%，则吃食性鱼类的净产量比正常池低 50%，滤食性鱼类的净产量比正常池低 30%。使用添加了氨基酸的配合饲料，一定要增加投喂次数，才能有效利用饲料中添加的氨基酸。长江流域采用配合饲料的投喂次数和时间为：4 月份和 11 月份每天投 2 次（9：00、14：00）；5 月份和 10 月份每天投 3 次（9：00、12：00、15：00）；6～9月份则每天投喂 4 次（8：30～9：00、11：00～12：00、13：30～14：00、15：30～16：00）。

七、防

即防病、防逃、防盗、防敌害，其中最主要的工作是防病（参照第二章）。

八、管

即饲养管理，一切养鱼的物质条件和技术措施最后都通过池塘的日常管理才能发挥效能，获得高产、高效的结果。无公害淡水鱼池塘养殖的饲养管理比传统池塘养殖的饲养管理更严格、细致、科学，不仅要通过日常管理使养殖措施得到落实，最终使池塘养鱼获得高产、高效，而且要通过对关键控制点的严格监控和管理，使最终产品无公害进入

市场。

精养鱼池取得高产的过程,实际上是一个不断改善池水的理化条件和饲料条件的矛盾过程。养鱼要获得高产就要大量投饵,结果往往水质过肥,池塘环境恶化,反过来又限制投饵和施肥,并引起鱼类浮头泛池死亡。如果,不施肥、少投饵虽水质理化条件好,但水质清瘦,鱼类生长缓慢。要提高鱼产量实际就是要促进这一矛盾互相转化和发展。既要求保持水质"肥、活、嫩、爽"又要保证投饵"匀、好、足"。

(一)池塘水质管理

渔谚有"养好一池鱼,首先要管好一池水"。水质的好坏直接影响到水产品的质量和养殖的产量。

1. *及时加注新水* 及时加注新水加水是培育和控制优良水质必不可少的有效措施。对精养鱼池而言,加水有四个作用:

(1)增加池水深度 增加鱼类的活动空间,相对降低了鱼类的密度。池塘蓄水量大也有助于保持水质的稳定,减少鱼类应激。

(2)增加池水的透明度 加水后使池塘水色变淡,透明度增加,使光透入水的深度增加,浮游植物光合作用增强,增加水中溶氧量。

(3)降低藻类(特别是蓝藻、绿藻类)分泌的抗生素 这种抗生素可抑制其他藻类生长,稀释这种抗生素后,有利于易消化的藻类生长繁殖。在生产上,老水型的水质往往在下大雷阵雨以后,水质转为肥水,就是这个道理。

(4)直接增加水中溶解氧 新水中的溶解氧可直接缓解水中溶解氧不足,改善水质,增强鱼类食欲。

经常加注新水有增氧机不可取代的作用。加注新水后往往引起池水垂直、水平流转,因此必须注意加水的时间,在高温季节,加水时间应在晴天的下午 3:00 之前进行。除了紧急救鱼外,严禁在阴雨天和傍晚加水,以免造成上下水层提前对流而引起鱼类浮头。

2. *调节池水酸碱度* 经常检测水体 pH 值,发现池水偏酸,及时使用生石灰加以调节。一般在 6～10 月间,结合防病工作,每月用生石

灰对水全池泼洒一次，每次每 666.7 m^2 用量 20 kg，可是 pH 值保持稳定。

3. 调节池水肥瘦度　高产塘水质肥瘦的调节方法，一是施肥，二是注水，三是使用药物调解。

（二）防止鱼类浮头和泛塘

精养鱼池由于池水有机物多，故耗养量大。当水中溶氧低到一定程度，鱼类就会因缺氧而浮到水面，将空气和水一起吞入口内，这种现象称为浮头。浮头是鱼类对水中缺氧的适应。随着浮头时间延长，水中溶氧进一步下降，靠浮头也不能提供最低氧气的需要，鱼类就会大批窒息死亡，俗称泛池。泛池往往给养鱼者毁灭性打击，而且泛池的突发性比鱼病严重得多，危害更大。

鱼类浮头的原因主要有 3 方面：①闷热天气后下雷阵雨或刮大风，引起上下层水对流，水中溶氧被下层水中和底泥表面有机物很快耗净；②连续阴雨或大雾天气，浮游植物光合作用差，池水中溶氧补给少；③水质过浓、老化或腐败，造成浮游生物大量死亡分解，使水发黑并带恶臭。此外，春季浮游动物大量繁殖形成乳白色（轮虫）或橘红色（蚤类）水华，浮游植物消耗殆尽，也可引起浮头。

1. 预测浮头的方法　鱼类浮头都是有原因的，可根据 5 个方面的现象来预测。

①根据天气预报或当天天气情况进行预测。如夏季傍晚突降雷阵雨，引起池塘水层提前对流，溶解氧很快被下层水中的有机物耗净而引起严重浮头；夏秋季节晴天白天吹南风，夜间吹北风，造成夜间气温下降速度快，俗称“南北撞”，引起池塘水层迅速对流；连绵阴雨天，浮游生物光合作用弱，水体溶解氧来源减少造成溶氧不足；天气闷热，气压低，氧的溶解度下降，造成溶氧不足；大雾持续时间长，水质过肥，浮游植物繁殖过盛，形成水华等，一旦天气突变第二天清晨均可能引起鱼类浮头。

②根据季节和水温的变化进行预测。如江浙地区 4～5 月水温逐

渐升高，水色转浓，池水耗氧增大，鱼类对缺氧环境尚未完全适应，天气稍有变化，清晨鱼类就会集中在水上层游动，俗称暗浮头。由于此时鱼体质娇嫩，对低氧的忍耐力差，若不采取增氧措施也容易引起死鱼。在梅雨季节，由于光照强度弱，而水温较高，浮游植物造氧少，加以气压低，风力小，往往引起鱼类严重浮头。又如从夏天到秋天的季节转换时期，气温变化剧烈，导致阵雨天气，鱼类容易浮头。

③观察水色进行预测。池塘水色浓，透明度小或产生“水华”现象，如遇天气变化，容易造成池水中浮游生物大量死亡，水中耗氧量大增，引起鱼类浮头泛池。

④根据鱼类吃食情况进行预测。经常检查食场，当发现饵料在规定时间内没有吃完而又没有发现鱼病，说明池塘溶氧条件差，第二天清晨鱼要浮头。此外可观察草鱼吃食情况。正常情况下，一般看不到草鱼吃草，而只能看到漂浮在水面的草在翻动，草梗逐渐往下沉，并可听到“嘎嘎”的吃草声。如果发现草鱼仅在草堆边上吃草，说明草堆下的溶氧已很低了。如发现草鱼嘴衔着草在池中浮动，像吃又吃不下，说明池水已经缺氧（据测定，此时溶解氧为 1.67～2.20 mg/L)，即将发生浮头。

⑤根据野生鱼的活动进行预测。若在池边发现小虾，小杂鱼活动，也是池水缺氧的象征，容易发生浮头。

2. 预防浮头的方法　发现鱼类有浮头预兆，可采取以下方法预防：

①在夏季如果预报傍晚有雷阵雨，则可在晴天中午开增氧机。使池水提前对流，偿还氧债。

②如果天气连绵阴雨，则应根据预测浮头技术，在鱼类浮头前开动增氧机，改善溶氧条件，防止鱼类浮头。

③如发现水质过浓，应及时加注新水，以增大透明度，改善水质，增加溶氧。

④根据预测的浮头情况，控制吃食量。如预测是轻浮头，饵料应在傍晚前吃净。如预测发生重浮头，应立即停止投饵，已经投下去的草类

必须捞出，以免鱼类浮头时妨碍浮头和注水。

3. 观察浮头和衡量鱼类浮头轻重的办法 观察鱼类浮头，通常在夜间巡塘时进行。其办法是：

①在池塘上风处用手电光照射水面，观察鱼是否受惊。在夜间池塘上风处的溶氧比下风处高，因此鱼类开始浮头（俗称起口）总是在上风处。用手电光照射水面，如上风处鱼受惊，则表示鱼已开始浮头；如只发现下风处鱼受惊，则说明鱼正在下风处吃食，不会浮头。

②用手电光照射池边，观察是否有螺蛳、小杂鱼或虾类浮到池边。由于它们对氧环境较敏感，如发现它们浮在池边水面，螺蛳有一半露出水面，标志着池水已缺氧，鱼类已开始浮头。

③对着月光或手电光观察水面是否有浮头水花，或静听是否有“吧咕、吧咕”的浮头声音。

鱼类发生了浮头，还要判断浮头的轻重缓急，以便采取不同的措施加以解救。判断浮头轻重，可根据鱼类浮头起口的时间、地点、浮头面积大小、浮头鱼的种类和鱼类浮动态等情况来判别（表10-6）。

表10-6 鱼类浮头轻重程度判别

起口时间	池内地点	鱼类动态	浮头程度
早上	中央、上风	鱼在水上层游动，可见阵阵水花	暗浮头
黎明	中央、上风	罗非鱼、团头鲂、野杂鱼在岸边浮头	轻
黎明前后	中央、上风	罗非鱼、团头鲂、鲢、鳙浮头，稍受惊动即下沉	一般
半夜2～3时以后	中央	罗非鱼、团头鲂、鲢、鳙、草鱼或青鱼（如青鱼饵料吃得多）浮头，稍受惊动即下沉	轻重
午夜	由中央扩大到岸边	罗非鱼、团头鲂、鲢、鳙、草鱼、青鱼、鲤、鲫浮头，但青、草鱼体色未变，受惊动不下沉	重
午夜至前半夜	青、草鱼集中在岸边	池鱼全部浮头，呼吸急促，游动无力，青鱼体色发白，草鱼体色发黄，并开始出现死亡	泛池

表10-6是在正常情况下鱼类浮头模式。如果青鱼或草鱼在饱食

情况下会比鲢、鳙先浮头。此外，罗非鱼对缺氧条件最为敏感，但该鱼的耐低氧能力很强，故渔民称其为“浮得早、浮不死”的鱼。

4. 解救浮头的措施　发现浮头时应及时采取冲水、开增氧机等增氧措施。如果增氧机或水泵不足应分轻重缓急，先解救浮头重的池塘。增氧机解救浮头较水泵好一些，但两者没有根本区别。只能使局部水体有较高的溶氧，起到集鱼的作用。解救浮头时，切勿中途停机、停泵，否则会加速浮头死鱼。在严重浮头区域可以采用化学增氧法，其增氧救鱼效果迅速。一般直接撒复方增氧剂（主要成分为 $2Na_2CO_3 \cdot H_2O$ 和沸石粉，含有效氧 12%～13%），一次用量每 666.7 m^2 为 46 kg。

5. 发生鱼类泛池时应注意的事项

①当发生泛池时，属于圆筒体型的青鱼、草鱼、鲤大多搁在池边浅滩处；属于侧扁体型的鲢、鳙、团头鲂浮头已经十分乏力，鱼体与水面的角度由浮头开始时 15°～20°变为 45°～60°，此时切勿使鱼受惊。否则受惊后一经挣扎，浮头鱼即冲向池中而死于池底。因此，池边严禁喧哗，人不要走近池边，也不必捞取死鱼，以防浮头鱼受惊死亡。只有待开机开泵后，才能捞取个别未被流水收集而即将死亡的鱼，可将它们放在溶氧较高的清水抢救。

②通常池鱼窒息死亡后，浮在水面的时间不长，即沉于池底。如池鱼窒息时挣扎死亡，往往未经浮于水面，而直接沉于池底。此时沉在池底的鱼尚未变质，仍可食用。隔了一段时间（水温低时约一昼夜后，水温高时 10～12 h ）后死鱼再度上浮，此时鱼已腐烂变质，无法食用。根据渔民经验，泛池后一般捞到的死鱼数仅为整个死鱼数的一半左右，即还有一半死鱼已沉于池底。

③鱼场发生泛池时，应立即组织两支队伍：一部分人专门负责增氧、救鱼和捞取死鱼等工作；另一部分人负责鱼货销售，准备好交通工具等，及时将鱼货处理好，以挽回一部分损失。

(三)合理使用增氧机

增氧机是一种比较有效的改善水质、防止浮头、提高产量的专用养

殖机械，具有增氧、搅水和爆气三方面的作用。合理使用增氧机可有效改善水质、防止浮头、提高产量。目前我国已生产喷水式、水车式、管叶式、涌喷式、射流式和叶轮式等类型的增氧机，从改善水质防止浮头的效果看，以叶轮式增氧机最为合适。

不能只在发生浮头时才开增氧机以紧急救鱼。晴天中午开机，不仅可防止或减轻鱼类浮头，而且可促进池水中有机物的分解和浮游生物的繁殖，加快物质循环；阴雨天应在半夜或鱼类浮头前开机，以防止和解救浮头。不能在晴天的傍晚或阴雨天的中午开机。增氧机的开机时间和运转时间长短，应结合当地当时的天气、水温、池塘条件（大小和深度）、投饵施肥量、机器的功率等灵活掌握。开机时间可采取“晴天中午开、阴天清晨开、连绵阴雨半夜开，傍晚不开、浮头早开、生长旺季天天开”的原则；运转时间可采取“中午短、半夜长，（天气）凉爽短、闷热长；负荷大开机时间长、负荷小开机时间短”的策略。

（四）采用水质改良机，充分利用塘泥

水质改良机具有抽水、吸出塘泥向池埂饲料地施肥，使塘泥喷向水面、喷水增氧等功能，其增氧、搅水、曝气以及解救浮头的效果比叶轮增氧机低，但在降低塘泥耗氧、充分利用塘泥，改善水质，预防浮头等方面的作用优于叶轮增氧机，而且它能一机多用（抽水、增氧、吸泥、喷泥等），使用效率比增氧机高。

使用水质改良机喷洒塘泥，必须具备两个条件：一是，池水浮游植物达到一定数量，一般要求藻类干重在 0.032 g/L 以上或3 000 万个/L以上。二是，白天天气晴朗，一般要求白天最大幅照度在 5 万 lx 以上，用于藻类的光化学反应。因此，喷泥应选择晴天或晴到多云天进行。若池中浮游植物数量少应先施肥，待浮游植物大量繁殖后再行喷泥。鱼池喷泥应选择晴天中午喷泥 2 h，最迟应在 15:00 以前结束。喷泥面积不超过池塘面积 1/2，以防止耗氧过高，如上午晴天，下午转阴就不能喷泥，否则至傍晚上层溶氧的很少回升，夜间对流后，池鱼易浮头。一般在鱼类主要生长季节每月吸 1 次塘泥，作为塘边饲料的肥料；每隔 6～7 天喷一次塘泥，并根据当时的水温、天气、水质和塘泥多少确定喷泥间隔和运转时间。

(五)合理使用水质改良剂

目前的池塘养殖，常采用生石灰、漂白粉、各种化学合成药物等清塘和改善水质。生产绿色食品，要严格禁止化学合成类药物的使用。水质改良，除了可使用生石灰外，主要应采用益生菌制剂，包括光合细菌菌剂、化能异养菌菌剂和微生物控制剂。

(六)日常管理

1. 经常巡视池塘　观察池鱼动态。每天早、中、晚巡塘 3 次，黎明是一天中溶氧最低的时候，要检查鱼类有无浮头现象，午后 14:00～15:00 是一天中水温最高的时候，应观察鱼的活动和吃食情况。傍晚巡塘主要是检查全天吃食情况和有无残饵，有无浮头预兆。酷暑季节，天气突变时，鱼类易发生严重浮头，还应在半夜前后巡塘，以便及时采取措施制止严重浮头。此外，巡塘时要注意观察鱼类有无离群独游或急剧游动，骚动不安等现象。在鱼类生活正常时，池塘水面平如镜，一般不易看见鱼。如发现鱼类活动异常，应查明原因，及时采取措施。巡塘时还要观察水色变化，及时采取改善的措施。

2. 除草去污　保持水质清新和池塘环境卫生，防止病害。池内残草，应随时除去，清除池边杂草，保持良好的池塘环境。如发现死鱼，应检查死亡原因，并及时捞出，死鱼不能乱丢，以免病原扩散。

3. 根据天气、水温、季节、水质、鱼类生长和吃食情况确定投饵施肥的种类和数量，并及时做好鱼病防治工作。

4. 掌握好池水的注排　保持适当的水位，做好防旱、防涝、防逃工作。

5. 做好全年饲料　肥料需求量的测算和分配工作。

6. 种好池边(或饲料地)的青饲料　选择合适的青饲料品种，做到轮作、套种，搞好茬口安排，及时播种，施肥和收割，提高青饲料的质量

和产量。

7. 合理使用渔业机械　搞好渔机设备的维修保养和用电安全。

8. 做好池塘管理记录和统计工作　每口鱼池都有养鱼日记，对各类鱼种的放养及每次成鱼的收获日期，尾数，规格，重量，每天投饵、施肥的种类和数量以及水质管理和病害防治等情况，都应有相应的表格记录在案，以便统计分析，及时调整养殖措施，为以后制定生产计划改进养殖方法打下扎实的基础。同时也是无公害养殖必备的材料。

九、越冬管理

我国北方地区冬季气候寒冷，封冰期长达 100 余天，最大冰厚达 80～100 cm，保证鱼类安全越冬是这些地区养鱼生产中的重要环节。

(一)越冬池的面积和水深

生产中越冬池往往采用鱼种或食用鱼养殖池，很少单独建有越冬池。越冬池应保持一定的有效水深，由于各地气温不同，冰层厚度差异很大，因此，要求池塘水深要保证冰下有 1.2～2.0 m 的有效水深，若有效水深过浅会导致水温偏低(表 10-7)，也限制了越冬鱼类的密度，过深会使氧债层增加，不利于生物增氧。越冬池以选用向阳的位置较好，池塘底泥不超过 20 cm。

表 10-7　冰下水温垂直分布情况

冰下水层(cm)	水温(℃)	冰下水层(cm)	水温(℃)
表层	0.4～0.8	100	2.8～3.8
20	1.0～1.4	120	3.4～3.8
40	2.0～2.4	140	3.6～3.9
60	2.3～3.5	300～400	4.0 左右
80	2.4～3.8		

(二)越冬池的准备

鱼种进入越冬池前20天左右，将越冬池水排干，清除杂草，平整池底，并用生石灰彻底消毒，用量为每公顷1 200 kg，若带水清塘，生石灰用量为每公顷每米水深2 250 kg，经7～10天药性消失后注满新水。越冬池的水以深井水为佳，河水或水库水亦可。如果是老水则应处理后再使注明后的透明度最好在80～100 cm范围内。注水时需经密眼网过滤防止野杂鱼、虾和大型浮游生物进入，放水后在冰封前3～5天，全池泼洒1～1.5 mg/L的敌百虫，杀灭大型蚤类，并防止越冬期轮虫的大量出现。

(三)鱼种入池

鱼种进入越冬池前应经强化培育，增强体质，鱼种要求无伤、无病、体质健壮，通常规格大的鱼种体质好，越冬成活率高。规格小的鱼种含脂肪和蛋白质均低，不足越冬期的消耗，鱼种体质差，抵抗疾病和不良环境的能力差，染病机会增加，成活率下降，但经强化培育，偏肥的鱼种含水量过多，越冬水温偏低时也会造成死亡。

鱼种在转入越冬池前，要进行鱼病检查，若鱼有病要先查明病因，对症治疗，治愈之后才能入池越冬。入池前还应进行鱼体消毒。

鱼种入池应在水温低于10℃时开始，至封冰前结束。若水温高，鱼的活动能力强，捕捞过程易受伤，若水温、气温太低，捕捞、运输中易形成冻伤，降低鱼种越冬成活率。

不同种类，不同规格的鱼种应分池越冬，放养密度为冰下每立方米水体0.3～0.6 kg。冬季有补水条件的池塘放养量可偏大些，若无补水条件则应少放，越冬过程中由于池水的渗漏，水位下降，会使密度相对增大。

(四)越冬管理

越冬期的管理主要是为越冬鱼创造一个良好的环境条件。

越冬池冰封后,水体中的溶解氧主要来自池塘内浮游植物的光合作用。冰下光照强度与冰质关系密切,而与冰的厚度关系较小。明冰透光率一般为20%～50%,冰下照度最高达10 000～20 000 lx,厚3～5 cm的乌冰透光率仅为10%左右,冰下照度最大值约3 000 lx,厚的覆雪,透光率只有0.1%～5%,冰下最大照度值不过30～100 lx,而藻类的补偿点为156～390 lx。因此,冰面积雪后要及时清扫,池塘中心部分冰面不得积雪,其余部分冰面的积雪可扫成带状,扫雪后的明冰面积应达原池面积的80%以上。乌冰层较薄的可由于每冰的升华作用,乌冰层会渐变薄,透光性会转好,若乌冰严重应将乌冰击碎,重结明冰。

越冬池冰封后,不得滑冰,玩耍,行车,倾倒污物。距越冬池500 m范围内不得爆破鸣炮,以免干扰鱼类越冬。从12月中旬开始打冰眼,每天打开两次,注意观察池水及鱼类活动情况若发现冰眼处有鱼活动,说明水中已经缺氧及时补水增氧。

越冬期间要定期测定浮游生物,硫化氧和二氧化碳的含量,根据不同情况采取适当措施,改善池中水体环境条件,越冬池的溶氧量要始终保持在5 mg/L以上。若溶氧较低要查明原因,并采取相应增氧措施,若由桡足类或轮虫等繁殖过多,引起溶氧量下降时,可用晶体敌百虫杀灭,用泵将药液均匀冲入池中,使用浓度为1～1.5 mg/L,若浮游植物数量少(正常浮游植物量为25～50 mg/L),产氧少,则应向池中适量施入化肥,以促进浮游植物繁殖、生长。施肥方法是:根据池水量按1.5 mg/L每效氮和0.2 mg/L有效磷将硝酸铵和过磷酸钙混合装入稀眼布袋挂在冰下。若浮游植物数量过少时,可注入浮游植物丰富的水体来接种繁殖,注入水量应占越冬池水体的1/5左右。若溶氧不足3 mg/L时,要采取循环水、补水等抢救措施增氧,一般以开开停停、白天开、夜间停等措施降低水温的下降速度,当水温降到1℃时应立即停止,若由于池塘渗漏严重,水位下降过大时,应适当补注一些机井水或大河水,补水时应注意水温和浮游动物情况,更不能补注污染水源。注水时严防形成双层冰及小杂鱼进入鱼池。

第二节 食用鱼网箱养殖

网箱养鱼是在天然水域条件下，利用合成纤维网片或金属网片等材料装配一定形状的箱体，设置在水体中，把鱼类高密度地养在箱中，借助箱内外不断地水交换，维持箱内适合鱼类生长的环境，利用天然饵料或人工投饵培育鱼种或饲养商品鱼的一种养鱼方式。网箱养鱼具有机动灵活、简便、高产及水域适应广的特点，在海淡水养殖业上都具有广阔的发展前景。

一、网箱的结构

饲养食用鱼网箱结构基本与鱼种网箱相同。不投饵养殖滤食性鱼类时，经常采用长方形网箱，投饵式网箱多为正方形。目前国内外网箱面积向中小型发展，在我国一般以 30 m^2 以下为小型网箱，30～60 m^2 为中型网箱，60 m^2 以上为大型网箱。网目大小应以不逃鱼、节省材料，箱内外水体交换率高为原则，随着鱼体不断长大，应适时更换大网目网箱。网目的大小与鱼的全长的关系可参照以下公式：鲢、鳙、鲤 $a<0.130\ L$；草鱼 $a<0.105\ L$；罗非鱼 $a<0.160\ L$，团头鲂：$a<0.200\ L$（式中 a 为网目单脚长度(cm)，L 为鲢、鳙、鲤的全长(cm)）。水库中墙网的高度取 2～4 m，湖泊取 1.5～2.0 m，敞口式网箱的墙网应高出养鱼时水面 70 cm。常用网箱规格见表 10-8。

表 10-8 常用网箱规格系列

单个网箱面积(m^2)	系列尺寸(m) 长×宽	高(m)
<30	3×3，4×3，5×3，4×4，5×5，7×4	

续表 10-8

单个网箱面积(m^2)	系列尺寸(m) 长×宽	高(m)
30～60	8×4,7×5,6×6,8×5,8×6,9×5,10×6,12×5	2～3
＞60	9×9,12×8,14×8	

网箱的类型可分为固定式、浮动式和沉下式 3 种。

1. 浮动式网箱　浮动式网箱(图 10-4)可根据水位变化而自动升降,可使网箱内的何种不因水位升降而变化。另外,浮动式网箱可随风浪和水流而漂动或转动,也能灵活地迁移位置。但浮动式网箱不能抵御较大风浪,因此,浮动式网箱一般设置在风波、水深、水流量不大的水域,这种网箱目前在我国应用最为广泛。浮动式网箱又可分为封闭框架式和敞口框架式等。敞口式网箱的墙网应高出养鱼水面 70 cm。

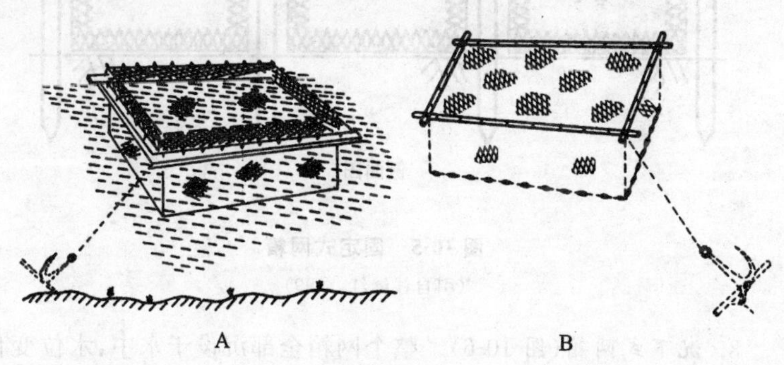

A. 敞口式　B. 封闭式

图 10-4　浮动式网箱(单箱设置)

(引自钱继红,1999)

2. 固定式网箱(图 10-5)　用竹桩或水泥桩固定于一定的水层。网衣悬挂在固定的撑架柱上。每根桩的上、下各安装一个滑轮或环。用绳索固定箱体,并用绳索控制网箱的升降,根据水位的变动调节箱体。这种形式的网箱有封闭式和敞口式两种，适用于水位比较稳定的浅水湖泊及水网地区的河沟中，具有成本低，操作简便、管理方便，抗风能力强等特点。

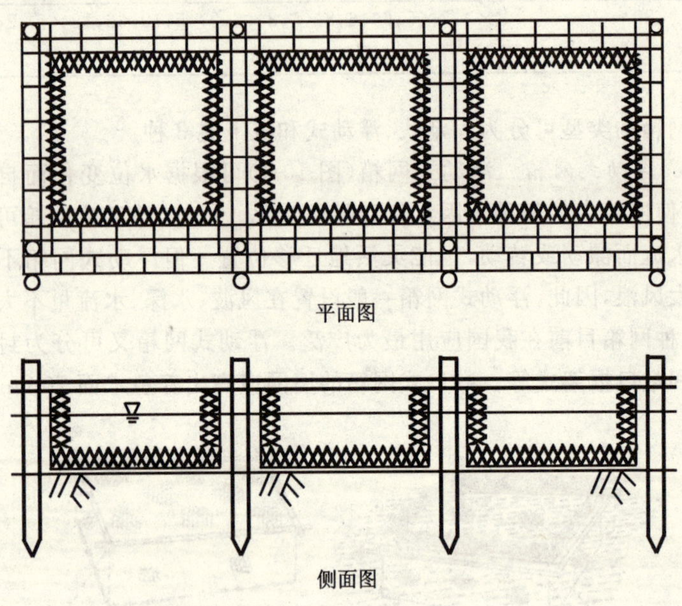

图 10-5　固定式网箱

（引自钱继红，1999）

3. 沉下式网箱（图 10-6）　整个网箱全部沉设于水中，水位变化不会影响网箱的有效容积。网箱可以设置在任何水层，受风浪、水流影响较小，在台风或洪水常见的地区或水流较急，风浪较大的水域多被采用，在我国北方多用于苗种或成鱼越冬，沉下式网箱上附着生物较少，水的通透性较好，但投饵和操作管理不便。

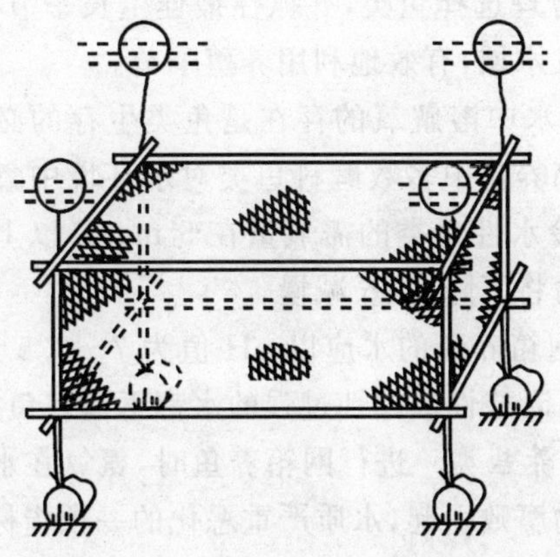

图 10－6　封闭沉下式网箱

（引自钱继红，1999）

二、网箱设置

从理论上讲，任何可供鱼生长的水域都可用于网箱养鱼，然而实际证明，在同一地区的水库，甚至同一水体的不同地点，采用同样的网箱和养殖工艺，往往取得不同的结果，这主要是与网箱设置地点的选择有关，网箱养鱼要选择水质良好，营养丰富，生态条件好的水域。

(一)网箱养鱼必须选择良好的水质环境

1. 光照和透明度　网箱养鱼选择向阳、日照条件好的场所，水的透明度的大小与水中的无机物，悬浮物及藻类的多少有关，透明度大于 1 m 时，适宜放养吃食性鱼类；透明度小于 1 m，且浮游生物量湿重大于 4 mg/L 时适宜放养滤食性鱼类。

2. 温度　网箱养鱼必须了解养殖地区的水温条件，水温与养殖品种有很大关系。在饲养期间水温的变幅为 8～12℃适宜于养冷水性鱼类。若水温变幅为 15～32℃，且饲养期间积温在2 800℃以上，则适宜于养殖暖水性鱼类。总之，要充分了解温度与鱼类生长的关系，根据当地的气候条件，合理选择鱼类，并抓住最佳生长季节，做到及早放养及时起捕，合理开发水域，有效地利用养殖季节。

3. 溶解氧　水中溶解氧的存在是鱼类生存的必要条件之一。有关资料表明，网箱养鱼中多数鲤科鱼类对水环境中氧的需要量至少不低于 3 mg/L。冷水性鱼类的需氧量在 5 mg/L 以上。若低于上述指标，鱼的摄食能力将下降、生长减慢。

4. pH 值　网箱养鱼的水应以 pH 值为 7～8.5 最好，鱼类适宜的 pH 值为 6.5～9.5，酸性或碱性过强的水都不适宜鱼类生存。

5. 氨氮和营养盐类　进行网箱养鱼时，氨氮在水中的含量常作为水体污染、有机物腐败引起，水质严重恶化的一项指标。氮和磷被称为淡水水体的生源元素。一般认为含氮量高于 0.2 mg/L，磷酸盐高于 0.02 mg/L 的水体属于富营养型水体，对藻类生长有利。硅酸盐是硅藻壳的主要原料，通常认为水体中硅酸盐的含量最低不能低于 0.13 mg/L，但网养吃食性鱼类一般不必考虑这一指标。

(二)网箱养鱼应选择饵料丰富的水域

这一点主要针对网养滤食性鱼类。因为投饵式网箱养殖吃食性鱼类，其能源物质的供给主要靠人工投喂的配合饲料或商品饲料，只要水域的理化及生态环境适合就可以设置网箱。而网养滤食性鱼类，是完全依靠水中的天然饵料。水中浮游生物的多寡和各类组成是网箱放养密度和搭配比例的主要依据。一般饲养滤食性鱼类的网箱宜设置在湖湾、库汊，沿岸浅水区。而同养吃食性鱼类的网箱宜设置于水面宽阔、水体交换好的地方。

(三)网箱养鱼应选择生态条件好的水域

1. 水流和风浪　水流和风浪能促进网箱内外水体交换，使箱内饵料生物和溶氧不断得到补充，还便于清除残饵、粪便等，使网箱养鱼能获得高产。因此，网箱应设置在有微流水的地方。但是鱼类对水流、浪的适应有一定的范围，过大的水流会使鱼长时间逆水顶流，而导致鱼

体力衰竭而死。而风浪过大也会然及到网箱的安全，因此，网箱设置水域的水流应小于 0.2 m/s，若水流大于 0.2 m/s 时，迎水面应有金属网等挡水设施。如水流中带有草木和其他漂浮物时，还应有拦渣设施，若风浪较大，迎风面应有挡浪设施。

2. 水深　网箱养鱼的残饵及鱼类的粪便等都会在网箱下部的水底聚集，由于有机物的氧化分解消耗大量的溶氧，以及产生氨氮、硫化氢等有毒物质，使网箱处于水质恶化，影响鱼类生长，为减少这些影响一般要求风箱设置处水深应大于 4 m，网箱底部与水底的距离大于1.5 m。

3. 交通　建设网箱养鱼基地还必须考虑交通是否方便。山区的水库，即便饲养条件好，如果饲料、苗种及其他各种材料运输不方便，鱼产品不能及时运出去销售，也不利于发展网箱养鱼。再有，网箱养殖区的水上交通也不宜过于频繁，以免造成人为的网破鱼逃，出现不应有的经济损失，另外，船只的频繁经过也会引起鱼类应激，影响摄食和生长。因此，网箱设置处应避开航道。

4. 网箱的设置型式　网箱的设置型式与鱼产量有很大关系，网箱养鱼密度大，产量高。实际是以消耗网箱周围，大水体为代价的。因此必须合理设置网箱。网箱的排列形式主要有品字形、倒“八”字形、串联式、菱形或“田”字形。不同排列形式各网箱间距及网箱组间距见表 10-9。网箱在水中布设的密度一般认为：在静水域中饲养滤食性鱼类的网箱，总面积应少于水域面积的 1%；饲养吃食性鱼类的网箱总面应少于水域面积的 0.25%。网箱设置不可过于密集，否则造成该水域局部水体的严重污染。

表 10-9　网箱设置形式

(SC/T 1006—92)

排列方式	网箱间距(m)	网箱组间距(m)	适宜网箱
品字形	3～5	≥50	大、中型网箱
倒“八”字形或串联式	1～2	≥30	中、小型网箱
菱形或“田”字形	1～2	≥15	小型网箱

三、网箱养鱼技术

(一)鱼种放养

1. 网箱的准备　在鱼种放养前7～10天，就要将网箱设置于选择好的水域，以使网衣柔顺，避免擦伤鱼体，设置前要检查网箱有无漏洞、开缝并及时修补。

2. 鱼种的选择　进箱的鱼种必须品种纯，生长良好，体质健壮，无病，规格整齐(严格按照鱼种质量鉴定的要求选择)。鱼种的大小应根据养殖技术水平，水质条件和计划出箱规格选择(表10-10)。同一网箱的进箱鱼种最好是同一批鱼，规格应一致，并一次放足。

表10-10　网箱饲养食用鱼的进箱规格、出箱规格、放养量

(SC/T 1006—92)

饲养种类	进箱规格(g/尾)	出箱规格(g/尾)	放养量(kg/m³)
鲤鱼	30～150	>400	4～13
草鱼	50～150	>750	4～8
罗非鱼	20～50	>200	3～8
团头鲂	30～50	>200	—
鲢	130～180	>750	—
鳙	200～350	>750	—

3. 鱼种入箱　放养暖水性鱼类，鱼种入箱时间一般在春季水温13～15℃或秋季水温15～18℃。我国北方多在春季，可免去越冬管理，南方多在秋末冬初，放养时选择天气晴朗，无风的上午，用10 mg/L的高锰酸钾或1%的食盐和1%的小苏打浸洗鱼体后放入已设置好的网箱，刚放入网箱的鱼群由于一时不能适应新的水域环境，往往出现鱼群蹦跳或沿着网箱四周不停地游动等反常现象，经过2～3天后，待鱼群正常摄食时就会好转。

(二)投饵

1. 饵料选择　网箱养殖吃食性鱼类，由于鱼群密度大，而生物饵料少，鱼类的生长完全依赖于人工投喂的饵料，又由于不同的鱼类的营养需求不同，因此，必须根据养殖的鱼类不同，选择营养全面符合于养殖对象营养需求全价饲料，颗粒饲料的粒径大小必须符合饲养对象的适口性。

2. 投饵训练　若进箱鱼种来源于网箱培育，一般能很快适应新网箱环境，无需进行训练，若鱼种来源于池塘或其他培育方式，鱼种进箱后 1～2 天才能适应新的环境，这时才能开始投饵。投饵应量少次多，并以适度的响声做信号，以驯化鱼集中到水面或食台摄食。第 1、2 天投喂鱼体重量的 0.5%～1%，第 3、4 天投喂 1%～1.5%；第 5、6 天投喂 1.5%～2.0%，自第 7 天起一般鱼群就可形成密集争食的习惯，此时即可按正常的投饵率进行投喂。

3. 投饵率　每种鱼类的投饵率除因生物学特性不同而有差异外，还与鱼类的规格大小及水的温度有关(表 10-11)。通常在性成熟前的幼鱼阶段，投饵率随鱼体生长而下降，这主要是因为幼鱼阶段鱼类的生长代谢旺盛，相同规格的鱼种、高温时的投饵率大于低温时的投饵率。根据日本对鲫鱼和鲤鱼的研究表明，相同规格的鱼种，在适宜生长范围内，当饲养环境中温度相差 10℃时其投饵率相差 1 倍左右。

表 10-11　鲤鱼的投饵率

(SC/T 1007—92)

水温(℃)	鱼体重(g/尾)					
	50～100	101～200	201～300	301～700	701～800	801～900
15	2.4	1.9	1.6	1.3	1.1	0.8
16	2.6	2.0	1.7	1.4	1.1	0.8
17	2.8	2.2	1.8	1.5	1.2	0.9
18	3.0	2.3	1.9	1.7	1.3	1.0

续表 10-11

水温(℃)	鱼体重(g/尾)					
	50～100	101～200	201～300	301～700	701～800	801～900
19	3.2	2.5	2.0	1.8	1.4	1.0
20	3.4	2.7	2.2	1.9	1.5	1.1
21	3.6	2.9	2.3	2.0	1.6	1.2
22	3.9	3.1	2.5	2.2	1.7	1.3
23	4.2	3.3	2.7	2.3	1.8	1.4
24	4.5	3.5	2.9	2.5	2.0	1.5
25	4.8	3.8	3.1	2.7	2.1	1.6
26	5.2	4.1	3.0	2.9	2.3	1.7
27	5.5	4.4	3.5	3.1	2.4	1.8
28	5.9	4.7	3.8	3.3	2.6	1.9
29	6.3	5.0	4.1	3.5	2.8	2.1
30	6.8	5.4	4.4	3.8	3.0	2.2

4. **投饵量** 网箱养殖吃食性鱼类，由于鱼类所需营养完全依靠人工投饵，在整个养鱼成本中饲料占 65%～70%，因此，在养殖初期就应对整个生产周期所需的饲料量有个较准确的估计，可根据鱼的估计增重倍数和饲料系数估算饲养期间的饲料量，然后又可按照水温高低，逐月分配投饵量和投饵率。如长江以南地区网箱养鲤总投饵量已知，则饲养间(4～10 月份)的投饵量可按表 10-12 分配。

表 10-12 鲤鱼投饵量全年分配表(长江以南地区)
(SC/T 1007—92)

	月份						
	4	5	6	7	8	9	10
平均水温(℃)	13	17	22	27	28	23	26
月投饵量占总投饵量的百分比(%)	5～7	7～10	15	20	20	20～15	15～10
日投饵率(%)	2～3	3～4	3～4	3～5	3～5	2～3	1～2

日投饲量可根据网箱内鱼群重量，鱼体大小参照投饵率确定。估算鱼群重量的方法有抽样法、生长法，饲料系数法，期中以抽样法在生产上比较实用。抽样法是从网箱中捕捞出部分鱼进行个体称重，求出鱼体的平均体重，然后以放养尾数中减去死亡数目得目前存活数，乘以抽样所得的平均体重，即为网箱中当时的鱼群重量。一般每隔10～15天检查一次生长情况，只要抽样是随机的都可获得较满意的结果。

5. 投饲方法与投饲次数　鲤鱼是无胃鱼类，每次的食量少，一日中需多次摄食，采取多次投喂有助于提高消化吸收率和饲料效率。鱼体规格小，投饵次数要多；鱼种规格大投饵次数少，一般50 g/尾以下的鱼种每天需投6～10次，50 g/尾以上的鱼种每天需投3～6次。生产实践中，一般在水温15℃以下每天投喂2次，15℃以上投喂4次，25℃以上喂5～6次。每次投喂量以70％～80％的鱼不抢食为度。

网箱投喂和池塘投喂的方法一样，也要遵循“四定”（定时、定质、定点、定量）和“四看”（看天气、看水色、看水温、看鱼活动及摄食情况）原则。

投喂时要掌握好慢－快－慢的节奏，开始时先投一、两把饲料，诱时鱼群上浮争食，然后加快投喂速度。因为在鱼群聚集良好的情况下即使很快投喂每次投喂量的40％～50％，所投的饲料也能很快地被摄食完，而不会流失，但剩下的饲料就应慢慢投喂，此时，鱼群的摄食强度下降，要防止饲料流失。对于饲养后期的大中型鱼类，由于立秋后水温下降，或放养密度过稀，往往出现投饲时鱼不再浮到水面争食。此时，应适当减少投喂量，拉长投喂间隔。如若在投喂时发现前一天还正常摄食的鱼群不再对声响有反映，投饲后不浮到水面来集群摄食，应赶快检查网箱有无破损或有其他外界刺激、水流不通畅、溶氧过低等因素。另外，在遇到大风浪、水流急、水质混浊、水温急剧下降时、阴天无风溶氧降低等异常情况时，应减少投喂饵量，防止饲料浪费。遇到大风急流时，为防止饲料外溢，应适当加高食台的周边，还可在食台一边的网箱底部铺设一层细网布，这样既可以防止或减少饲料翻出食台，又可以截留已散失在网箱内的饲料，让鱼继续摄食，减少浪费。

四、日常管理

1. 定期检查网箱　目的是检查网箱有无破损，防止偷逃，以减少损失。时间最好在傍晚或早晨将网箱四角轻轻拉起，仔细察看网衣是否有破损的地方。至少每7天要检查1次。在水位变动剧烈时，如洪水期、枯水期或有大风浪时都要检查网箱的位置并做适当调整。

2. 适时移箱　要随时观察鱼的活动情况，检测网箱周围的水质情况，如发现鱼的活动异常，应及时查明原因，若发生病害应及时对症治疗，若由于水质环境的变化而引起(如受到工业废水污染等)除需对症治疗外还需将网箱移入环境条件较好的区域。若养殖区域水位较浅，由于大量投饵使网箱下水底沉积大量残饵、粪便等，他会使网箱周围水质恶化，影响鱼类生长，此时也应移动网箱，到水质条件较好的区域。

3. 定期检查鱼群　检查鱼群，一是为了观察鱼类的生长、及时调整投饵率或者及时了解滤食性鱼类的鱼种是否已达到预定规格，以便转入下阶段饲养或准备逐级分养，或争取提大留小措施；二是为了检查鱼病，及时采取防治措施，三是了解有无被盗和逃鱼现象。

4. 及时换箱、分箱　鱼类在网箱集约化饲养条件下生长迅速，鲤鱼群体增重率可达到8～9倍，随着鱼体的长大，网箱的载鱼量增加，耗氧量加大，而放养鱼种时网箱的网目较小，影响网箱内外水体的交换，因此，应随着鱼体的增大而及时更换与之相适应的大网目网箱，保持网箱内外的水体交换，以满足鱼群对水环境的要求。若在饲养初期，放养密度大，鱼种生长速度不同，规格大小不齐时应进行分箱。这样鱼种的规格和密度得到了重新调整，调整后的网箱网目畅通，密度适宜，规格整齐有利于鱼类快速生长。

5. 勤洗网底保持网目畅通　网箱放入水中很快就会被藻类或低等的无脊椎动物附着，堵塞网目，影响水体交换，使鱼类生长不良，尤其是对网箱养滤食性鱼类影响严重。清除网底附着物主要有以下几种方法：

(1)涂抹法　在网底上涂上一层硫酸钙粉或其他钙化合物，能使网

变得柔软，使污物不易附着，网线涂上沥青，也可防止藻类附着。

(2)生物法　网箱中放养部分(3%～5%)鲤、鲫、鲮、罗非鱼、鲴等鱼类可以除去部分藻类或无脊柱椎动物。

(3)曝晒法　定期将网底上提曝晒，可以将附着的藻类杀死。

(4)下沉法　有些藻类在1 m以下就难以生长和繁殖，因此将网箱沉到1 m以下一定时间就可杀死某些藻类

(5)人工清洗　人工将网底提起，用刷子刷洗或用竹片抽打箱体风铱，可除去网底上附着的藻类和污物。

(6)机械清洗　使用高压水枪或潜水泵冲洗箱体网长，以强大的水流把污物冲掉。

6. 鱼病防治　网箱养鱼是一种高密度养殖方式，一旦发病，很容易蔓延造成重大损失，因此，必须遵循防重于治，预防为主的原则。在放养、运输等操作过程中要细心，避免鱼体受伤，鱼种进箱时必须经过药浴消毒，以防病菌，寄生虫传染，要定期在网箱四角用漂白粉挂篓或硫酸铜挂袋，或用生石灰全箱泼洒。尤其草鱼病害较多，在入箱时应逐尾注射免疫疫苗，在疾病流行季节要针对性投喂药饵以预防病害发生，另外在投喂时不能投喂腐、烂变质的饲料。

7. 做好网箱日志　要建立完整的生产记录，为每只网箱编号登记，记录鱼种放养量、生长情况、死亡、饲料消耗、鱼群活动、鱼病防治与天气水温变化等内容，以便发现问题及时解决也利于总结经验，指导今后生产。

五、越冬管理

当年未养成要求规格或明年要继续在网箱中养成食用鱼的鱼种，都要在网箱中越冬。越冬期是指冬季水温下降到6～8℃，至翌年春季水温上升到8℃以上这段时间，越冬期鱼基本不摄食，主要依靠体内积累的营养来维持新陈代谢。一般在冬季有冰封水域的网箱越冬都采用沉箱越冬法，而对于没有冰封的水域，网箱又以不沉下越冬，但必须加强管理，下面主要介绍沉箱越冬。

1. 越冬前的准备　在鱼种越冬前首先要选择好越冬场所，越冬水域要求水温大于0.5℃，溶解氧大于4 mg/L，覆冰厚度小于0.8 m，水位落差小于0.2 m。

在越冬前，应强化培育，并坚持投饵至鱼种不摄食为止，使鱼体肥壮，增强御寒越冬能力。减少病患，提高成活率，降低越冬期体质损耗。

2. 越冬方法　北方地区冰封期一般100～110天，冰厚30～40 cm，鱼种越冬期为120～130天，沉箱时间在水温6～8℃时，因为进入冬季后底部水温常是4℃，若表层水温过高，上下水温差超过3～5℃易使鱼患病。若在温度过低时沉箱，如网箱数量较大，库面很快结冰，操作匆忙、粗糙，沉箱效果不好，成活率会下降。沉箱深度为冰下2.5～3 m，网箱顶部与冰层的距离大于1 m，网箱底部与水底的距离大于1.5 m。

沉箱的具体方法是：先用细竹竿或荆条绑扎在网箱盖的四周以代替框架，使网箱形状固定，不致变形，然后从框架上解下网箱，再在网箱的四角系上绳索，绳索长度以网箱下沉到所需深度为准。当网箱下沉到所需深度时，将绳索一端系于框架四角，这样框架浮于水面而网箱悬浮水中。若因竹竿浮动影响网箱下沉，可在网箱四角绑上混石即可。

3. 沉箱越冬注意事项

(1)每一网箱中的鱼种规格应整齐，体质肥壮，大小不一的鱼混在一起越冬既影响越冬成活率，又不利于翌年春季起箱后的饲养。

(2)北方冰封后，一旦下雪，要立即清扫掉冰面上的积雪，清扫面积宜稍大于网箱面积，以利增强冰下光照，加强水中浮游植物的光合作用，增加水中的溶氧。

(3)沉箱的冰面上严禁行人行走，以保证冰下鱼群安全越冬。

第三节　稻田养殖食用鱼

稻田养殖食用鱼是指利用稻田优越的生态条件，养殖草、鳊、鲤、

鲫、鲢、鳙等食用鱼的一种养殖方式，它是相对于稻田培育鱼种而言的。稻田养殖食用鱼，是我国传统稻田养鱼的主要内容，经过多年的生产实践，积累了丰富的养殖经验，技术比较成熟，单产水平较高。由于各地的条件、养殖习惯、养殖品种的不同，稻田养殖常规鱼的模式也是多种多样的。

各地在发展稻田常规鱼养殖上，一定要坚持因地制宜，根据国内外市场需求，从养殖习惯、稻田生态条件、饲养管理水平等因素出发，科学决策，应根据不同地区、不同消费层次、不同市场的需求，采取不同的养鱼模式，养殖不同的鱼类，以提高养殖品种的竞争力，推动稻田养鱼持续健康地发展。

稻田养殖食用鱼和稻田培育鱼种的生态原理、技术要点相似，在此只对稻田食用鱼养殖的主要模式和鱼种放养技术作简要介绍。

一、稻田食用鱼养殖的主要模式

由于各地的条件、养殖习惯、养殖品种的不同，稻田养殖常规鱼的模式也是多种多样的。归纳起来主要有以下3种。

（一）以草、鳊鱼为主养鱼的养殖模式

该模式除了充分利用稻田中的杂草、底栖生物、浮游生物作为饵料外，主要靠人工投喂水草、旱草或配合饲料，因而具有饵料来源广、饲养管理容易、养殖产量较高、经济效益较好等多种特点，且与水稻种植稻田共生关系最为密切。通常每亩稻田可放规格为200 g/尾的草鱼种50尾，50 g/尾的团头鲂鱼种60尾，适量搭养1龄鲢鱼种70尾，鳙鱼种10尾，异育银鲫鱼种60尾，有的地方还习惯搭养鲤鱼或罗非鱼，亩放鱼种30 kg左右，年底可产食用鱼120～150 kg。

（二）以异育银鲫为主养鱼的养殖模式

异育银鲫不仅是适销对路的产品，市场需求量大，而且可以精养高

产，养殖的经济效益较好。因而异育银鲫食用鱼的养殖也成为稻田养殖的一种重要模式。该模式通常每亩稻田可放规格为50 g/尾以上的异育银鲫鱼种 300 尾左右，搭养规格为 200 g/尾的草鱼种 20 尾，50 g/尾的团头鲂鱼种10尾，150 g/尾左右鲢鱼种60尾、鳙鱼种10尾。亩放鱼种 30 kg 左右，年底也可产食用鱼 120～150 kg。

(三)以罗非鱼为主养鱼的养殖模式

稻田养殖罗非鱼是一种传统稻田养鱼模式。由于采取了扩大稻田养鱼水体，推广良种罗非鱼养殖等一系列措施，稻田养殖罗非鱼的模式，具有产量高、个体大、效益好等多种特点，是目前稻田养殖上值得推广的一种养殖模式。该模式每亩稻田可放规格为50～100 g/尾的越冬罗非鱼鱼种 300 尾左右，也可放罗非鱼夏花每亩 1 000 尾，另可搭养鲢、鳙、团头鲂、草鱼种 50～60 尾。通过精心饲养管理，年底食用鱼亩产量可达 150 kg 以上，其中罗非鱼亩产可达 100 kg 以上。

以上三种稻田常规鱼养殖模式，均适宜集中连片大面稻田养鱼地区采用，并可利用鱼、龟类、河蟹、青虾等特种水产同池混养。各地在发展稻田常规鱼养殖上，一定要坚持因地制宜，根据国内外市场需求，从养殖习惯、稻田生态条件、饲养管理水平等因素出发，科学决策，做到以一种养殖模式为主，多种模式相配套，以适应不同地区、不同消费层次、不同市场的需求，提高产品的竞争力，推动稻田养鱼持续健康地发展。

二、鱼种放养

(一)放养前的准备工作

1.清沟消毒　1月份干凼、干沟，清除过多淤泥，曝晒池底，加固池埂，每亩鱼凼或鱼沟用生石灰 75 kg，或其他药物，彻底消毒。

2.增肥水质　每 666.7 m^2 鱼凼或鱼沟，施腐熟的畜禽粪肥 300～500 kg，也可采用堆肥，用以增肥水质，为鱼下凼、下沟准备充足的适口

天然饵料。

(二)鱼种质量要求

1. 鱼种质优量足　要求放养的鱼种，规格整齐，体质健壮，鳞片完整，游泳活泼，无病无伤，生命活力较强，放养的数量正确合理。

2. 各种养殖鱼搭配合理　要求做到主养鱼突出，搭养鱼配套，品种较为齐全，能充分合理利用稻田水域立体空间和多种饵料资源，形成食物链的良性循环。

3. 多种规格配套　稻田养殖常规鱼同池塘养鱼一样，也要多品种、多规格同池混养。因而在鱼种放养上，要求做到同一种鱼 1 龄、2 龄鱼规格齐全，配养合理。

4. 合理搭配鱼种，控制放养密度　如在 3 月中上旬以前投放春片鱼种，以亩产鱼 50～70 kg，主养草、鲤鱼的稻田，一般亩投放 20 cm 以上草鱼 10～20 尾，13～16 cm 草鱼 40～50 尾，7～10 cm 鲤鱼 50～80 尾，13～17 cm 鲤鱼 50 尾，12～16 cm 鲢、(鳙)鱼 5～10 尾，8～12 cm 团头鲂 20～30 尾。

(三)鱼种放养方法

放养鱼的大小、种类、数量、时间同稻谷增产与否的关系十分密切，必须强调稻鱼适当配合问题。

1. 放养时间　以冬放为主，头年的 12 月下旬至翌年的 1～2 月份进行，2 月底放养结束。饲养罗非鱼的，则可在 5 月上中旬进行放养。

2. 放养密度　按前述的养殖模式，并根据稻田生态条件、饲养管理水平，对每一种鱼的放养量做适当调整。

3. 放养方法　鱼种放养前，要用 5%的食盐水浸浴鱼种 3～5 min，再放入田中。鱼种一般先放在鱼凼、鱼沟内，待秧苗栽插活棵后，再增加稻田水深，将鱼引入稻田觅食生长。

提示问答

1. 养殖过程中对养殖池塘水质要求是什么?
2. 如何确定鱼种放养量、放养密度?
3. 池塘混养有何优点?
4. 池塘混养应注意哪几种关系?
5. 池塘混养的原则是什么?
6. 限制池塘放养密度的因素有哪些?
7. 轮捕轮放有什么作用?
8. 简述轮捕轮放的对象、方法及注意事项。
9. 如何做好投饵计划?
10. 投饲的原则是什么?
11. 如何预测鱼类浮头?
12. 如何预防鱼类浮头?
13. 如何判断鱼类浮头轻重?
14. 如何解救浮头?
15. 如何合理使用增氧机、水质改良机?
16. 如何保证鱼类安全越冬?
17. 网箱设置区域水质环境应满足哪些要求?
18. 网箱养殖的日常管理主要有哪些内容?
19. 网箱养鱼如何越冬、怎样管理?
20. 稻田食用鱼养殖的主要模式有哪些?

第十一章

无公害淡水鱼疾病防治

阅读指南 鱼病的发生和流行，常给养殖生产造成严重的损失。因此，认真做好鱼病防治工作，积极贯彻“无病早防、有病早治”的原则，以减少病害损失，是养鱼获得稳产、高产的关键之一，也是保证水产品无公害的重要措施。本章讲述我们应该如何正确诊断鱼病，选择药物，使用药物，常见鱼病该如何防治的问题。

第一节 鱼病概述

一、鱼病发生的原因

要获得防治鱼病的理想效果，必须掌握和了解引起鱼类生病的

各种原因，以便采取相应的措施，达到预防和治疗"有的放失"和"对病下药"。

鱼生活在水中，水就是鱼的生活环境。鱼要生活，一方面要求有良好的环境，另一方面要有适应环境的能力。鱼类和生活环境是统一的，鱼生病是机体和外界因素两方面相互作用的结果。

引起鱼病发生的原因可分为内因和外因两个方面。外因是指引起鱼类发病的环境因素，包括物理因素、化学因素、生物因素和人为因素；内因指鱼体自身的遗传特征、体质特征、年龄特征和对某种疾病的感受能力。

(一)外因

1. 理化因素　鱼类生活在水中，水体的多种理化因素如水温、溶解氧、pH 值、有毒有害物质等都会直接和间接引发鱼病。

(1)水温　鱼类是变温动物，鱼的体温随它赖以生存的水域的水温而在一定范围内作相应的改变。鱼类的体温调节机制是有条件的，即使在适温范围内，水温变化剧烈也会导致鱼类调节机能失调而死亡。水温还可影响水中的溶氧量、病原体的繁殖及致病菌的毒力以及鱼用药物的药效和毒性，从而间接导致鱼类发病、死亡。

(2)溶解氧　水中溶氧含量的高低对鱼的生长和生存有直接的影响。溶氧过低会造成鱼的食欲减退，生长缓慢，饲料系数增加。严重缺氧会造成鱼的浮头、窒息而死亡；溶氧过高(过饱合)又会引起苗鱼气泡病的发生。水中溶氧不足还可影响到水中有机质的分解和转化使有机酸、分子氨等有毒有害产物大量积累，从而间接导致鱼类发病。

(3)pH 值　一般鱼类能够生存的 pH 值范围为 5～10，最适范围为 7.5～8.5。酸性水能使鱼类血液的 pH 值下降，减低其载氧能力，使血液中的氧分压降低(尽管水中含氧量较高，鱼也会浮头)，新陈代谢低落，生长受到抑制，另外，酸性水能刺激鱼鳃分泌增多，黏液沉淀覆盖在鳃上皮细胞上，影响鱼的呼吸。酸性有利于一些病原生物(飘游口丝虫，斜管虫、嗜酸性卵甲藻等)的生长繁殖，增加对鱼体的侵害几率，从

而造成细菌性、侵袭性疾病的发生和流行。pH 值高的水体会腐蚀鱼类的鳃组织和表面组织，而继发细菌性疾病。

(4)有毒有害物质　有毒有害物质包括农药、重金属、石油、酚类和一些其他的化学物质等。

2. 生物因素　生物因素主要包括了养殖环境中的病原体生物、微生物、浮游植物、浮游动物及其他养殖品种。这些生物有些能消除残饵、粪便，有些能改良水质，有些是鱼类的饵料，而有些则是养殖鱼类的致病病原体。养殖中应保持有益生物占绝对优势，从而可抑制有害生物生长，保持优良环境，减少疾病的发生率。

(1)病原生物　直接引起鱼类致病的生物叫病原生物。病原生物包括微生物和寄生虫两大类。病毒、细菌、真菌、藻类等统称微生物，由此引起的鱼病称微生物鱼病；原生、蠕虫、甲壳类等寄生虫引起的鱼病称为寄生虫鱼病或侵袭性鱼病。

(2)中间宿主　很多生物本身并不能使鱼致病，但它是病原生物的中间宿主或传播者，如某些剑水蚤是九江头槽涤虫的中间寄主；某些软体动物是复殖吸虫的中间宿主等。

(3)敌害生物　有些生物能直接吞食鱼类或间接危害鱼类影响鱼类生存，如凶猛鱼类、蛙类、水蛇、水老鼠、水鸟、水生昆虫、青泥苔、水网藻等统称为鱼类的放害生物，对于鱼类的不同生长阶段其敌害生物有所变化，如蛙类主要摄食鱼卵和鱼苗，而对成鱼则形不成危害。

3. 人为因素　人为因素主要包括放养密度、池塘设施条件、管理措施等。

(1)饲养密度不当和混养比例不合理　放养过密容易造成缺氧，并使饲料利用率下降，水质恶化，使鱼体生长受阻，体质瘦弱，为疾病流行创造了条件。混养比例不当，饲料不能充分利用，或相互争食，影响鱼类生长，竞争处于劣势的鱼类往往生长不良，而引起萎瘪病。

(2)池塘设施条件差　池塘排灌不方便、增氧条件差则水环境条件恶化，有毒、有害物质增多，致病微生物大量繁殖，养殖鱼类受到较强环境压力，摄食减少，生长缓慢，对病害抵抗能力下降，造成鱼病多发。

(3)饲养管理不当　投喂不清洁或腐烂变质的饲料，往往引起烂鳃、肠炎病的发生，甚至中毒死亡。残饵、草渣不及时捞除、淤泥太厚都会造成水质恶化，而诱发鱼病。

(4)机械损伤　在拉网捕鱼或运鱼过程中操作不慎，或互相挤压造成鱼体受伤，引起组织发炎，细胞变性坏死，都会增加细菌、霉菌性病原感染的机会。

(5)催产剂使用不当　注射过量的 PG 和 LRH-A 对亲鱼一般无明显的副作用，但 HCG 注射过量就会对亲鱼产生不良影响。结果出现早产、双目失明、尾鳍发红、胸鳍基部充血及怀卵不产而胀死等病症，导致鱼卵胚胎甚至亲鱼死亡。

(二)内因

引起鱼类生病的外界因素很多，但只有外界因素的作用往往不一定会使鱼生病。鱼是否患病，更重要的是看鱼本身对病害的抵御能力。病原体对寄主具有一定选择性，如果有大量病原体的存在，但缺乏易感动物，鱼类仍然不会发病。养殖鱼类对病原体具有非特异性免疫能力和特异性免疫能力。

非特异性免疫能力与遗传及生理有关，它作用广泛而并非针对某一病原。影响非特异免疫能力因素有：机体的年龄、体温、营养条件、呼吸能力、皮肤黏液分泌、吞噬作用、炎症反应能力等。如花白鲢不患肠炎病；草鱼细菌性白头白嘴病只感染 2.6～3.3 cm 的草鱼夏花鱼苗，而对草鱼成鱼不会感染发病。当非特异免疫能力因素处于较佳水平时，鱼类对病原抵抗能力强，不易受病原体侵袭，因而在养殖中应加强机体的非特异免疫能力。

特异性免疫能力是由于抗原(如病原体入侵或给予疫苗等)刺激养殖鱼类导致对其产生的抵抗能力，特异性免疫能力获得途径有先天获得、病后获得、人工接种获得等，大多特异免疫能力一次获得后仅能维持一定时间，随时间延续而消逝，少量特异性免疫能力一次获得后能终身免疫。虽然特异性免疫持续时间长短不一，但对养殖生产意义重大，

可应用此途径预防疾病的发生。

总之，鱼类疾病的发生，必定有一定的原因和条件，没有原因的疾病是不存在的。鱼病发生与否往往是内因和外因共同作用的结果。

二、鱼病诊断方法

水体中的鱼类一旦死亡或出现异常，则很可能是患了鱼病（缺氧浮头或倒池温差太大而导致死亡等不属于鱼病）。鱼病发生后能否尽快控制和制止，与其说取决于药物的效果，不如说取决于正确的诊断。由于鱼病种类繁多，发生的原因也很复杂，加上鱼病又往往出现并发症，所以，正确诊断鱼病要综合多方面资料，根据具体情况加以综合分析，找出主要矛盾和次要矛盾，只有这样才能做到有的放矢，对症下药取得较好的疗效。

（一）宏观观察诊断

1.调查饲养管理情况　鱼病的发生不是孤立的，与管理措施有很大关系。主要养殖的种类、来源，放养的密度和混养的比例、清塘的方法、投饲的种类、数量、质量和方法、水环境管理的方法等。

2.调查有关的环境因子　鱼和周围的环境是一密不可分的统一体。鱼的生存与生长直接受到周围环境的影响。主要了解水源情况，底质情况和水质情况，判断水体有没有受到污染，同时还要了解池塘中有没有鱼类寄生虫的中间宿主及周围是否有寄生虫的终末寄主。

3.调查发病情况和曾采用的防治措施　包括调查历史同期的发病情况及治疗措施和效果。这对于鱼病诊断有一定参考意义。更重要的是调查当前的发病情况。如发病时间，发病种类，病体在行动上有何异常表现，是否开始出现死亡，死亡的数量及急剧程度，曾经采取的防治措施与效果。因为有些病原体只感染特定的鱼类，有些疾病往往有特殊的症状。

通过宏观调查，虽不能确诊鱼病，但可以排除某些鱼病发生的可能性，增加进一步诊断的目的性，对于鱼病的诊断具有重要的参考价值。

(二)微观观察诊断

是指对病体进行检查、诊断。病体最好选择症状明显，尚未死亡或刚刚死亡的，同时要尽量多检查几尾。

1. 肉眼观察　肉眼检查是简单，常用的检查方法，有些比较明显的鱼病用肉眼观察，即可确诊。如水霉病和较大型的寄生虫病(鱼鲺、锚头鳋等)。对细菌性、病毒性鱼病和其他较小的寄生虫病虽不能确诊，但可通过症状表现来大概判断，有利于进一步检查、肉眼检查的步骤一般是，先检查体表(头部、眼睛、口腔、鳍、鳞片)，再检查鳃部，最后剖检内脏器官(肠、肝、鳔、性腺等)，对于病变或有疑点部位，取少量组织或黏液压片，用显微镜做进一步检查。

2. 显微镜观察　肉眼不能看清的小型寄生虫，需用显微镜放大检查，有时并发几种疾病，究竟哪一种鱼病为主，也需显微镜检查加以判断。体表和鳃部是鱼类发病的主要部位，一般作为显微镜的重点。其他有病变或有疑点的部位也需镜检。用于镜检的鱼一个鱼池至少 3～5 尾，而且每个检查部位均需制 2～3 片标本。如怀疑是由细菌、病毒引起的疾病，必须进行免疫学诊断。

3. 免疫学诊断　主要是利用各种血清学反应对细菌、病毒引起的传染性疾病进行诊断，免疫学诊断方法很多，其中酶联免疫吸附试验已制备出检测草鱼出血病、传染性胰腺坏死病、传染性造血组织坏死病的试剂盒；点酶法已制备出检测嗜水气单孢菌“HEC”毒素的试剂盒，这些试剂盒均具有灵敏度高、特异性强，迅速方便，结果可长期保存等优点。

4. 组织病理诊断　有些组织病变很难通过显微镜观察清楚，这就需要将病变组织切成小块，进行冰冻切片成石蜡切片染色后观察诊断。如肿瘤就必须用此法进行诊断，还有一些组织病变特殊的免疫也可用此法进行或辅助诊断。

5. 其他　如怀疑是中毒或营养不良引起的疾病，则必须检测水或

食物等。

三、无公害水产养殖常用渔药

渔药是指用以预防和治疗水产动植物的病、虫、害，促进养殖品种健康生长，增强机体抗病能力以及改善养殖水体质量所使用的一切物质。无公害水产养殖不等于不用药。水域环境，尤其是集约化养殖环境是病原体滋生的场所，水产动物无时无刻不受着病原体的侵袭。我们提倡无公害养殖，除了改善养殖环境之外，合理、有计划、科学地用药也是一个重要方面。病害发生时应对症用药，严禁使用高毒、高残留或有三致毒性(致癌、致畸、致突变)的渔药。

按鱼药性质分，常用鱼药可分为抗生素、磺胺类、喹诺酮类、卤素类、染料类及重金属盐类、中草药等种类。

(一)抗生素

1. 青霉素钾(钠)　为白色结晶粉末，易溶于水，有吸潮性，不耐热，由于其水溶液不够稳定，所以宜现配现用。青霉素对大多数革兰氏阳性菌、部分革兰氏阴性菌都具有强大的抗菌作用。主要是影响细胞壁的形成。低浓度可抑制敏感细胞生长，高浓度则有很强的杀菌作用。由于青霉素注射效果最佳，但价格较高，所以生产上多用于产后受伤的亲鱼。

2. 硫酸链霉素　白色粉末或颗粒，无臭，味微苦，有引湿性，极易溶于水，性较稳定，其水溶液在室温下1周仍有效。链霉素对多数革兰氏阴性细菌有效，尤其是对于抗酸性细菌有作用，对革兰氏阳性菌虽有效，但不如青霉素，链霉素在低浓度时有抑菌作用，在高浓度时则有杀菌作用。作用机理是抑制蛋白质的合成，同时还可影响原生质膜。长期使用会产生耐药菌种。生产上用以防治亲鱼受伤后感染，尼罗罗非鱼溃烂病，打印病及竖鳞病。

3. 土霉素　黄褐色结晶性粉末，无臭，难溶于水，微溶于乙醇，易溶于稀盐酸溶液，在空气中稳定，在强阳光下色变浓；盐酸盐为黄色结晶性粉末，味苦，有吸湿性，溶于水。在碱性溶液中易被破坏。土霉素为广谱抗生素，对立克次体、革兰氏阴性、阳性细菌、原虫、螺旋体、支原体均有抑制作用，对病毒、真菌及绿脓杆菌无效。其抗菌作用机理主要抑制细菌蛋白质合成。土霉素口服易吸收，毒性较低。细菌对土霉素耐药力的产生很慢。生产上多用浸泡法和拌饲投喂法防治常规养殖鱼类烂鳃病、肠炎病、竖鳞病、白皮病，还可用于防治鳗鲡的爱德华氏病、弧菌病、烂尾病等。水产品出售前至少应有 30 天的休药期。

4. 氟苯尼考(Florfenicol，氟甲砜霉素)　氟苯尼考抗菌谱广而强，是动物专用广谱抗菌药，其结构与甲砜霉素相似，但在抗菌活性、抗菌谱及不良反应方面优于甲砜霉素，其抗菌能力可达甲砜霉素 10 倍左右。氟苯尼考对 95%的常见病原菌高度敏感，对 G^+ 和 G^- 菌均有强抑杀作用，尤其是对巴氏杆菌、大肠杆菌、沙门氏菌、支原体引起的感染有效。氟苯尼考安全可靠，残留低，按推荐治疗剂量使用，在规定休药期停药后能通过欧美等发达国家的药物残留严格检测。氟苯尼考动物专用，不与人类形成交叉耐药性，能保证人、畜安全，对环境无危害。适用于鱼、虾、蟹、鲍、贝等水产动物的各种急、慢性细菌性疾病。对于由细菌引起的烂鳃、红腿病、烂眼、黑鳃，甲壳溃疡等疾病有效。水产品上市前至少应有 7 天的休药期。

(二)磺胺类

磺胺类抗菌范围较广，对大多数革兰氏阴性、阳性菌都有抑制作用，但是易产生抗药性。其作用机理是能和细菌的叶酸合成酶竞争，影响细菌叶酸的合成，进而阻断细菌核酸合成，抑制细菌的生长繁殖。首次使用时剂量应加倍。禁止长期、大量使用磺胺类药物，以免引起细菌产生耐药性和造成鱼体中毒，交替用药时尽量不再选用其他磺胺类药物。为延缓耐药性的产生和增强疗效常与甲氧氨苄嘧啶合用。

1. 磺胺-6-甲氧嘧啶(SMM) 也叫磺胺间甲氧嘧啶。白色或黄白色洁晶性粉末。无臭,几乎无味,不溶于水,略溶于丙酮,微溶于乙醇,易溶于稀盐酸或氢氧化钠溶液,属长效磺胺类药,抗菌力强,口服后吸收良好,较少引起泌尿道损坏,副作用少。生产上用以治疗弧菌病,疖疮病、竖鳞病,细菌性烂鳃病,赤皮病等,水产品上市前至少应有30天的休药期。

2. 磺胺甲氧嘧啶(SM_1) 白色或微黄色结晶或结晶性粉末,无臭、味微苦,极难溶于水,抗菌力强,口服吸收快而完全,生产上用以治疗鱼类弧菌病水产品上市前至少应有30天的休药期。

3. 磺胺-5,6-二甲氧嘧啶(SDM) 白色结晶性粉末,无臭、无味、难溶于水,属长效磺胺类药,副作用小,生产上用以治疗鳗赤鳍病,细菌性肠炎,赤皮病等,水产品上市前至少有42天的休药期。

4. 磺胺甲噁唑(SMZ) 也叫磺胺甲基异噁唑、新诺明、新明磺。本品为白色结晶性粉末,无臭、味微苦,几乎不溶于水,易溶于稀盐酸、氢氧化钠或氨溶液,属中效磺胺类药,抗菌力强。本品在尿中一线化率高,且溶解度较低,故较易出现尿结晶等。生产上用以治疗牛蛙爱德华氏菌病等多种水生动物细菌性疾病。

(三)喹诺酮类

1. 诺氟沙星(Norfloxacin,NFLX) 又称氟哌酸,淡黄色结晶,味苦,微溶于水。抗菌谱广、作用强。对革兰氏阴性菌呈高敏感性。如对大肠杆菌、变形杆菌、气单孢菌的作用很强。生产上常用治疗细菌性败血症、肠炎、溃疡病等。

2. 盐酸环丙沙星(Ciprofloxacin) 又称环丙氟哌酸,环丙沙星的作用和诺氟沙星相似,对革兰氏阴性菌最低抑菌浓度为0.78 μg/mL,比庆大霉素的抗菌活性强2~4倍。用药量比诺氟沙星小。生产上常用于治疗鳗鱼细菌性烂鳃病、烂尾病、弧菌病、爱得华氏菌病等。

3. 噁喹酸 噁喹酸为白色(带黄白色)柱状或结晶性粉末,无臭无味,几乎不溶于水、甲醇和无水乙醇,极难溶于氯仿,难溶于二甲替甲酰

胺。不吸潮，对热、湿、光稳定。本品属第一代喹诺酮类药物，对革兰氏阴性菌有强的抗菌效力，对真菌和结核杆菌没有抗菌作用。对灭鲑气单孢菌、嗜水气单孢菌、鳗弧菌等鱼类病原菌有相当强的抗菌活性。可用于防治鳟鱼疥疮病、弧菌病、鰤鱼类结节病、香鱼气单孢菌感染症、鳗鱼赤鳍病、红点病。

(四)卤素类

1.漂白粉和漂粉精　漂白粉又称氯石灰，是次氯酸钙、氯化钙和氢氧化钙的混合物，灰白色粉末，有氯臭及盐味，微溶于水，含有效氯25%～30%，漂白粉受潮易分解失效，受日光作用也迅速分解，对金属有腐蚀作用，故必须盛放在密闭陶器内，存在在冷暗干燥处。漂白粉在使用前须测定有效氯实际含量，再计算实际用药量以保证疗效。漂粉精为纯次氯酸钙，含有效氯60%～70%，性质较稳定。

漂白粉和漂粉精溶于水后生成具有杀菌能力的次氯酸和次氯酸离子，抑制的细菌中某些酶的活动，前者杀菌作用，快而强，后者杀菌力弱，在生产上作为细菌性疾病的外用药。水产品出售前至少应有5天的休药期。

2.有机氯制剂　有机氯制剂种类很多，目前常用的有：

(1)二氯异氰尿酸钠　又叫优氯净，鱼康等。含有效氯量56%，全池泼洒用量为0.5～0.6 g/m^3，水产品出售前至少有7天的休药期。

(2)三氯氰尿酸　又叫鱼安、TCCA，含有效氯量8.5%，全池泼洒用量为0.4～0.5 g/m^3，水产品出售前至少有7天的休药期。

(3)氯亚明　又名氯胺T，含有效氯35%，此药分解缓慢，消毒时间较长，刺激性小，使用安全，水产品出售前至少有7天的休药期。

(4)二氧化氯　稳定性二氧化氯(Stabilized Chlorine Dioxide S. ClO_2)带温下为黄绿色气体，具有与氯相似的刺激性气味，易溶于水，在水中以溶解体的形式存在，不易发生水解反应。二氧化氯具有高效、快速、广谱的杀菌能力，对细菌、病毒、霉菌、真菌及其芽孢具有较强的杀灭作用。水体的pH值在6～10之间灭菌效果良好，pH值8.5时，

灭菌速度最快。二氧化氯具有极强的氯化性，作用于水体是释放出原子态(O)，具有极强的增氧功能，是目前含氯消毒剂中常用的最新、最好的药物。使用浓度低，对环境无污染，对高等动物细胞基本无毒无害，对食品无污染，对设备腐蚀性小等优点。是继漂白粉、优氯精、强氯精之后的第四代消毒剂，是世界卫生组织确认的 A_1 级广谱、安全、高效消毒剂。

目前，二氧化氯的剂型有 2%水剂，5%水剂，40%粉剂，55%粉剂等。

3.碘　广谱杀菌剂，灰黑色，有金属光泽的结晶，难溶于水，能杀灭细菌、霉菌、细菌芽孢、螨虫、原虫等。比含氯消毒剂强 36 倍，即使是在低温条件下，碘也具备同样地杀菌能力。对皮肤黏膜有强烈的刺激作用。常温下能成紫色蒸汽挥发，应密闭保存。生产上常用碘或碘酊治疗艾虫病及鲤嗜子宫线虫病。

4.伏碘(PVP－I)　黄棕色无定形粉末。在水或乙醇中溶解，溶液呈红棕色，酸性。在乙醚或氯仿中不溶。伏碘为碘和聚乙烯吡咯烷酮(PVP)的络合物，是一种缓放性较好的高分子药物，与小分子碘化物(碘酊)相比，毒性小，溶解度较高，稳定性好。一般在较低浓度下使用，杀菌力反而强。PVP－I 为广谱消毒剂，对细菌、真菌、病毒等都具有有效的消毒作用。生产上常用 10%复方皮维碘溶液(商品名)，含有效碘 0.9%～1.1%，pH 值为 3.5～5.5。主要用于鱼卵、水生动物体表消毒。

5.四烷基季铵盐络合碘(季铵盐含量为 50%)　本品由新型含氮化合物碘与双链季铵盐络合而成，改进了其他类型碘制剂的不稳定性，克服了前期碘制剂易受碱性、还原物质、日光照射等加速分解的缺点，集有机碘与季铵盐的消毒优点于一身，能十分有效地杀灭亲水性烈性病毒、亲脂性病毒、细菌、纤毛虫、藻类。

作用与用途：低浓度 0.2～0.4 mg/kg 即能有效杀灭亲水性、亲脂性病毒、芽孢、细菌、霉菌、线虫、指环虫、车轮虫，是一种广谱高效消毒剂，作用迅速、药效持久、穿透力特强。消毒 1 次可获其他消毒剂消毒

几次的效果。具有良好的稳定性能，在硬水中仍保持100%的灭菌效果，杀菌力不受有机质、光照、pH值的影响。无毒性、无腐蚀、无刺激、无残留，适宜鱼虾受精卵、幼体、鱼虾苗入池前浸泡消毒。主要用途：空池、水体消毒，鱼发眼卵、虾无节幼体、亲鱼、种苗浸泡消毒；防治鱼虾病毒性流行病，减低死亡率；防治鱼类病毒性出血败血病、造血器官坏死病、胰腺坏死病、呼肠病毒病等；防治虾类中肠腺坏死杆状病毒病、对虾杆状病毒病、细小病毒样病、呼肠孤病毒病等；防治鱼虾鳖细菌性病、真菌性病；消除水臭，净化水质，防止池水恶化。用法用量见表11-1。

表11-1　四烷基季铵盐络合碘用法用量

用途	用量(g/m^3)	使用方法	作用时间
鱼虾池预防性消毒	0.2～0.4	均匀泼洒	—
空池消毒	0.8～1	泼洒式喷洒	3天后灌水
卵苗浸泡	0.8	浸泡	10～15 min
流行病发生期消毒	0.8	全池泼洒	—

(五)硫酸铜与硫酸亚铁

硫酸铜又名蓝矾为透明深蓝色结晶或粉末，易溶于水，有收敛作用及较强的杀病原体能力。硫酸亚铁又名绿矾、青矾、皂矾，为透明淡绿色结晶或粉末，味咸涩，易溶于水，硫酸亚铁为辅助用药，具收敛作用。与硫酸铜共同使用主要是为硫酸铜杀灭寄生虫扫除障碍。

硫酸铜与硫酸亚铁合剂(5∶2)可杀灭体外寄生的鞭毛虫、纤毛虫、吸管虫及鱼蚤等。同时会杀灭水体中的浮游生物。因硫酸铜安全浓度范围小，计算用量时必须准确，另外，硫酸铜具有一定的副作用，且铜可在鱼体内积累，故不能经常使用。

(六)敌百虫

为有机磷杀虫药，纯品为白色结晶，粗制品为淡黄色石蜡状固体，其水溶液在碱性条件下可水解成敌敌畏而使毒性增加十几倍，敌百虫

为低毒、低残留,残留时间短的杀虫药,生产上常用的有晶体敌百虫(含量 90%)和不同含量的敌百虫粉剂。广泛用于治疗体外寄生甲壳动物,单殖吸虫及肠内寄生的部分蠕虫等。在水产品出售前需有 10 天以上的休药期。

(七)高锰酸钾

紫色结晶、无臭,易溶于水。高锰酸钾为强氧化剂,具消毒及杀虫作用,作用短暂,浅表,当水中有机物含量高时则很快分解消失,高锰酸钾在碱性或微酸性水中会形成二氧化锰沉淀,往往损伤鳃组织。生产上常用于鱼种消毒,防治固着类纤毛虫病及卵膜软化症等。

(八)福尔马林

为含 40%甲醛水溶液,有刺激性臭味,甲醛能凝固蛋白和溶解类脂,能与蛋白质的氨基结合而使蛋白变性,甲醛在气态或液态下均呈现强大的杀菌和杀虫作用,生产上用以消毒及防止鲤白云病、车轮虫病、小瓜虫病、固着类纤毛虫等。

(九)酸、碱、盐类

酸类是利用其解离出来的氢离子妨碍细菌的正常代谢而发挥抗菌作用;碱类则利用解离出来的氢氧根离子抑制细菌的正常生长繁殖;盐类是利用其渗透压起到杀菌作用。生产上常用的酸类有硼酸、苯甲酸、乙酸、柠檬酸等;碱类有生石灰、氨水等;盐类主要是食盐。

生石灰(CaO)遇水生成强碱性的氢氧化钙($Ca(OH)_2$)在短时间内使池水 pH 值上升到 11 以上,可杀灭野杂鱼类、蛙卵、蝌蚪、水生昆虫、虾、蟹、蚂蟥、丝状藻类、寄生虫,致病菌以及一些根浅茎软的水生植物。此外,生石灰还可改良池塘底质并起到施肥的作用。因此,生产上常用生石灰清塘消毒。选用的生石灰必须是刚出窑的,呈块状,重量较轻,一敲声音响亮。

食盐,为无色透明结晶或白色结晶性粉末,无臭,味咸,易溶于水,具有强烈的渗透和脱水作用，能抑制和杀死多种细菌，原生物等，生产上常用于浸浴、全池泼洒或内服。

(十)中草药

1. 大黄(香大黄、马蹄、川军、将军)

[来源与成分] 蓼科植物，以根或根状茎入药，其有效成分为蒽醌衍生物，其中以大黄酸、大黄素及芦荟大黄素的抗菌作用最好。

[功效] 抗菌作用强，抗菌谱广，对革兰氏阴性、阳性细菌、致病性真菌，如鱼害黏球菌、气单孢菌等有强抑制作用；有收敛、增加血小板，促进血液凝固及抗肿瘤作用。用以防治草鱼出血病、细菌性烂鳃病等。

[用法与用量]

①拌料投喂，每天用药量为每千克体重 5～10 g，视病情连用 3～5 天。

②全池泼洒：以大黄粉 1～3.7 mg/L 的水体终浓度全池泼洒。每天 1 次，连用 2 天。每千克大黄加 20 kg 0.3%的氨水浸泡 12 h，使蒽醌衍生物游离出来，可提高药效。不能与生石灰合用，否则降低药效。

③全池泼洒：用大黄粉 1～1.5 mg/L 消毒的同时，用硫酸铜 0.5 mg/L 全池泼洒消毒，效果更佳。

2. 乌桕　别名柏树、木蜡树。

[来源与成分] 落叶乔木，以叶、根皮、树皮入药，乌桕叶含生物碱、黄酮类、鞣质、有机酸，酚类等成分，主要抑菌成分为酚酸类物质、根皮花椒素等。

[功效]

①对革兰氏阴性、阳性细菌有抑制作用，对鱼害黏球菌有明显抑菌作用；

②叶在体外有抑制吸虫作用，根皮花椒素有杀灭肠虫的功效；

③有迅速导泻、消除腹水的作用；

④乌桕叶用以防治烂鳃病及白头白嘴病。

[用法与用量]

①内服：拌饵投喂，每天用乌桕叶干粉，每千克体重5 g，视病情连用3～5天。

②药浴：1%乌桕叶煎液浸洗10 min可杀死黏细菌。

③全池泼洒：每公顷平均1 m水深用乌桕叶干粉7.5 kg或鲜叶37.5 kg，用150 kg石灰乳(22.5 kg石灰加水122.5 kg)浸泡12 h后煮沸10 min，用池水稀释后全池泼洒。

3. 五倍子(百药煎、百虫仓)

[来源与成分] 漆树科漆树属植物的叶或叶柄，因受五倍子蚜虫的刺伤而生成的囊庄虫瘿。虫瘿含五倍子鞣质50%～80%，还含有没食子酸等。

[功效]

①具抗革兰氏阴性、阳性细菌的作用，为鱼类细菌性疾病的外用药；

②对皮肤、黏膜、溃疡等呈良好的收敛作用；

③能加速血液凝固而呈止血作用；

④能沉淀生物碱，对生物碱中毒有解毒作用。

[用法与用量]

全池泼洒：每公顷平均1 m水深用五倍子15 kg加水60 kg煎煮15 min，然后全池泼洒，是池水含五倍子浓度为1.4～10 mg/L。

4. 辣蓼(辣蓼草)

[来源与成分] 蓼科属植物辣蓼及水蓼，以全草或根、叶入药。全草及根含挥发油，鞣质，黄酮类、蒽醌衍生物及蓼酸。

[功效]

①对抗革兰氏阴性菌有抑制作用，常用以防治细菌性肠炎；

②有止血作用。

[用法与用量]

①每50 kg鱼用辣廖干粉或鲜草1.5 kg，切碎用水煎煮后制成药饵投喂，每天1次，连用3～5天。

②每50 kg鱼用辣廖干粉0.5 kg、艾叶粉0.1 kg，制成药饵投喂，

每天1次，连用4天。

5. 大蒜

[来源与成分] 百合科葱属植物蒜，以鳞茎入药，全草具强烈臭辣味，鳞茎含挥发油约2%，其主要有效成分为大蒜辣素(一种植物杀菌素)，此外还含有微量的碘等。

[功效] 抑制多种细菌、真菌；杀灭某些原虫；健胃助消化。用以防治性肠炎病。

[用法与用量]

①每万尾鱼种用大蒜0.25 kg、喜旱莲子草4 kg、食盐0.25 kg，与豆饼磨碎投喂，每天2次，连用4天，可防治暴发性出血病。

②每千克鱼体重每天用大蒜5～20 g，连续投喂6天，可防治肠炎病。

③50 kg水体加入捣烂大蒜头0.25 kg，浸洗病鱼数次，可防治竖鳞病。

6. 楝树　别名苦楝

[来源与成分] 楝科楝属植物，根、茎、叶均可入药，含川楝素，有杀虫作用，用以防治车轮虫病、隐鞭虫病等。

[功效] ①具驱虫作用；②苦楝渍水或酒精浸液对常见致病性皮肤真菌有较明显的抑制作用。

[用法与用量]

①每天用苦楝树皮煎2次，用量为每kg体重6 g，取出药汁混入饲料内拌饵，连用6天，治疗肠炎病、毛细线虫病、绦虫病等。

②每公顷平均1 m水深用苦楝枝叶300～450 kg煮水全池泼洒；或用苦楝450 kg、菖蒲15 kg、艾草37.5 kg、食盐22.5 kg混合后全池泼洒，连用3天，治疗车轮虫病、隐鞭虫病等。

四、无公害水产养殖禁用渔药

为保障消费者身体健康，适应国际要求，严禁使用高毒、高残留

或具有三致毒性(致癌、致畸、致突变)的药物。我国在 2002 年相继出台了数项公告或标准，要求在食品动物生产过程中，在动物饲料、饮用水、用药中禁止使用数十种药品。农业部公告第 176 号发布了《禁止在饲料和动物饮水中使用的药物品种目录》(详见第五章第四节内容)，农业部公告第 193 号发布了《食品动物禁用的兽药及其他化合物清单》(表 5-1)。农业行业标准 NY 5071—2002《无公害食品　渔用药物使用准则》规定了无公害水产养殖严禁使用的渔用药物(表 11-2)。严禁使用对水域环境有严重破坏而又难以修复的渔药，严禁直接向养殖水域泼洒抗生素，严禁将新近开发的人用新药作为渔药的主要或次要成分。渔药的使用应严格遵循国务院、农业部有关规定，严禁使用未经取得生产许可证、批准文号、生产执行标准的渔药。

表 11-2　无公害水产养殖严禁使用的渔用药物

药物名称	化学名称(组成)	别名
地虫硫磷 fonofos	O,O-二乙基-S-苯基二硫代磷酸酯	大风雷
六六六 BHC(HCH) benxem. bexachloridge	1,2,3,4,5,6-六氯环已烷	
林丹 lindane. agammaxsre. gamma-BHCgamma-HCH	y-1,2,3,4,5,6-六氯环已烷	丙体六六六
毒杀芬 camphehhlor(ISO)	八氯莰烯	氯化莰烯
滴滴涕 DDT	2,2-双(对氯苯基)-1,1,1-三氯乙烷	
甘汞 calomel	二氯化汞	
硝酸亚汞 mercurous nitrate	硝酸亚汞	
醋酸汞 merxuric acetate	醋酸汞	

续表 11-2

药物名称	化学名称(组成)	别名
呋喃丹 carbofuran	2,3-氢-2,2-二甲基-7-苯并呋喃-甲基氨基甲酸酯	克百威、大扶农
杀虫脒 chlordimeform	N-(2-二甲基4-氯苯基)N′,N′-二甲基甲脒酸盐	克死螨
双甲脒 anitraz	1,5-双(2-,4-二甲基苯基)-3-甲基,1,3,5-三戊二烯-1,4	二甲苯胺脒
氟氯氰菊酯 flucyghrinate	(R,S)-a-氰基-3-苯氧苄基(R,S)-2-(4-二氯甲氧基)-3-甲基丁酸酯	保好江乌氯氰菊酯
五氯酚钠 PCP-Na	五氯酚钠	
孔雀石绿 malachite green	C23H25CIN2	碱性绿、盐基块绿、孔雀绿
锥虫胂胺 tryparsamide		
酒石酸锑钾 anitmonyl potassium tatrate	酒石酸锑钾	
磺胺噻唑 sulfathiazolun ST,norsultazo	2-(对氨基苯磺酰胺)-噻唑	消治龙
磺胺脒 sulfaguanidine	N-1-脒基磺胺	磺胺胍
呋喃西林 furacillinum,nitrofurazone	5-硝基呋喃醛缩氨基脲	呋喃新
呋喃唑酮 furazolidonum,nifulkidone	3-(5-硝基糠叉胺基)-2-噁唑烷酮	痢特灵

续表 11-2

药物名称	化学名称(组成)	别名
呋喃那斯 furanace，nifurpurinol	6-羟甲基-[-5-硝基-2-呋喃基乙烯基]吡啶	P-7138(实验名)
氯霉素(包括其盐、酯及制剂) chlouanphennicol	由委内瑞拉链霉素生产或合成制成	
红霉素 erythromycin	属微生物合成，是 streptomyces eyythreus 生产的抗生素	
杆菌肽锌 zinc bacitracin premin	由枯草杆菌 bacillus subtilis 或 b. leicheniformis 所产生的抗生素，为一含有噻唑环的多肽化合物	枯草杆肽
泰乐菌素 tylosin	s. fradiae 所产生的抗生素	
环丙沙星 ciproflocacin(CIPRO)	为合成的第三代喹诺酮类抗菌药，常用盐酸盐水合物	环丙氟哌酸
阿伏帕星 avoparcin		阿伏霉素
喹乙醇 olaquindox	喹乙醇	喹酰胺醇羟乙喹氧
速达肥 fenbendazole	5-苯硫基-苯并咪唑	苯硫哒唑氨甲基甲酯
己烯雌酚(包括雌二醇等其他类似合成等雌性激素)diethylstilbestrol，stilbestrol	人工全成的非甾体雌激素	人造求偶素
甲基睾丸酮(包括丙酸睾丸素、去氢甲睾酮以及同化物等雄性激素)methyltestosterone，metandren	睾丸素 C17 的甲基衍生物	甲睾酮甲基睾酮

五、无公害水产养殖病害防治和用药的原则与方法

(一)无公害水产养殖病害防治的原则

为了生产出合格的无公害水产品,保护我们赖以生存的环境,在养殖过程中防止病害发生必须遵循以下原则:

①水生动物增养殖过程中对病害的防治,坚持“全面预防,积极治疗”的方针,强调“以防为主、防重于治,防、治结合”的原则,提倡生态综合防治和使用生物制剂、中药对病虫害进行防治。

②推广健康养殖技术,改善养殖水体生态环境,科学合理地混养和密养,使用高效、低毒、低残留渔药。

③药物防止时要对疾病的诱因、主因、继发原因作全面考虑,分清主次,抓住缓急。

先杀虫后杀菌。如果寄生虫不杀,细菌、真菌、病毒的感染门户永远存在,易再发或继发疾病。

防治病毒病时,应注意对继发或并发的细菌和真菌病的防治。

对动物的营养状况作正确评价,如营养有问题应及时调整。

针对病原用药与提高动物免疫力并重。任何药物的疗效均是以动物的免疫力为基础。

综合防治时特别要注意改良水环境,增加氧供应。减少动物的应激,并增加抗应激药物。

④病害发生时应对症用药,防止滥用渔药与盲目增大用药量或增加用药次数、延长用药时间。

⑤水产饲料中药物的添加应符合 NY 5072 要求,不得选用国家规定禁止使用的药物或添加剂,也不得在饲料中长期添加抗菌药物。

⑥治疗鱼病时要合理选择用药方法,减少外用药的用量和对环境的影响。

能药浴防治的病例，就不要全池泼洒用药。

必须全池泼洒用药时，应先排部分池水后再用药。

选择最佳用药时间减少用量。如有些寄生虫（或浮游动物的幼虫）由趋光特性，应在晴天上午用药；晴天上午水体 pH 值较下午低，多数药上午用好；二氧化氯在近傍晚用好等。

（二）无公害水产养殖用药原则

采用药物防治鱼病时，为了获得良好的用药效果，遵循下述几条基本原则是很有必要的。

1. *准确诊断疾病，做到对症下药*　对鱼类的疾病做出准确诊断，是有效治疗疾病的基本前提。只有做到了诊断准确，同时又选择了合适的渔用药物和用药方法，才能取得药到病除的效果。相反，如果对疾病的诊断错误，就不能做到对症下药，不仅不能控制疾病的发展，还有可能造成药物对饲养水体和特种水产鱼类机体污染，甚至增加患病鱼类的死亡速度。此外，在有条件的地方，对于分离的病原菌，最好能检测其对各种抗菌药物的敏感性后，尽量选用病原菌敏感性较高的药物。

2. *明确药物性能，选择给药途径*　渔用药物的种类较多，性能各异，用药时应根据药物不同的理化特性和鱼病的实际情况决定给药途径，只有这样才能达到治疗的目的。例如磺胺类和抗生素类药物一般都只能用于拌饵投喂，而不应采用泼洒的给药途径。而采用口服给药途径也只能用于尚未丧失摄食能力的病情较轻的病鱼或者是慢性疾病的治疗，对于已失去摄食能力的、病情较重的特种水产鱼类则不宜采用。

3. *了解饲养环境，准确计算药量*　首先，准确测量饲养水体的体积或估算所饲养鱼的体重，是决定外用药和内服药物用药量的基础。而只有用药量准确，才能达到既能保障养殖鱼类安全又能消灭病原体的目的。其次，饲养水体的理化因子，如 pH 值、水温、有机物含量等，都对所使用药物的药效会产生一定的影响。在药物投放之前，最好能进行预备试验对用药量进行调整。

4. 注意饲养对象,选择适宜药物　不同鱼类对同一种渔用药物具有不同敏感性,即使同一饲养对象,在不同的年龄和发育阶段对药物的敏感性也会有所差别。例如淡水白鲳、鳜、黄颡鱼等鱼类较“四大家鱼”等鲤科鱼类对敌百虫敏感;虾类对菊酯类药物非常敏感。因此,在决定选择某种药物控制养殖鱼疾病时,必须充分考虑用药水体中养殖鱼品种对该药物的敏感性。必要时应该在小面积进行药效试验后再决定其药物的取舍。

5. 注重药理作用,避免配伍禁忌　当将两种或两种以上的药物同时使用和在短时间内相继使用时,由于药物的相互作用,可能出现药效加强或减弱,也可能出现减轻或增加药物的毒副作用现象。避免药物的配伍禁忌应特别注重两个方面的问题:

①避免药理性禁忌。即药物配伍使用时其疗效下降,甚至其毒性增加。如在刚使用沸石不久(1～2天内)的鱼池中使用其他药物,就有可能因为沸石的吸附性而使药效降低,而在刚用过生石灰不久的鱼池则不宜在短时间内使用敌百虫,因为敌百虫在碱性条件下可能生成毒性更强的敌敌畏,从而增加对养殖鱼的毒性。

②避免理化性禁忌。主要应注意酸碱药物的配伍问题,如四环素族(盐酸盐)与青霉素钠(钾)配伍时,可导致后者分解,生成青霉素酸析出而失去其药效。

6. 注意药物安全和药物残留,防止滥用药物　渔用药物除了对养殖鱼类疾病具有防治作用外,不可避免地会对鱼类及其生活环境产生某种程度的毒副作用。如果使用不当或者滥用药物,很容易对鱼类机体产生很强的毒副作用;或破坏水体生态平衡,影响鱼类正常生长,反而增强了病原体的耐药性;或使水产品药物残留超标,危害人类健康。

如今药物的滥用,给养殖水域环境与水产品品质带来较大的负面影响。随着养殖规模的不断扩大,集约化程度的不断提高,以及池塘老化,水质环境污染,水产动物病害也日趋严重,新的、暴发性的病害不断涌现。据初步统计,人工养殖的鱼、虾、蟹、贝、藻、鳖、蛙等水产动物的主要病害就达到200余种以上,每年我国因病害造成的产量损失就达

15%～30%，全国有10%～15%的养殖面积受到不同程度的影响，直接损失达50亿元左右，并有继续加重的趋势。以对虾为例，由于1994年的对虾暴发病，使我国由一个年产20多万吨的养虾大国，一下子变成对虾进口国。近几年来在我国各养鳖区广泛流行的"中华鳖出血性肠道坏死症"（又称"白底板病"）发病率达43%，平均死亡率为44.5%，1996年我国因此病所造成经济损失估计在10亿元以上。又如紫菜，由于病害频繁发生，仅江苏一省就有大约30%的面积绝收，经济损失严重，而且原藻的质量也大大下降。在这种状况下渔民为了挽回损失，或许盲目用药；或许加大用药剂量，或许增加用药次数，由此产生的后果不仅增强了病原体的耐药性，药物的防治不能获得理想的效果，而且使养殖的水域环境受到了较大的破坏，渔产品药物的残留增加，严重地威胁着人类的健康。

滥用药物表现在以下几方面：

①为了求得较好的使用效果，大量地增加药物的使用剂量，不仅造成用药成本增加，而且极大地破坏水产动物体内外正常微生物种群的平衡，增加了致病菌的耐药性。

②片面追求用昂贵的人、兽用新特药治疗水产动物的疾病。可以肯定地说"最新的"未必是"最好的"。此外这种做法还存在着以下弊端：其一最新的人用或兽用药物，对水产动物缺乏足够的药理、毒理以及临床研究方面的数据，有可能对环境与人类带来极大的隐患；其二耐药菌株的产生几乎与抗菌素的发展是同步的，据报道曾对抗感染十分有效的第三代喹诺酮类药物耐药菌株已有上升趋势，抗药微生物不断地出现将严重影响治疗效果。

③对中草药的误解。相对而言，中草药比化学药物的毒性较小，产生耐用药菌株的可能性较低，但是中草药仍旧是一种药物，它也有正负两个方面的作用；另一方面它的加工方式直接影响着其疗效。如果大量地不合理地使用中草药，也只会得到相反的效果。

④不合理的给药方法。大部分水产养殖动物对稳定的环境依赖性较强，治疗水产动物的疾病时应根据不同的病情和客观条件采取适当

的给药方法。教条地采取某一不恰当的给药方式，不仅不会获得有效的疗效，而且还将会带来更大的损失。

⑤认为"健康养殖等于不用药"。水域环境，尤其是集约化养殖环境是病原体滋生的场所，水产动物无时无刻不受着病原体的侵袭。我们提倡健康养殖，除了改善养殖环境之外，合理、有计划、科学地用药也是一个重要方面。

⑥依赖特效药。根据药物和水产动物病害研究的现状及其生理生态的特点，可以并不保守地说，治疗水产动物病害目前尚无特效药。防治水产动物的病害寄希望于特效药是不可取的。因此不科学用药，已是水产动物病害防治中的一个不容忽视的问题。

7. 选择"三效"、"三小"渔药，禁用"三致"药物，保证水产品质量

(1)渔药的使用应严格遵循国家和有关部门的有关规定，严禁生产、销售和使用未经取得生产许可证、批准文号与没有生产执行标准的渔药。

(2)积极鼓励研制、生产和使用"三效"(高效、速效、长效)、"三小"(毒性小、副作用小、用量小)的渔药，提倡使用水产专用渔药、生物源渔药和渔用生物制品。

(3)渔药的使用应严格遵循国务院、农业部有关规定，严禁使用未经取得生产许可证、批准文号、生产执行标准的渔药。允许使用渔药参照 NY 5071—2002《无公害食品　渔药使用准则》。

(4)《饲料药物添加剂使用规范》规定水产饲料中的药物添加剂不得选用国家规定禁止使用的药物或添加剂，也不得在饲料中长期添加抗生素药物。如长期而大量地使用某些抗菌类药物，不仅可以导致致病菌产生耐药性，还会导致养殖鱼的品质下降。

(5)《无公害食品　渔药使用准则》规定严禁使用高毒、高残留或有三致毒性(致癌、致畸、致突变)的渔药。禁用渔药见表 10-2，表 5-1。如孔雀石绿等药物具有致畸、致癌作用，长期使用可致使养殖鱼生长速度下降；汞制剂、有机氯制剂等毒性强，半衰期长，很容易引起蓄积中毒，应禁用。

(6)《无公害食品 渔药使用准则》规定水产品上市出售之前应有休药期。休药期的长短应确保上市水产品的药物残留量必须符合NY 5070—2002要求。常见渔药休药期见表10-3。

8. *观察疫情动态,总结防治效果* 投放药物后,必须监视养殖鱼的动态,尤其是在用药后12 h内要有专人看管,如遇异常情况发生,应立即采取相应措施,减轻药物的作用。用药后应注意察看病情及死亡数。在3～6天内病情出现好转,死亡数量下降,说明治疗效果好;若病情加重,死亡数量上升,就表明治疗无效,应该做进一步检查,分析原因,做出新的治疗对策。

(三)无公害水产养殖用药方法

给药方法不同,药物吸收的速度就不一样,体内浓度也有区别,因而影响药物的作用。鱼类疾病防治中常用的给药方法有以下几种:

1. *口服给药* 口服给药是把药物混入饲料投喂,将药物或疫苗与鱼类喜食的饲料,拌以黏合剂,制成药饵,杀灭体内的病原体或增强抗病力。

由于患病鱼群的严重程度不同。一般病症越重的鱼摄食能力越差,往往达不到治疗效果,因此,口服给药应在病鱼摄食能力未停止之前效果较好。在投喂药饵前应先投喂普通饵料让摄食力强的鱼先吞食一些无药饵后,再投喂药饵,则可使鱼群较均匀地摄食药饵。

口服给药的用量要计算同一水体中能摄食同一饲料的各种鱼,如需做成颗粒饵料投喂鲤鱼,必须把草鱼、鲫鱼同时计算在内(草鱼、鲫鱼也摄食鲤鱼饵料)。制作药饵时,可将少量面粉化水煮成糊状,冷却后拌入药物,拌匀后,将颗粒饵料或青草粘上药糊,放阴凉处晾干至不黏手时即可投喂。

口服法,适用于预防和治疗,当病情严重,病鱼已停止摄食或很少摄食时则无效。

2. *药浴法* 也称浸洗法。将鱼类集中在较小容器,较高浓度药液

中进行短期强迫药浴，以杀灭体外病原体。药浴法具有用药量少，计算准确，一般作为转池和运输前后消毒使用。生产上鱼种入塘前，特别是从异地新购入的鱼种下塘前，都要用浸泡法进行鱼体消毒，以防体表和鳃部寄生虫在池塘中传染开来。药浴时一定要注意药浴时的水温、鱼类的数量、药物浓度及药浴时间，并有专人负责，若发现异常及时捞出，放入清水中。药液配制后只能药浴一批鱼类，药浴完成后将药液和鱼一起侧入池中，重新配制药液进行第二批药浴。注意药浴时不能使用金属容器。

3. **遍洒法**　全池遍洒药液，使池水达到一定浓度，杀灭体外及水体中的病原体，此法杀灭病原体较彻底，预防和治疗均可使用。但该法用药量大，计算用量较麻烦，药物安全浓度较小时，易发生事故，且副作用大，而且此法只适用于较小水体。泼洒时一定要使药物充分溶解，以免药物颗粒被鱼误食中毒(最好泼药前先让鱼吃饱避免抢食药物颗粒)。当鱼在浮头或浮头刚结束时不能泼洒，以免出现意外。泼洒药物时，逐渐从上风处向下风处泼洒，并注意观察鱼群动态(泼洒完毕后也要观察)，如鱼群跳跃不安，出现浮头等应立即加注新水抢救。

4. **挂篓、挂袋法**　挂篓、挂袋法(图 11-1)即将药物装于竹篓或布袋内，悬于鱼经常活动的水域内，一般挂在食场食台附近，形成一消毒区，鱼在该区活动即可达到杀灭体外病原体的目的。此法具有用药量少，方法简便，没有危险及副作用小等优点，但杀灭病原体不彻底(只能杀灭食场周围的病原体及常来吃食的鱼体表病原体)。因鱼类是自愿来摄食，因此此法仅适用于预防及早期治疗。只有最小有效浓度低于鱼类回避浓度的药物才能用于挂篓挂袋法。防止药物太浓使鱼类不来摄食，同时挂袋要均匀，避免形成空白区。

5. **浸沤法**　适用于中草药预防和早期治疗。即将中草药浸沤在池塘上风处或将捆扎好的中草药分成数堆压在池边水面以下，以杀死池水及鱼体表的病原。

6. **注射法**　常用注射法有肌肉注射和腹腔注射。注射法较口服

图 11-1　草鱼食场挂袋示意图

法进入体内的药量准确，且吸收快，疗效好，用药量少，但太麻烦，一般只是在亲鱼及人工注射疫苗时采用，名贵品种有时也采用此法。

7. 涂抹法　在体表患病处涂抹较浓的药液，以杀来病原体，因操作太麻烦又易使鱼受伤，一般仅适用于亲鱼及名贵品种，涂抹时一定要头上尾下，以防药液流入鳃产生危险。

(四)无公害水产养殖常用药物的使用方法

水产养殖过程中，除正确选择药物外，还必须严格按照各种药物使用方法正确使用，不能随意增加使用剂量，留有足够的休药期，防止出现药残超标问题，影响产品质量、企业声誉及消费者健康。《无公害食品　渔用药物使用准则》(NY 5071—2002)规定了渔用药物的使用方法(表 11-3)。

表 11-3　无公害水产养殖渔用药物的使用方法

渔药名称	用　途	用法与用量[①]	休药期[②]（天）	注意事项
氧化钙（生石灰）calcii oxydum	用于改善池塘环境，清除敌害生物及预防部分细菌性鱼病	带水清塘：200～250 mg/L（虾类：350～400 mg/L） 全池泼洒：20 mg/L（虾类：15～30 mg/L）		不能与漂白粉、有机氯、重金属盐、有机络合物混用
漂白粉 bleaching powder	用于清塘、改善池塘环境及防治细菌性皮肤病、烂鳃病出血病	带水清塘：20 mg/L全池泼洒：1.0～1.5 mg/L	5	1. 勿用金属容器盛装 2. 勿用酸、铵盐、生石灰混用
二氯异氰尿酸钠 sodium dichloroisocyanurate	用于清塘及防治细菌性皮肤溃疡病、烂鳃病、出血病	全池泼洒：0.3～0.6 mg/L	10	勿用金属容器盛装
三氯异氰尿酸 trichlorossisocyanuric acid	用于清塘及防治细菌性皮肤溃疡病、烂鳃病、出血病	全池泼洒：0.2～0.5 mg/L	10	1. 勿用金属容器盛装 2. 针对不同鱼类和水体的 pH 值，使用量应适当增减
二氧化氯 chlorine dioxide	用于防治细菌性皮肤溃疡病、烂鳃病、出血病	浸浴：20～40 mg/L，5～10 min 全池泼洒：0.1～0.2 mg/L，严重时 0.3～－0.6 mg/L	10	1. 勿用金属容器盛装 2. 勿与其他消毒剂混用
二溴海因	用于防治细菌性和病毒性疾病	全池泼洒：0.2～0.3 mg/L		
NaCl（食盐）sodium choiride	用于防治细菌、真菌或寄生虫疾病	浸浴：1%～3%，5～20 min		

续表 11-3

渔药名称	用 途	用法与用量[①]	休药期[②]（天）	注意事项
硫酸铜（蓝矾、胆矾、石胆）capper sulfate	用于治疗纤毛虫、鞭毛虫等寄生性原虫病	浸浴：8 mg/L（海水鱼类：8～10 mg/L），全池泼洒：0.5～—0.7 mg/L（海水鱼类：0.7～1.0 mg/L）		1.常与硫酸亚铁合用 2.广东鲂慎用 3.勿用金属容器盛装 4.使用后注意池塘增氧 5.不宜用于治疗小瓜虫病
硫酸亚铁（硫酸低铁、绿矾、青矾）ferrous sulphate	用于治疗纤毛虫、鞭毛虫等寄生性原虫病	全池泼洒：0.2 mg/L（与硫酸铜合用）		1.治疗寄生性原虫病时需与硫酸铜合用 2.乌鳢慎用
高锰酸钾（锰酸钾、灰锰氧、锰强灰）potassium permanganate	用于杀灭锚头鳋	浸浴：10～20 mg/L，15～30 min全池泼洒：4～7 mg/L		1.水中有机物含量高时药将效降低 2.不宜在强烈阳光下使用
四烷基季铵盐络合碘（季胺盐含量为50%）	对病毒、细菌、纤毛虫、藻类有杀灭作用	全池泼洒：0.3 mg/L（虾类相同）		1.勿与碱性物质同时使用 2.勿与阴性离子表面活性剂混凝土合用 3.使用后注意池塘增氧 4.勿用金属容器盛装
大蒜 crow's treacle，garlic	用于防治细菌性肠炎	拌饵投喂：10～30 g/kg 体重，连用4～6天（海水鱼类相同）		

续表 11-3

渔药名称	用途	用法与用量[1]	休药期[2]（天）	注意事项
大蒜素粉（含大蒜素 10%）	用于防治细菌性肠炎	2 g/kg 体重，连用 4～6 天（海水鱼类相同）		
大黄 medicinal rhubarb	用于防治细菌性肠炎、烂鳃	全池泼洒：2.5～4.0 mg/L（海水鱼类相同） 拌饵投喂：5～10 g/kg体重，连用 4～6 天（海水鱼类相同）		投喂时常与黄芩、黄柏合用（三者比例为 5：2：3）
黄芩 raihai skullcap	用于防治细菌性肠炎、烂鳃、赤皮、出血病	拌饵投喂：2～6 g/kg 体重，连用 4～6 天（海水鱼类相同）		投喂时常与大黄、黄柏合用（三者比例为 2：5：3）
黄柏 amur corktree	用于防治细菌性肠炎、出血病	拌饵投喂：3～6 g/kg 体重，连用 4～6 天（海水鱼类相同）		投喂时常与大黄、黄柏合用（三者比例为 3：5：2）
五倍子 chinese sumac	用于防治细菌性烂鳃、赤皮、白皮	全池泼洒：2～4.0 mg/L（海水鱼类相同）		
穿心莲 common andrograophis	用于防治细菌性肠炎、烂鳃、赤皮	全池泼洒：15～20 mg/L 拌饵投喂：10～20 g/kg 体重，连用 4～6 天		
苦参 lightyellow sophora	用于防治细菌性肠炎、竖鳞	全池泼洒：1.0～1.5 mg/L 拌饵投喂：1～2 g/kg 体重，连用 4～6 天		

续表 11-3

渔药名称	用　途	用法与用量[1]	休药期[2]（天）	注意事项
土霉素 oxytetracycline	用于治疗肠炎病、弧菌病	拌饵投喂：50～80 mg/kg 体重，连用 4～6 天（海水鱼类相同，虾类：50～80 mg/kg 体重，连用 5～10 天）	鳗鲡 30 鲶鱼 21	勿与铝、镁离子及卤素、碳酸氢钠、凝胶合用
噁喹酸 oxolinic acid	用于治疗细菌性肠炎病、赤鳍病、香鱼、对虾弧菌病，鲈鱼结节病，鲱鱼疖疮病	拌饵投喂：10～30 mg/kg 体重，连用 5～7 天（海水鱼类 1～20 mg/kg 体重，虾类：6～60 mg/kg 体重，连用 5 天）	鳗鲡 25 鲤鱼、香鱼 21 其他鱼类 16	用药量视不同的疾病有所增减
磺胺嘧啶（磺胺哒嗪）sulfadiazine	用于治疗鲤科鱼类的赤皮病、肠炎病、海水鱼链球菌病	拌饵投喂：100 mg/kg 体重连用 5 天（海水鱼类相同）		1. 与甲氧苄氨嘧啶（TMP）同用，可产生增效作用 2. 第一天药量加倍
磺胺甲噁唑（新诺明、新明磺）sulfameghoxazole	用于治疗鲤科鱼类的肠炎病	拌饵投喂：100 mg/kg 体重，连用 5～7 天		1. 不能与酸性药物同用 2. 与甲氧苄氨嘧啶（TMP）同用，可产生增效作用 3. 第一天药量加倍
磺胺间甲氧嘧啶（制菌磺、磺胺-6-甲氧嘧啶）sulfamononeghoxine	用鲤科鱼类的竖鳞病、赤皮病及弧菌病	拌饵投喂：50～100 mg/kg 体重，连用 4～6 天	鳗鲡 37	1. 与甲氧苄氨嘧啶（TMP）同用，可产生增效作用 2. 第 1 天药量加倍
氟苯尼考 florfenicol	用于治疗鳗鲡爱德华氏病、赤鳍病	拌饵投喂：10.0 mg/kg 体重，连用 4～6 天	鳗鲡 7	

续表 11-3

渔药名称	用途	用法与用量[①]	休药期[②]（天）	注意事项
聚维酮碘（聚乙烯吡咯烷酮碘、皮维碘、伏碘）（有效碘1.0%）povidone－iodine	用于防治细菌烂鳃病、弧菌病、鳗鲡红头病。并可用预防病毒病；如草鱼出血病、传染性造血组织坏死病、病毒性出血败血症	全池泼洒：海、淡水幼鱼、幼虾：0.2～0.5 mg/L 海、淡水成鱼、成虾：1～2 mg/L 鳗鲡：2～4 mg/L 浸浴：草鱼种：30 mg/L，15～20 min 鱼卵：30～50 mg/L（海水鱼卵子25～30 mg/L），5～15 min		1. 勿与金属物品接触 2. 勿与季铵盐类消毒剂直接混合使用

注：①用法与用量栏未标明海水鱼类与虾类的均适用于淡水鱼类。
②休药期为强制性。

第二节　疾病预防标准化

鱼类生活在水中，对其疾病的诊断和治疗都有特殊的困难。用药往往是能挽救发病较轻的鱼类，而且基本上都是群体治疗，用药量较大，增加生产成本，同时影响鱼类的正常生长。因此，只有贯彻“全面预防，积极治疗”的方针，采取“无病先防，有病早治”的积极方法，才能达到减少或避免疾病的发生。

在预防措施上，既要注意消灭病原，切断传播途径，又要十分重视改善生态环境，提高机体抗病力，外因要通过内因而起作用，只有采取全面的综合防病措施，才能收到预期的防病效果。

一、改善生态环境

鱼离不开水，水环境的好坏决定着水产动物能否健康、快速地生长。

①养殖场的选址，建造要符合鱼类养殖要求。水源要充足，不被污染，不带病原体，理化指标符合"渔业水质要求"。要建有蓄水池可对水体进行初步处理，防止病原体从水源中带入（尤其是育苗时）。各个池塘要有独立的进排水系统。

②清除池底过多淤泥或对池底进行翻晒、冰冻。淤泥中有机质分解要消耗大量氧气，在夏季易引起泛池，另外在缺氧状态下产生大量有毒有害物质。

③定期调节水体 pH。pH 值偏低时可遍洒生石灰，既可调高 pH 值还可提高淤泥肥效，改善水质。pH 值偏高时，可用碳酸氢钠调节。

④在主要生长季节，晴天中午开动增氧机，充分利用氧盈，降低氧债，改善溶氧的分布不均匀性，改善池水溶氧状况。

⑤定期加注清水及换水，保持水质肥、活、嫩、爽及高溶氧。

⑥定期泼洒水质改良剂或底质改良剂，改善水质和底质。

⑦利用光合用菌、玉垒菌等有效菌群改善水质和底质状况（水体施用），增强鱼体抗病力，促进鱼体生长（内服）。

⑧采用稻田养鱼或生态立体养殖，使水产动、植物合理混养创造好的生态环境。

二、增强机体抗病力

（一）做好定时、定位、定质、定量的"四定"投饲

（二）加强日常管理及细心操作

（三）选择体健抗病品种

首先对某些疫区应尽量选择抗该病品种；其次应选身体健康（指无

遗传缺陷)的无病、无伤的苗种来养殖。

(四)人工免疫

免疫就是使机体对病原体产生抵抗力而不受其感染。免疫可分为天然免疫和后天免疫两大类。天然免疫因种类而异,具有种的特性。后天免疫是鱼体感染某种病原体或获得其毒素后,机体再产生的免疫能力。人工免疫就是利用鱼体后天免疫,采用注射、投喂、浸泡等手段,使鱼体获得菌苗或类毒素,从而调动免疫系统、产生免疫能力。

鱼类虽然具有完整的体液和细胞免疫系统,但因其生活在水中,疫苗的接种方式受到了很大局限。目前的疫苗以注射给药的保护力最佳(激发特异性免疫的能力强),浸浴和内服效果则相对较差(主要是激发非特异性免疫力)。因注射接种的操作工作量大,而影响了疫苗在控制疾病方面的应用。

1. 目前在研究的疫苗　病毒疫苗主要有:传染性造血器官坏死病疫苗、传染性胰脏坏死病疫苗、鲤弹状病毒疫苗、斑点叉尾鮰病毒疫苗、病毒性出血败血病疫苗、鲤春病毒血症疫苗、草鱼出血病疫苗、鳗鱼病毒疫苗等。

菌苗有11种:迟钝爱德华氏菌苗、斑点叉尾鮰肠道败血症菌苗、嗜水气单孢菌苗、柱状屈挠杆菌苗、类结节症菌苗、假单孢杆菌苗、细菌性肾脏病菌苗。

寄生虫疫苗有:小瓜虫疫苗和鳋病疫苗。

2. 对我国淡水养殖意义较突出的疫苗

(1)草鱼出血病疫苗　有组织灭活苗、细胞培养灭活苗和弱毒苗,均有较好的免疫原性,免疫保护力达80%以上。

免疫途径:对2龄草鱼采用注射法,1龄草鱼采用高渗浸浴法。

注意事项:该类疫苗的免疫临界温度为10℃。免疫后的草鱼至少应在10℃的水温养殖5天以上,才具有较好的免疫效果。

(2)弧菌苗　有单价、双价和多价的灭活全菌苗与脂多糖菌苗,是

目前最成功的鱼用疫苗之一。

免疫方式：注射、浸浴、喷雾。

注意事项：免疫后的鱼最好在15℃以下水温。

(3)嗜水气单孢菌苗　有灭活的全菌苗、该菌的部分成分或提取物制备的疫苗、弱毒菌苗以及hec毒素和多糖偶联的亚单位疫苗。但由于该苗的血清型众多及菌株抗原性变异频繁，其免疫保护作用的稳定性受到了一定影响。目前仅有中试产品。

免疫方式：注射、浸浴与喷雾。

注意事项：疫苗适宜在水温20℃以上应用。

(4)迟钝爱德华代菌苗　有灭活全菌苗、细菌抽提物以及菌体碎屑等各种。在日本与我国台湾有商业性疫苗上市。

免疫方式：注射与浸浴。

注意事项：免疫最佳温度为25～33℃。

(五)合理使用免疫增强剂和有益微生物

1. 免疫激活剂

(1)植物血球凝集素　具有刺激淋巴细胞分化和刺激细胞免疫的功能。

用法：注射，每千克体重8 mg，1次；内服每千克体重4.27 mg，隔天1次，连用几次；浸浴可按5.6 g/ m^3 水浴30 min，隔天1次，连用2次。

(2)葡聚糖(右旋糖酐)　激发补体、溶菌酶及巨噬细胞的活性，增强鱼体抗感染力。还具有改善机体微循环功能。

用法：注射，每次每千克体重600～800 mg。

(3)左旋咪唑　促巨噬细胞的吞噬活性和淋巴细胞的活性。

用法：注射，每千克体重1～2 mg。口服，每千克体重5 mg。连用7～14天。

(4)维生素　维生素C用法：每千克体重1～3 g，长期喂；或每千克饲料250～281 mg，连用10天。

维生素 E 用法：每千克饲料 7.5～40 IU，连喂 10～15 天。

胆碱用法：每天每千克饲料 8 g。

泛酸用法：每天每千克饲料 250 mg。

2. 有益微生态制剂　在鱼的消化道具有一定定植力的有益生物，不仅可以为宿主提供营养素而且能抑制有害微生物在消化道内生长，具有抗病促生长作用，其使用时不能与抗菌药物同时应用。常见产品如下；

(1)光合细菌　为一大类，分类学上可分四科，尽管形态、色泽等各异，但能为鱼类提供丰富的维生素、蛋白质及免疫活性物。

用法：按 1% 比例拌入料中可长期投喂。

(2)益生素　由酵母菌、乳酸杆菌、芽孢杆菌等组成的复合菌群。商品化产品较多，按说明使用。

(六)培育抗病力强的新品种

通过多种遗传育种方法培育新品种，主要有以下方法：选育自然免疫品种；杂交培育抗病品种；理化诱变培育抗病品种；用重组 DNA 技术培育转基因抗病品种。

三、控制和消灭病原体

(一)严格检疫

凡从水产场外引起的鱼苗，鱼种或亲鱼都必须经过严格检疫，凡带有特殊的地方性鱼病，尤其是目前尚无有效治疗方法，危害极其严重的第一类疾病，严禁入场，同时，从渔场输出的水产动物也必须检疫，带有上述病的水产动物严禁输出。

(二)彻底清塘

池塘是鱼类生活栖息的场所，同时也是病原体的滋生及储藏场，池

塘环境的优劣直接影响鱼类的健康生长，一般要求每年彻底清塘一次，彻底清塘包括清池塘及药物清塘(具体见鱼苗、鱼种培养)。

(三)机体消毒

实践证明，即使健壮的鱼种，也或多或少地带有一些病原体，为防止病原体传播，在分塘换池，及放养时必须对机体消毒，预防疾病的发生。机体消毒前，应认真检查病原体，针对不同的病原体种类，选择适当药物进行消毒处理，如用 8～10 mg/L 硫酸铜浸浴 15～30 min 可防治纤毛虫、鞭毛虫等寄生性原虫病；用 30 mg/L 聚维酮碘浸浴草鱼种 15～20 min(或 30～50 mg/L 浸浴鲑鳟鱼卵 5～15 min)可预防病毒病，如草鱼出血病、传染性胰腺坏死病、传染性造血组织坏死病、病毒性出血败血症等；用 20～40 mg/L 二氧化氯浸浴 5～10 min 可防治细菌性皮肤溃疡病、烂鳃病、出血病；用 1%～3% NaCl(食盐)浸浴 5～20 min可防治细菌、真菌或寄生虫疾病。

(四)饲料消毒

投喂的饲料应清洁、新鲜、不带病原体，一般不进行消毒。水草必要时可用 6 g/m^3 的漂白粉浸泡 20～30 min，卤虫即可用 300 g/m^3 的漂白粉浸泡消毒，去氯后再孵化。

(五)食场消毒

食场内的残饵在水中腐败分解，可使细菌大量繁殖，引起鱼病流行，因此，养殖过程中投饵量要适当，并且每天清除残饵。在疾病流行季节，定期对食场进行消毒，可采用挂篓、挂袋法，也可在食场周围遍洒漂白粉或硫酸铜、敌百虫进行杀菌、杀虫。

(六)工具消毒

养殖的各种工具往往成为传播疾病的媒介，因此，养鱼工作最好专塘专用。如工具缺乏，无法做到分开时，则在使用前必须消毒，一般网具可用 20 g/m³ 的硫酸铜或 50 g/m³ 的高锰酸钾或 5%的盐水浸泡消毒 0.5 h;木制或塑料工具用 5%漂白粉溶液消毒,然后用清水洗净后使用。

(七)定期药物预防

大多数疾病的发生都有一定的季节性(表 11-4)。因此,掌握发病规律,及时有计划地在疾病流行前进行预防,可弥补平时预防不足。

表 11-4 常见鱼病及发病季节

病名	车轮虫病	水霉病	赤皮病	锚头鳋病	鱼虱病	鲢碘孢子虫病
发病季节	5～8 月份	终年可见以 2～5 月份为甚	终年可见 5～9 月份为甚	终年可见 6～11 月份为甚	终年可见 4～8 月份为甚	4～12 月份

病名	出血病	中华鳋病	小瓜虫病	烂鳃病	肠炎病	打印病	指环虫病
发病季节	7～10 月份	6～10 月份	12～6 月份	4～10 月份	4～10 月份	6～11 月份	5～6 月份

对体外疾病预防可根据不同疾病的流行时间在食场进行挂篓、挂袋,或用中草药捆成小捆在池中沤水。对体内疾病预防一般采用口服法,根据不同疾病流行时间,采用不同的药物药饵进行投喂,一般连喂 3 天,预防不能长期添加抗生素以免形成抗药性,和药物在体内积累,应尽量选用中草药或生物制剂。

(八)消灭陆生终末寄主及带有病原体的陆生动物

(九)消灭池中椎实螺等中间寄主

椎实螺为双穴吸虫,血居吸虫的中间宿主,除了用彻底清塘的方法杀灭池中螺类外,在养殖期间可在傍晚放入草把第 2 天早晨取出,压死附在上面的螺类,一般连续几天,可达到杀灭椎实螺的目的,切断上述

病原体的生活史。

第三节　病害防治标准化

一、微生物鱼病

微生物鱼病，也称传染性鱼病，是指由病毒、细菌、真菌和单细胞藻类等病原体引起的疾病。它在鱼病总体中占很大比例，所造成的损失约占鱼病总体的60%，微生物鱼病发生有潜伏期、预兆期、发作期和痊愈期等不同阶段。发病又有急性、亚急性和慢性之分。

鱼类致病菌一般属条件致病菌，当环境条件适宜鱼类生长，鱼类体质健壮，一般不会引起鱼体发病；而当环境条件改变（适宜于致病菌生长繁殖），鱼体受伤或缺氧等引起鱼体免疫力下降，则致病菌可由腐生性转为致病性。

（一）病毒性鱼病

由病毒引起的鱼病，称病毒性鱼病，病毒个体小，直径仅20～300 nm。能通过滤菌器，必须用电子显微镜放大数千至数万倍以上才能看到。病毒颗粒只会有单分子脱氧核糖核酸或核糖核酸，外覆以蛋白壳，有些病毒在核蛋白外面还有一层脂蛋白膜。病毒不能自营新陈代谢，只能在活细胞中生存和复制新的病毒。病毒对鱼类造成的危害很大，不少是口岸检疫对象，由于病毒寄生在寄主的细胞内，至今没有理想的治疗方法，主要进行预防。

1. 草鱼出血病

（1）病原体　草鱼呼肠孤病毒

（2）流行情况　该病是草鱼鱼种阶段危害较大的一种病，流行季节

长，发病率高，往往造成大批草鱼死亡，从 2.5～15 cm 的草鱼都发病，有时 2 足龄以上的大草鱼也患病。水温 20～33℃都有发生，最适流行水温为 27～30℃。

(3)症状　主要症状是病鱼各器官组织有不同程度的充血，出血。根据主要出血部位的不同可分为三种类型：一是红肌肉型，即全身肌肉出血明显，剥除病鱼皮肤，可见肌肉呈点状或块状充血、出血，严重时全身肌肉呈鲜红色，肝、脾、肾的颜色变淡，鳃常呈“白鳃”。二是红鳍、红鳃盖型。病鱼口腔、上下颌、头顶部、眼眶周围，鳃盖、鳃及鳍条基部明显充血，有时眼球突出。三是肠炎型，肠道严重出血，呈紫色，肠内无食物，但肠仍具韧性，这是与细菌性肠炎病的明显区别，肠黏膜，周围脂肪，肝、脾、肾也有出血点或血丝。

(4)防治　目前该病还无有效的治疗方法。主要以预防为主。

①每 100 kg 鱼每天用 500 g 大黄，黄芩、黄柏、板蓝根(单用或合用均可)再加 100 g 食盐或再加些抗菌药物，连喂 7 天为 1 个疗程。

②每 100 kg 于每天用 0.5 kg 刺槐子，0.5 kg 苍生 2 号，0.5 kg 盐拌饵投喂，连续 2 天。

③人工免疫预防，8 cm 以上的草、青鱼采用腹腔或背鳍基部注射，每尾注射疫苗 0.3～0.5 mL，或用尼龙袋充氧，用 0.5%疫苗液浸浴夏花 24 h。

2. 鱼痘疮病(鲤痘疮病)

(1)病原体　鲤疱疹病毒。

(2)流行情况　流行于冬季及早春低温(10～16℃)时及水质肥沃的池塘、水库、网箱内，当水温升高后，会逐渐自愈。主要危害鲤鱼，鲫鱼等，而青、草、鲢、鳙等不感染。主要影响鱼的生长及降低鱼的商品价值。

(3)症状　发病初期体表出现乳白色的斑点，覆盖着一薄层白色黏液，随后变厚，增大，严重时可融合成一片，病灶由乳白色变成石蜡状，由光滑变粗糙，由软变硬，随自行脱落长出新的增生物。

(4)防治方法 目前无有效防治方法。

3. 传染性胰腺坏死病(IPN)

(1)病原体 传染性胰腺坏死病病毒(IPNV),Dobos 等建议 IPNV 为双 RNA 病毒属(Birnavirus)。

(2)流行情况 敏感鱼类有美洲红点鲑、虹鳟、河鳟、克氏鲑、银大麻哈鱼、大门玫瑰大麻哈鱼,湖红点鲑、大西洋鲑、大鳞大麻哈鱼等,主要危害 14～70 日龄的鱼苗、鱼种,在水温 10～12℃之死亡率可高达 80%～100%,鱼越小死亡率越高。病程有急性型和慢性型之分,急性型可在几天内全部死光,慢性型则每天死少量,持续死亡时间很长。1 龄鱼虽也有患病的,但病情较轻,一般全长超过 15 cm 的鱼发病可能性很小,多数呈隐性感染。

最重要的传染源是带有病毒的成鱼,水和空气都可能是传播的媒介。IPNV 可经过卵而进行垂直传播,也可进行水平传播。IPNV 是鱼类口岸检疫的第一类检疫对象。

(3)症状 病鱼游动失调,常作垂直回转游动,不久便沉入水底,间歇片刻后又重复以上游动,直至死亡,一般从开始回转游动至死亡仅 1～2 h。在流水池中失去游动能力的病鱼汇集在排水口的拦网上。病鱼体色发黑,眼球突出、腹部膨大,腹部及鳍基部充血,鳃呈淡红色,肛门处常拖有 1 条线状黏液便。剖开鱼腹有时可见有腹水,幽门垂出血,肝、脾、肾及心脏异常苍白;消化道内通常没有食物,而有乳白色或淡黄色黏液,这些黏液样物通常在 5%～10%的福尔马林中不凝固,这具有诊断价值。

(4)防治方法 目前无有效治疗方法。在引进、销售种苗时一定要进行严格检疫(详见第十章)。用 30～50 mg/L 聚维酮碘(有效碘 1%)浸浴发眼卵 5～15 min 有一定预防的作用。

4. 传染性造血组织坏死病(IHN)

(1)病原体 传染性造血组织坏死病病毒(IHNV)。属弹状病毒属。

(2)流行情况　IHNV 主要危害虹鳟、大鳞大麻哈鱼、红大麻哈鱼、马苏大麻哈鱼、河鳟等鲑科鱼类的鱼苗及当年鱼种，尤其是刚孵出的鱼苗到摄食 4 周龄的鱼种(体重 0.2～0.6 g)为甚，死亡率高；1 龄鱼种也有患病的，但死亡率不高，2 龄以上鱼不发病。潜伏期的长短随水温而不同，10℃时一般 4～6 天开始死亡，8～14 天死亡率最高，可持续死数星期；10℃以下症状发展缓慢，15℃时自然发病现象消失。在苗种期患过 IHN 残存下来的带病毒鱼是主要传染源，是鱼类口岸第一类检疫对象。

(3)症状　特征之一为苗种突然死亡。病鱼首先游动缓慢，顺流飘起，摇晃摆动，时而出现痉挛，继而浮起横转，往往在剧烈游动后不久即死。此时出现的狂游为 IHN 特征之一。病鱼体色发黑，眼球突出，腹部因腹腔积水而膨大，鳍条基部充血，肛门处常拖着 1 条长而较粗的白色黏液便；贫血，鳃及内脏颜色变淡；口腔、骨骼肌、脂肪组织、腹膜、脑膜、鳔和心包膜常有出血斑点，肠出血，鱼苗的卵黄囊也会出血、因充满浆液而肿大。病后残存的鱼脊椎弯曲。

(4)防治方法　目前无有效防治方法。应加强综合预防措施，严格执行检疫制度(详见第十章)。用 30～50 mg/L 聚维酮碘(有效碘 1%)浸浴发眼卵 5～15 min 有一定预防作用。

5. 病毒性出血败血症

(1)病原体　艾特韦病毒，属弹状病毒，提议叫艾特韦弹状病毒。

(2)流行情况　重要的传染源是带病毒的鱼，病鱼产的卵表面带有病毒，因病毒颗粒较大不能进入卵的内部，所以 VHS 不进行垂直传播。艾特韦病毒主要危害在低温季节淡水中养殖的虹鳟，全长 5 cm 至体重 200～300 g 的商品鱼受害最严重，人工感染可使河鳟、美洲红点鲑、白鲑、湖红点鲑等发病，大鳞大麻哈鱼、银大麻哈鱼、虹鳟与银大麻哈鱼杂交的三倍体杂交种不感染。该病流行于冬末春初，水温在 14℃以下容易暴发。

(3)症状　分急性型、慢性型和神经型。

急性型发病迅速，死亡率很高。病鱼体色发黑，贫血，眼球突出，眼眶周围、口腔出血，鳃的颜色变淡或花斑状出血，鳍基部及皮肤有时也出血。骨骼肌、脂肪组织、鳔、肠等都出血；肾脏的颜色比正常的更红，造血组织发生变性、坏死；肝呈暗红色，点状出血，肝细胞发生空泡变性，局灶性坏死；脾脏肿大，脾脏及肾脏中有很多游离黑色素；骨骼肌有时发生玻璃样变、坏死。

慢性型病鱼的病程较长，死亡率较低，鱼体深黑色，眼球显著突出，严重贫血，鳃苍白，甚至水肿，鱼体各处很少出血或不出血，并常伴有腹水；肝脏、肾脏、脾脏褪色，肝细胞发生变性、坏死；肾脏、脾脏中的造血组织坏死。

神经型病鱼作旋转游动，时而沉于池底，时而狂游，跳出水面，或侧游，腹壁收缩，在数天内逐渐死亡。

(4)防治方法

①目前无有效防治方法。应加强综合预防措施，严格执行检疫制度。

②发眼卵用伏碘水溶液消毒。

③疾病流行地区改养对 VHS 抗病力强的大鳞大麻哈鱼、银大麻哈鱼或虹鳟与银大麻哈鱼杂交的三倍体杂交种。

(二)细菌性鱼病

细菌是一类肉眼看不到的单细胞生物，大小仅几个微米。引起鱼类发病的主要是革兰氏阴性杆菌。凡由细菌感染引起的鱼病，称细菌性鱼病。细菌性鱼病是我国淡水水产动物养殖病害中危害最大的。

1.细菌性烂鳃病

(1)病原体　柱状嗜纤维杆菌，原叫柱状屈挠杆菌，属革兰氏阴性菌。

(2)流行情况　该病一般在水温15℃以上时开始发生，在15～30℃范围内，水温越高越宜流行暴发，致死时间也越短。水环境差，营养不平衡易诱发该病。该病主要危害草鱼和青鱼，从鱼种至成鱼均可

受害；鲤、鲫、银鲫、鲢、鳙、团头鲂、加州鲈、大口鲶、鳗鲡、金鱼等也都可受害；人工感染鲮、罗非鱼、团头鲂与三角鲂杂交鱼、纹唇鱼、黄尾密鲴等也都可发病致死。国外报道，鲑科、鲤科、亚口鱼科、叉尾鮰科、绪科、棘臀鱼科、鲹科等数十种鱼均可受害，症状不一。

(3)症状　病鱼体色发黑，尤以头部为甚；游动缓慢，对外界的刺激反应迟钝，呼吸困难，食欲减退，病情严重时，离群独游水间，不吃食，对外界刺激失去反应。病鱼鳃盖内表往往充血发炎，中间部分常糜烂成一圆形或不规则的透明小窗，俗称“开天窗”，鳃上黏液增多，鳃丝肿胀，鳃丝末端腐烂，缺损，软骨外露，鳍的边缘，色泽变淡，呈“镶边”状。

(4)预防措施

①彻底清塘。

②选择优质健壮鱼种，下塘前用 10 g/m^3 的漂白粉或 15～20 g/m^{3}的高锰酸钾药浴 10～30 min，或用 2%～4%的食盐水药浴5～20 min。

③发病季节，每月全池遍洒生石灰 1～2 次，浓度为 15～20 g/m^3。

④发病季节，每周食场周围遍洒漂白粉 1～2 次，用量视场大小和水深而定，一般为 250～500 g。

⑤发病季节定期将乌桕叶扎成数小捆，放在池中沤水，隔天翻 1 次。

⑥鳃上若有寄生虫必需及时杀灭。

(5)治疗方法　生产上，往往采用内有药和外用药同时治疗，否则很难达到疗效，治疗时注意以下列方法中选择一种外用药和内服药施用。

①漂白粉：全池遍洒浓度为 1～2 g/m^3。

②三氯异氰尿酸：全池遍洒浓度为 0.1～0.5 g/m^3。水产品上市前至少有 7 天停药期。

③二氧化氯：全池遍洒，浓度为 0.5～2.0 g/m^3。

④二溴海因：全池遍洒，浓度为 0.2～0.3 g/m^3。

⑤全池遍洒五倍子(先磨碎后用开水浸泡)，浓度为 2～4 g/m^3。

⑥乌桕叶(干),浓度为 3.7 g/m³。使用方法是先将干乌桕叶(新鲜乌桕叶 4 kg 折合 1 kg 干乌桕叶)用 20 倍重量的 2%石灰水浸泡过夜,再煮沸 10 min,进行提效,然后连水带渣全池泼洒。

⑦大黄:浓度为 2.5～3.7 g/m³,使用方法是按所需药物浓度称取大黄,加 20 倍 0.3%氨水(取含氮 25%～28%的氨水 0.3 mL,用水稀释至 100 mL 即成 0.3%氨水),置陶瓷缸内浸泡 12～24 h,使药液呈棕红色,将药液和药渣用池水稀释后全池泼洒。

⑧每 100 kg 鱼每天用磺胺-6-甲氧嘧啶 5～20 g 拌饲投喂,连喂 4～6天,第一天加倍。水产品上市前至少有 30 天停药期。

2.赤皮病

(1)病原体　荧光假单孢菌,属革兰氏阴性菌。

(2)流行情况　荧光假单孢菌是条件致病菌,鱼体表完整无损时,病原菌无法侵入鱼的皮肤,只有鱼体受伤后,病原菌才能乘虚而入,引起发病。青鱼、草鱼、鲤、鲫、团头鲂等多种淡水鱼均可患此病。一年四季都有流行,捕捞、运输越冬后最易暴发。发病 10 天鱼即死亡。草鱼常与烂鳃、肠炎并发。

(3)症状　鱼体出血发炎,鳞片脱落,特别是鱼体两侧及腹部最明显,部分或全部鳍基部充血,鳍的末端腐烂,常烂去一段,称“蛀鳍”。鱼上下颌及鳃盖部分充血,呈现块状红斑。鳃盖内表面的皮肤常腐蚀成透明小窗,俗称“开天窗”。

(4)预防措施

①尽量避免鱼体受伤。

②发病季节可全池遍洒生石灰或用漂白粉对食场进行消毒,用法同细菌性烂鳃病的预防。

(5)治疗方法　采用内服和外用药物相结合进行治疗。

①全池泼洒二氧化氯,浓度为 0.5～2.0 g/m³。

②全池遍洒五倍子　浓度为 4 g/m³,连用 2 天(方法同细菌烂鳃病)。

③内服磺胺噻唑或磺胺嘧啶用量为 10 g/100 kg 鱼,连用 5 天,第

一天药量加倍。

3. 细菌性肠炎病

(1)病原体　肠型点状气单孢菌，属革兰氏阴性短杆菌。

(2)流行情况　肠型点状气单孢菌为条件致病菌，在水中及底泥中常大量存在，在健康鱼肠道中也是一常居菌，但数量少不是优势种，不引发点病，当条件恶劣，鱼抵抗力下降时，常导致疾病暴发。主要危害草鱼和青鱼，罗非鱼和鲤鱼有少量发生。草鱼、青鱼从鱼种至成鱼都可受害，死亡率较高。水温在 18 ℃以上开始流行，高峰为 25～30℃，是我国饲养鱼类中危害严重的疾病之一。常与烂鳃病、赤皮病并发。

(3)症状　病鱼离群，独游，鱼体发黑，食欲减退，以至完全不吃食，腹部膨大，肛门红肿外突。腹腔有大量黏液，肠壁充血发红，充满淡黄色黏液，肠内无食物。

(4)预防措施　一般采用中草药预防，除加强饲养管理和常规消毒外，发病季节每月投喂下列任一种中草药 1～2 个疗程。

①每 100 kg 鱼每天用大蒜头 500 g(或大蒜素 2 g)，食盐 200 g 拌饲，分上、下午两次投喂，连喂 3 天。

②每 100 kg 鱼每天用干的地锦草，马齿苋、铁苋菜咸辣蓼(合用或单用均可)500 g，食盐 200 g 拌饲，分上、下午两次投喂连喂 3 天，如用新鲜的地锦草、马齿苋为 2 500 g，铁苋菜、辣蓼为 2 000 g。

③每 100 kg 鱼每天用干穿心莲 2 kg 或新鲜穿心莲 3 kg 打咸浆，再加盐 200 g，抖饲，分上、下午两次投喂，连喂 3 天。

(5)治疗方法　因鱼体内、外及水体中均有病原菌，治疗时必须内服和全池泌洒相结合，外用药常用氯制剂，用量同细菌性烂鳃病，同时再喂任何下列一种内服药。

①每 100 kg 鱼每天用氟哌酸 2～5 g 拌饵，分上、下午两次投喂，连喂 3 天。

②每 100 kg 鱼每天用土霉素 5～8 g 拌饵，分上、下午两次投喂，连喂 6～10 天。水产品上市前至少有 30 天停药期。

③每 100 kg 鱼每天用磺胺-2，6-二甲氧嘧啶 2～20 g 拌饵，分上、

下午两次投喂，连喂3～6天。水产品上市前至少有42天停药期。

4. 竖鳞病

(1)病原体　水型点状假单孢菌属革兰氏阴性菌。

(2)流行情况　该菌为水中常在菌，是条件致病菌。当水质污浊，鱼种受伤时经皮感染。主要危害鲤、鳢、鲫、金鱼、草鱼，鲢有时也会感染。我国东北、华中、华东等地区，在越冬后期和春季均易流行，水温17～22℃的静水鱼池中，死亡率一般在50%以上，而流水养鱼池较少发生。

(3)症状　疾病早期，鱼体发黑，体表粗糙，鱼体前部鳞片竖立，鳞囊内积有半透明液体，严重时，全身鳞片竖立，鳞片囊内积有含血的渗出液(图11-2)。用手指轻压鳞片，渗出液就喷射出来，鳞片也随着脱落(与鱼波豆虫寄生现象相同，诊断时应用显微镜镜检渗出液)。

图11-2　患竖鳞病的鲤鱼

(4)预防措施　病原菌为条件致病菌，应加强饲养管理和一般消毒，使水体保持清新，溶氧充足，增强机体抗病力。

(5)防治方法

①用20%盐水和3%的小苏打合剂浸洗鱼体10 min

②每100 kg鱼每天用磺胺间甲氧嘧啶5～20 g拌饲投喂，连用

4～6天，第一天剂量加倍。

③每 100 kg 鱼每天用磺胺二甲异恶唑 20～50 g 拌饲投喂，连用4～6天，第一天剂量加倍。

5. 白头白嘴病

(1)病原体　尚未完全查明，是一种与细菌性烂鳃病的病原体很相似的细菌。

(2)流行情况　主要危害夏花鱼种(青鱼、草鱼、鲢、鳙、鲤、加州鲈等)，尤其对草鱼夏花鱼种危害极大，是一种暴发性鱼病，发病快，来势猛，死亡率高，一日之间，可使夏花鱼种大批死亡，流行于 5～7 月份，6月份为发病高峰。华中、华南地区夏季最易流行。

(3)症状　病鱼自吻端至眼球处的一段皮肤色素消退，变成乳白色，唇肿胀，张闭失灵，造成呼吸困难。在池边观察水面游动的病鱼，可见"白头白嘴"症状，但捞出则症状不明显。病鱼反应迟钝，呈浮头状散乱浮在下风处，不久即死。诊断时应与大量车轮虫寄生引起鱼苗，夏花的"白头白嘴"症状相区别。用显微镜检查前者有大量滑行杆菌，后者有大量寄生虫寄生。

(4)预防措施　该病发生的原因之一是夏花鱼种分塘不及时，造成密度过大，饵料不足，因此，合理密养及时分塘是预防止病的重要措施。

(5)治疗方法

①同细菌性烂鳃病治疗。

②全池遍洒乌蔹莓(五爪龙)和硼砂，浓度分别为 5～7 g/m^3，1.5～2 g/m^3，使用方法是将乌蔹莓加水煮沸 30 min 后加水稀释，药液和药渣全池遍洒，与此同时泼洒硼砂。

6. 细菌性败血病(暴发性出血病)

(1)病原体　嗜水气单孢菌、温和气单孢菌、鲁克氏耶尔森氏菌等。

(2)流行情况　细菌性败血症在 20 世纪 70 年代末在浙江、江苏个别渔场发生。目前二十多个省市自治区均有发生，危害多种淡水鱼类，水温在 9～36℃均有流行，其中尤以水温持续在 28℃以上及高温季节后水温仍保持在 25℃以上为严重。危害鱼的年龄从 2 月龄的鱼种至

食用鱼的种类最多，危害鱼的年龄范围最大，流行地区最广，流行季最长，危害养殖水域类别最多，造成损失最大的一种急性传染病。

(3)症状　早期及急性感染时，病鱼的上下颌、口腔、鳃盖、眼睛、鳍茎及鱼体两侧轻度充血，此时，肠道尚有少量食物，严重时，鱼体表严重充血，眼眶周围充血，眼球突出，肛门红肿，腹部膨大，腹腔内积有淡黄色透明腹水，或红色混浊腹水、鳃、肝、肾的颜色均变淡，呈花斑状，病鱼严重贫血，肝脏、脾脏、肾脏肿大，脾呈酱紫黑色；胆囊大，肠系膜、腹膜及肠壁充血，有的病鱼鳞片竖起，肌肉充血，鳔壁充血，鳃丝末端腐烂，有时少数鱼有眼看不出明显症状的死亡，这是由于鱼体质弱，病原菌数量多，毒力强所致。

(4)预防措施

①鱼种投放前进行彻底地清塘消毒，每 667 m^2 用生石灰 75～100 kg全池泼洒（干池塘清塘）。

②鱼种放养前必须消毒，用 2%的食盐或 20%高锰酸钾浸洗 10～15 min。

③加强投饵管理和水质管理，保证水体“肥、活、嫩、爽”。

④水体定期消毒，每 20 天用生石灰全池泼洒 1 次，浓度为 15～20 g/m^3，或用漂白粉浓度为 1.0～2.0 g/hm^3，或二氧化氯 0.5～2.0 g/m^3。

(5)治疗方法

①第 1 天杀灭鱼体外寄生虫（针对不同寄生虫选用不同药物）。

②第 2 天至第 6 天连续投喂药饵消灭体内病原菌。每 100 kg 鱼每天用磺胺嘧啶 1 g 和大黄粉剂 1 kg 拌饵投喂第 2～5 天减半。

③第 3、5 天全池泼洒二氧化氯浓度为 0.4 g/m^3。

7. 鲤白云病

(1)病原体　恶臭假单孢菌，革兰氏阴性短杆菌。

(2)流行情况　流行于水温 6～18℃，并稍有流水、水质清瘦、溶氧充足的网箱养鲤及流水越冬池中，当鱼体受伤后更易暴发流行，常并发竖鳞病、水霉病，死亡率可高达 60%以上，当水温上升到 20℃ 以上时，此病可不治而愈；在没有水流的养鱼池中，溶氧偏低，很少发生或不发生此病。养在同一网箱中的草鱼、鲢、鳙、鲫鱼则不感染发病。

主要危害夏花鱼种(青鱼、草鱼、鲢、鳙、鲤、加州鲈等)，尤其对草鱼夏花鱼种危害极大，是一种暴发性鱼病，发病快，来势猛，死亡率高，一日之间，可使夏花鱼种大批死亡，流行于5～7月份，6月份为发病高峰。华中、华南地区夏季最易流行。

(3)症状　患病初期可见鱼体表有点状白色黏液物附着，并逐渐蔓延扩大，严重时好似全身布满一片白云，尤以头部、背部及尾鳍处黏液更为稠密，故叫鲤白云病，严重时鳞片基部充血，鳞片脱落，鱼靠近网箱溜边不吃食，游动缓慢，不久即死：剖开鱼腹，可见肝脏、肾脏充血。

(4)预防措施

①进箱的鱼种应选择健壮、不受伤的鱼，且进箱前鱼种要用高锰酸钾水溶液或盐水等进行药浴，杀灭体表寄生虫及病原菌。

②加强饲养管理，增强鱼体抗病力，尽量缩短越冬停食期。

③在该病流行季节，每月可投喂下列治疗用内服药饲1～2次，每次连续喂3天。

(5)治疗方法

①外用药：在网箱内遍洒福尔马林或新洁尔灭。

②内服药：将抗生素或磺胺类药物拌饲投喂，连喂6天。

(三)真菌性鱼病

凡由真菌引起的鱼病称真菌性鱼病，真菌不仅危害水产动物的幼体及成体，而且危及卵。目前对真菌尚无理想的治疗方法，主要进行预防和早期治疗，有些种类是口岸检疫对象。

1. 水霉病

(1)病原体　水霉，绵霉。

(2)流行情况　水霉在淡水水域中广泛存在，是条件致病菌，对水产动物的种类没有选择性，凡是受伤的均可被感染，而未受伤的则一律不受感染。在鲫孵化过程中，水霉孢子能在鱼卵上萌发并穿入卵壳，但

当胚胎生活力强时，则不被感染。水霉在5～26℃均可生长繁殖，只是种类不同，最适繁殖温度为13～18℃。该病一年四季均有发生，尤以冬季、早春多发。

(3)症状　疾病早期，肉眼看不出有什么异状，严重时，肉眼可见鱼体上具有灰白色，柔软的棉毛状物。被寄生的鱼卵，水霉外菌丝呈放射状，故称“太阳籽”。

(4)预防措施

①鱼体水霉病的预防：池塘要彻底清塘消毒，并加强饲养管理工作，提高鱼体抵抗力，尽量避免鱼体受伤，对亲鱼在人工繁殖时受伤后，可在伤口涂磺胺软膏或10%高锰酸钾水溶液等。

②鱼卵水霉病的预防：要加强亲鱼培育，提高鱼卵受精率，对鱼巢，产卵池及孵化工具彻底消毒，同时孵化密度合理，尤其鱼巢上附卵不能太密集，以免压在下面的卵缺氧窒息死亡而感染水霉后进一步危及健康鱼卵。

(5)治疗方法　目前尚无理想的治疗方法，不是费用太贵，就是药物有致癌作用而禁用，同时也只有在疾病早期治疗才能有效。

①鳜鱼患病可用40 g/m^3 小苏打、食盐合剂(1∶1)浸泡，时间视鱼的耐受力而定。

②虹鳟鱼可用10 g/m^3 高锰酸钾浸泡1 h。

2. 鳃霉病

(1)病原体　鳃霉。

(2)流行情况　通过孢子与鳃直接接触而感染。我国的广东、广西、湖北、浙江、江苏、辽宁等省均有流行；敏感的鱼类有草、青、鳙、鲮、银鲴、黄蚴等，其中鲮鱼苗最为敏感，广东有些地区鲮鱼鱼苗的发病率达70%～80%，死亡率高达90%以上；主要流行于热天，5～10月份，尤以5～7月份为甚，当水质恶化，特别是水中有机质含量高时，容易暴发此病，在几天内可引起病鱼大批死亡。为口岸鱼类第二类检疫对象。

(3)症状　病鱼失去食欲，呼吸困难，游动缓慢，鳃上黏液增多，鳃上有出血、淤血或缺血的斑点，呈现花鳃；病重时鱼高度贫血，整个鳃呈

青灰色。

(4)防治方法 目前尚无有效治疗方法,主要是采取预防措施。

①清除池中过多淤泥,用质量分数为 450×10^{-6} 的生石灰或 40×10^{-6} 的漂白粉消毒。

②严格执行检疫制度。

③加强饲养管理,注意水质,尤其是在疾病流行季节,定期灌注清水,每月全池遍洒 1～2 次生石灰(质量分数为 20×10^{-6} 左右),必要时可全池泼 1 次漂白粉(质量分数为 1×10^{-6});掌握投饲量及施肥量,有机肥料必须经发酵后才能放入池中。

3. 虹鳟内脏真菌病

(1)病原体 真菌种类尚未作鉴定。

(2)流行情况 主要危害虹鳟、红大口大麻哈鱼、银大麻哈鱼、大鳞大麻哈鱼的鱼种,死亡率高。

(3)症状 病鱼的腹部明显膨大,消化管、肝、脾、肾、鳔、腹腔、体壁内有大量真菌寄生。我国至今只发现寄生在虹鳟的消化道内,主要为肠道后部,近肛门处最密集;少数病鱼在胃内也可检出菌丝体。

(4)防治方法 目前尚无有效治疗方法,主要是进行预防,预防措施同鳃霉病。

(四)藻类引起的鱼病

卵甲藻病,又叫卵涡鞭虫病。

(1)病原体 嗜酸性卵甲藻。

(2)流行情况 嗜酸性卵甲藻喜生活于 pH 值 5～6.5 的酸性水体,全年都有发生,尤以春秋两季为主要发病季节,多种鱼类都感染此藻,尤以草鱼最敏感。

(3)症状 病鱼体表黏液增多,背鳍、尾鳍及背部先后出现白点,随病情发展,白点逐渐蔓延至尾柄,鱼体两侧、头部及鳃内与小爪虫症状相似,但该病的白点之间有红色充血斑点,尾部特别明显。后期病鱼食欲减退,游动迟缓,鱼体上白点连片重叠,像裹了一层米粉,俗称

“打粉病”。

(4)防治方法：全池遍洒生石灰，质量体积分数为 15～20 g/m^3，即可治愈。

二、寄生虫鱼病

寄生虫病又称侵袭疾病，是由原生动物，蠕虫和甲壳类动物所引起的鱼病。有些寄生虫在鱼体少量寄生一般无多大危害，但有些寄生虫可在短期内引起水产动物大批死亡或全部死亡，有些种类由于危害大，目前又无有效治疗方法，因而被列为口岸检疫对象。

(一)车轮虫病

1. 病原体　车轮虫和小车轮虫，车轮虫正面观呈圆形，侧面观象毡帽或菜碟，最明显的特征是体内有一齿轮状结构的齿环。虫体大小为 50 μm 左右，用显微镜放大 100 倍才能看清。

2. 流行情况　车轮虫寄生在多种温水鱼的鳃及体表各处，主要危害鱼苗，鱼种，严重感染时可引起病鱼大批死亡，该病一年四季都有发生，引起病鱼大批死亡主要是在热天。

3. 症状　少量寄生没有明显症状；严重感染时，可引起寄生处黏液增多，鱼苗、鱼种游动缓慢，呼吸困难而死，一般无特殊症状。也有的出现“白头白嘴”症状，有的呈“跑马”症状。

4. 防治方法

①全池泼洒硫酸铜、硫酸亚铁(5：2)合剂，质量体积分数 0.7 g/m^3。

②每 100 m^2 放楝树新鲜枝叶 5 kg，煎煮后全池泼洒。

③鳗鲡患病可全池泼洒福尔马林，质量体积分数为 30 g/m^3。

(二)小瓜虫病(白点病)

1. 病原体　多子小瓜虫。

2. 流行情况　多子小瓜虫对鱼的种类、年龄均无严格选择性，尤以不流动的小水体，高密度养殖的幼鱼及观赏性鱼类为重，常引起大批死亡，小瓜虫繁殖适温为15～25℃，流行于春、秋季。

3. 症状　小瓜虫寄生处形成1 mm以下的小白点，当病情严重时，躯干、头、鳍、鳃、口腔等处都布满小白点，并伴有大量黏液，形成白色黏液层。鳃上大量寄生时则影响呼吸使鱼窒息死亡。

4. 防治方法　目前尚无理想的治疗方法，主要以预防为主。

每667 m^2 每米水深用鲜辣椒(干红辣椒)250 g，加上干姜片100 g，加水煮沸后全池泼洒有一定疗效。

(三)球虫病，亦称美虫病

1. 病原体　艾美虫。

2. 流行情况　艾美虫多寄生在鱼的肠、幽门垂、肝脏、肾脏、精巢、胆囊和鳃等处，我国危害较大的是青鱼艾美虫。

3. 症状　病区消瘦，贫血，食欲，鱼体发黑，腹部略为膨大，前肠比正常粗2～3倍，肠壁上有许多白色小结节，严重时肠壁溃烂穿孔。

4. 治疗方法

①每100 kg鱼每天用100 g硫磺粉剂制成颗粒药饵投喂，连续4天。

②每100 kg鱼每天用碘2.4 g或市售2%的碘酊120 mL，制成颗粒药饵投喂连喂4天。

(四)黏孢子虫病

黏孢子种类很多，几乎每种鱼都有寄生，但大多数种类寄生的数量不大，危害较小，根据侵袭部位不同可分为以下三种情况：

1. 黏孢子虫引起的皮肤病

(1)病原体　野鲤碘泡虫，鲤单极虫，鲤肠碘泡虫，椭圆碘泡虫，中华尾孢虫等。

(2)症状　野鲤碘泡虫经常侵袭鲤、鲫、鲮等鱼的皮肤，使其出现白

色孢囊，病情越重，孢囊越大越多，严重影响生长发育，引起消瘦死亡。鲤单极虫常大量寄生于鲤、鲫、鲮的体表和体内各器官。在体表形成孢囊，被侵袭处鳞片局部竖起，在一定程度上影响鱼的生长发育，但一般不会大量死亡。

2. 黏孢子虫引起的鳃病

(1)病原体　异型碘泡虫，肌肉碘泡虫，变异碘泡虫和黑龙江球泡虫等。

(2)症状　大量黏孢子虫侵袭鳃瓣时，鳃表有时形成点状或瘤状孢囊，使鳃组织受到破坏而影响鱼体呼吸，有时以渗透方式大量散布于鳃丝的组织细胞内甚至侵入微血管中，严重影响生长发育，有时导致大批死亡。

3. 黏孢子虫引起的肠道病

(1)病原　鲢黏体虫，中华黏体虫，对称碘泡虫，饼形碘泡虫，草鱼碘泡虫等。

(2)症状　病原体主要侵袭鱼的肠管，形成孢囊，有时还可穿透肠壁，在肠外壁上形成大量孢囊，严重影响生长发育。

4. 黏孢子虫引起的神经系统病(鲢、鳙疯狂病)

(1)病原　鲢碘泡虫。

(2)症状　病鱼极度消瘦，头大尾小，尾部上翘，体色暗淡，有的下颌厚斜，行动异常，有的作波浪式旋转活动，表现出极度疲乏无力的样子，有的独自狂游乱窜，抽搐打转，经常跃出水面，又钻入水中，如此反复多次，终至死亡。

(3)防治方法　鱼池使用前要进行严格消毒，清塘，鱼种入塘前要进行药浴消毒，防止交叉感染，目前黏孢子虫病还没有十分理想的治疗方法。有人报道，内服和全池泼洒敌百虫对于治疗体内外的黏孢子虫有一定疗效。

(五)锚头鱼蚤病

1. 病原体　多态锚头鱼蚤，草鱼锚头鱼蚤，鲤锚头鱼蚤。

2. 流行情况　该病全国流行以两广和福建最为严重，对淡水鱼各龄鱼都可危害，尤其以鱼种受害最大，锚头鱼蚤在水温 12～33℃都可以繁殖，主要流行于热天。

3. 症状　大量寄生时，病鱼呈现不安，食欲减退，继而鱼体消瘦，游动缓慢，鱼体有红斑，体表可看到寄生的锚头鱼蚤。

4. 防治方法

①鱼种放养前用高锰酸钾 15 g/m³ 浓度浸洗 1.5 h 后放养。

②在食场周围用松树叶扎成 5～6 捆沤水，用量为每 666.7 m² 用 10～15 kg 或每 666.7 m² 用 10～15 kg 松树叶捣碎浸叶后泼洒。

③全池泼洒 90%晶体敌百虫，浓度为 7 g/m³，每隔 7 天再用一次，连用 3 次。水产品上市前至少要有 10 天停药期。

三、非寄生鱼病

除微生物，寄生虫引起的寄生性鱼病外，由其他因素造成的鱼病都称非寄生性鱼病。大致包括，生物敌害、理化因素、机械操作和由营养问题等引发的疾病。

(一)由三毛金藻引起的中毒

1. 病因　三毛金藻（土栖藻）大量繁殖，产生大量鱼毒素、细胞毒素、溶血毒素、神经毒素等，引起鱼类中毒死亡。

2. 流行情况　流行于盐碱地的池塘，水库等半成水水域，危害各种鱼类，一年四季都有发生，主要发生于春、秋、冬季。

3. 症状　中毒初期，鱼焦躁不安，呼吸频率加快，流动急促，方向不定，不久就趋于平静，反应逐渐迟钝，鱼开始向背风浅水角落集中，鱼体分泌大量黏液，胸鳍基部充血明显，逐渐各鳍基部都充血，鱼体后部颜色变淡，呼吸频率逐渐减少，随着中毒时间的延长，胸鳍以后鱼体麻痹，鱼布满池的四角及浅水处，一般头朝岸边，排列整齐，濒死前出现间

歇性挣扎呼吸，不久即失去平衡而死，但也有的鱼死后保持自然状态，整个中毒过程鱼不浮头。

4. 防治方法

①定期向池中施铵盐类化肥，尿素等使水体总氨稳定在0.25～1 mg/L。

②在pH 8左右，水温20℃左右的盐碱地发病鱼池早期全池遍洒硫酸铵或氨化铵或碳酸氢铵浓度为20 g/m³。

③发病鱼池早期全池遍洒0.3%，黏土泥浆水吸附毒素，在12～24 h内中毒鱼类可恢复正常，不污染水体，但三毛金藻不被杀死。

(二)气泡病

1. 病因　水体中过饱和的气泡被鱼类误食而吸附到肠壁或附着在体表使鱼体失去平衡浮于水面，若不及时抢救则可造成死亡，这是鱼苗、夏长阶段的一种鱼病。

2. 症状　鱼体最初感到不适，在水面作混乱无力游动，当气泡大时失去自由流动能力而浮在水面，不久即死亡，解剖检查可见血管有大量气泡，引起栓塞而死。

3. 防治方法

①不施用未经发酵的肥料。

②北方冰封期，冰上要打洞。

③立即加注饱和度以下的清水同时排除部分池水，或将患气泡病的个体移入清水。

④全池遍洒食盐，用量为666.7 m²用4 kg。

(三)跑马病

1. 病因及症状　鱼围绕池边成群狂游，驱赶不散，呈跑马状，故叫“跑马病”，湖南叫“车边病”。鱼因大量消耗体力，消瘦衰竭而死，主要发生在鱼苗饲养阶段，池内缺乏适口饵料，或池塘漏水，鱼长期顶水，体

力消耗大引起跑马病，通常鲢、鳙发生跑马病的情况较少见，诊断时应与车轮虫引起的跑马症状相区别，镜检鱼体是否有大量车轮虫。

2. 防治方法

①加强饲养管理。放养密度要适当，不能过密，鱼池不能漏水，鱼苗饲养 10 天后应投喂漂沙，豆渣等。草鱼、青鱼适口的饲料。

②用芦席从池边阻断鱼苗群游路线，并投喂豆渣、豆饼浆、米糠或蚕蛹粉等鱼苗喜食的饲料，不久即可制止。

③将鱼池中草鱼、青鱼分养到已培养了大量大型浮游动物的池塘。

第四节　可由水生生物传给人的疾病

从动物学角度来看，人和一般水生动物进化程度相差较大，相对于畜禽来讲，人类和水生动物之间的共患病较少。但为保障人类健康，那些由水生生物传给人的疾病应引起相关从业者和食用者的重视。

1. 病毒性肝炎　与水生生物有关的有甲型肝炎病毒，其宿主除人外还有牡蛎、毛蚶。通过食入受染的食品传染。戊型肝炎病毒也可通过受染的水和水生生物传染给人。我国的感染率均很高。人感染14～35天后，会出现发烧、无食欲、厌倦、头痛、呕吐，偶有黄疸等特征症状。

2. 炭疽杆菌病　炭疽是由炭疽杆菌引起的一种烈性败血性传染病，主要感染热血动物，感染人引起败血症、肺炎或局部病症，致死率极高。炭疽杆菌遍布世界。庄宗唐等(1991)首次从鱼类的革胡子鲶中分离到炭疽杆菌，1995 年又在被炭疽病死家畜污染的鱼塘中捕捞的鱼体内分离出 26 株炭疽杆菌。

传给人的可能途径：人类常通过皮肤感染，也可能通过吸收或摄入

病原感染。土壤或动物产品中的芽孢具有致病力。

3. 梭菌病 病原体为芽孢梭菌，呈世界性分布，主要感染哺乳动物、鸟类、鱼。

传给人的可能途径：土壤中的芽孢引起的伤口感染（气性坏疽）为主要危害，但食物中毒也会发生，直接的种间交叉传播危险很小。人感染8～22 h后，会表现急性腹痛、腹泻、恶心。

4. 气单孢菌病 病原体为气单孢菌属的多个种，如嗜水气单孢菌等。呈世界性分布。其宿主范围极广，包括鱼类、两栖类、爬行类、禽类和多种哺乳动物，常引起包括人在内的动物的败血症、胃肠炎、骨髓炎、肺炎、口炎、溃疡和伤口感染等多种病。

传给人的可能途径为伤口直接感染或食源性传播。

5. 弧菌病 病原体为副溶血弧菌。已知的分布有太平洋流域，亚洲、澳大利亚和北美洲沿岸；大西洋及墨西哥湾的海岸等。主要感染海水鱼、水生贝壳及部分淡水鱼。

传给人的可能途径为摄入未熟的已被污染的食物。

6. 类丹毒 病原为红斑丹毒丝菌。主要感染的动物为猪、火鸡、鸽子、海洋哺乳动物、鱼。世界性分布。通过接触性伤口感染传给人。

7. 沙门氏菌病 病原为沙门氏菌。其宿主范围极广，从低等的甲壳纲动物到最高等的哺乳动物。世界性分布。通过食入未熟的受污染的食物或接触患病动物传给人。人感染7～72 h后，出现腹痛、腹泻、发冷、发热、呕吐及虚脱。

8. 志贺氏菌病 包括该属的多个种，如宋内氏志贺氏菌、佛氏志贺氏菌、志贺氏痢疾杆菌、波伊德氏志贺氏菌。可因食入受染的金枪鱼、虾而感染人。人感染1～7天后出现腹泻、便血、严重的发烧等症状。

9. 华枝睾吸虫病 华枝睾吸虫的尾蚴自第一中间宿主螺体逸出后，侵入第二中间寄主鱼体，并发育为囊蚴。囊蚴分布在鱼体的肉、头、皮、鳍及鳞等处，其中的鱼肉及鱼头最多。可被囊蚴感染的主要是青、草、鲤、鲫、鳊、鲮、鳙等。终末宿主有人、猫、犬、猪。人吃下含囊蚴的鱼肉,外囊膜溶化后,至十二指肠,蚴虫由内囊膜逸出,然后在胆道内发育为成虫。

10. 后睾吸虫病 病原为猫后睾吸虫和麝猫后睾吸虫,基本生活史同华枝睾吸虫。尾蚴钻入鳟鱼、鲤鱼、冬穴鱼等淡水鱼体,在其肌肉中形成囊蚴。终末宿主有人等食鱼哺乳动物。人食人未熟的受污染鱼后会受到感染。

11. 异形吸虫病 异形吸虫的第二中间宿主为数种淡水鱼。终末宿主有食鱼的鸟和哺乳类动物。人食用未熟的、腌制的带囊蚴鱼肉(如梭鱼)或鱼干后便可感染。

12. 横川后殖虫病 横川后殖虫的第二中间宿主为数种淡水鱼。终末宿主有食鱼的鸟和哺乳类动物。人食用未熟的、腌制的带囊蚴鱼肉(如鳟鱼)或鱼干后便可感染。

13. 肝片吸虫病 病原有肝片吸虫和大片吸虫。终末宿主有人和食草动物。受污染的水生植物通过与人直接接触或为食草动物采食后再传给人。

14. 并殖吸虫病 病原为卫氏并殖吸虫。终末宿主有人和食肉动物。人通过食人不熟的蟹或小龙虾而受到传染。

15. 布氏姜片虫病 布氏姜片虫的终末宿主有人、犬、猪。主要通过水生植物,如荸荠、菱角、莲藕等传给人。

16. 裂头绦虫病 阔节裂头绦虫,呈世界分布,是绦虫中最长的一种,长3~4 m,节片可有3 000~4 000个。主要感染人、犬和其他食鱼动物。传给人的主要方式是人食人生的或未煮熟的被裂头蚴感染的鱼(如狗鱼等)。

17. 血管圆线虫病 病原为广州圆线虫。可引起人的嗜曙红脑膜脑炎。宿主有人和鼠。通过生蟹、虾、蜗牛传给人。

18. 异尖线虫病 异尖属线虫寄生于食鱼哺乳动物、鸟类、捕食性鱼类。人通过食人未熟的鲱鱼而传染。

19. 颚口线虫病　棘颚口线虫寄生于人、犬、猫等动物。人食入生、半熟或变质的淡水鱼而感染

20. 致瘫性贝类中毒　病原为海洋双鞭甲藻。人摄入受染的蚌、蛤、牡蛎 5～30 min 后，发生呼吸困难、唇颤、肢端或颈部肌肉完全无力。

提示问答

1. 鱼病发生的原因有哪些？

2. 如何选择药物？

3. 常见鱼病如何防治？

参考文献

1. ClarenceM. Fraser 主编. 韩谦，等主译. 默克兽医手册（第七版）. 北京：中国农业大学出版社，1996

2. 卞伟，等. 淡水经济鱼繁育大全. 北京：中国农业出版社，2000

3. 高明，李小平主编. 淡水鱼标准化生产技术. 北京：中国农业大学出版社，2003

4. 高明，赵国先，李双安. 植酸酶在鱼类饲料中的应用. 河北渔业，2004，6：8—14

5. 戈贤平主编. 淡水名特优水产品苗种培育手册. 上海：上海科学技术出版社，2002

6. 龚世园. 鳜鱼养殖与增殖技术. 北京：科学技术文献出版社，1995

7. 黄琪琰，等. 水产动物疾病学. 上海：上海科学技术出版社，1993

8. 李爱杰，等. 水产动物营养与饲料学. 北京：中国农业出版

社,1996

9. 李思发,等.中国淡水主要养殖鱼类种质研究.上海:上海科学技术出版社,1998

10. 李义.名特水产动物疾病诊治

11. 刘涛,等.虹鳟养殖

12. 陆承平主编.兽医微生物学.北京:中国农业出版社,2001

13. 马鹤海,等.鳜鱼养殖技术.武汉:武汉出版社,1997

14. 彭开松,余锐萍.淡水水产动物无公害生产与消费.北京:中国农业出版社,2003

15. 邱楚武.鱼虾蟹饲料的配制及配方精选.北京:金盾出版社,2002

16. 佘锐萍主编.动物产品卫生检验.北京:中国农业大学出版社,2000

17. 沈庭栋,等.淡水池塘养鱼实用新技术.北京:地质出版社,1996

18. 石道全,等.新编实用养鱼手册.南昌:江西科学技术出版社,1997

19. 石文雷,等.鱼虾蟹高效饲料配方

20. 孙大江,等.史氏鲟人工繁殖及养殖技术.北京:海洋出版社,2000

21. 童合一,等.鱼虾蟹鳖饲料配制及饲喂

22. 王爱民.酶制剂在水产饲料中的应用研究.广东饲料 6(12):23~25

23. 王吉桥,等.鱼类增养殖学.大连:大连理工大学出版社,2000

24. 王武,等.鱼类增养殖学.北京:中国农业出版社,2000

25. 吴光红,费志良主编.无公害水产品生产手册.北京:科学技术文献出版社,2003

26. 吴清民主编.兽医传染病学.北京:中国农业出版社,2002

27. 肖慧,等.鲟鱼人工养殖技术.广州:广东高等教育出版

社,2000

28. 谢忠明,等.优质鲫鱼养殖技术.北京:中国农业出版社,1999

29. 姚国成.名优特水产养殖实用技术(第一册)

30. 岳永生,等.简明养鱼手册.北京:中国农业大学出版社,2001

31. 张驰远,等,名特优水产养殖用饲料

32. 张春容,等.新编淡水养殖实用技术.北京:中国劳动社会保障出版社,2000

33. 张列士,等.淡水养鱼高产新技术(第二版).北京:金盾出版社,1989

34. 张奇亚.水牛低等脊椎动物病毒生态学研究.病毒学报.2001(3):277~281

35. 张胜宇,等.我国鲟鱼养殖的现状、发展前景与对策,科学养鱼.2001,2:3~4

36. 中国标准出版社第一编辑室.中国农业标准汇编——水产养殖卷.北京:中国标准出版社,2000

37. 邹志清.武昌鱼养殖新技术.北京:科学技术文献出版社,2001

38. 中华人民共和国农业行业标准.无公害食品.北京:中国标准出版社,2001

39. 中华人民共和国农业行业标准.无公害食品.北京:中国标准出版社,2002

40. 战文斌.水产动物病害学.北京:中国农业出版社,2004

图书在版编目(CIP)数据

淡水鱼/高明,张耀红主编.—北京:中国农业大学出版社,2006.1
(无公害农产品高效生产技术丛书)
ISBN 978-7-81066-975-7

Ⅰ.淡… Ⅱ.①高… ②张… Ⅲ.淡水鱼类-鱼类养殖-无污染技术 Ⅳ.S965.1

中国版本图书馆 CIP 数据核字(2005)第 122267 号

书　　名　淡水鱼
作　　者　高　明　张耀红　主编

策划编辑　刘　军　赵　中　　　　　责任编辑　冯雪梅
版式设计　刘　玮　　　　　　　　　责任校对　陈　莹　王晓凤
出版发行　中国农业大学出版社
社　　址　北京市海淀区圆明园西路 2 号　邮政编码　100193
电　　话　发行部 010-62731190,2620　读者服务部 010-62732336
　　　　　编辑部 010-62732617,2618　出　版　部 010-62733440
网　　址　http://www.cau.edu.cn/caup **E-mail** caup@public.bta.net.cn
经　　销　新华书店
印　　刷　涿州市星河印刷有限公司
版　　次　2006 年 1 月第 1 版　2012 年 2 月第 12 次印刷
规　　格　890×1 240　32 开本　12.625 印张　351 千字
定　　价　18.00 元

图书如有质量问题本社发行部负责调换

特别说明

为提高“三农”图书的科学性、准确性、实用性，推进“三农”出版物更加贴近读者，使农民朋友确实能够“看得懂、用得上、买得起”的优秀“三农”图书进一步得到市场的认可、发挥更大的作用，中央宣传部、新闻出版总署和农业部于2006年6～7月份组织专家对“三农”图书进行了认真评审，确定了推荐“三农”优秀图书150种(套)(新出联〔2006〕5号)。我社共6种(套)名列其中：

无公害农产品高效生产技术丛书

新编21世纪农民致富金钥匙丛书

全方位养殖技术丛书

农村劳动力转移职业技能培训教材

科学养兔指南

养猪用药500问

这些图书自出版以来，深受广大读者欢迎，近来一次性较大量购买的情况较多，为方便团体购买，请客户直接到当地新华书店预购，特殊情况可与我社联系。联系人董先生，电话010－62731190，司先生，010－62818625。

中国农业大学出版社

2006年9月